W0292886

natürlich oekom!

Mit diesem Buch halten Sie ein echtes Stück Nachhaltigkeit in den Händen. Durch Ihren Kauf unterstützen Sie eine Produktion mit hohen ökologischen Ansprüchen:

- mineralölfreie Druckfarben
- Verzicht auf Plastikfolie
- Kompensation aller CO_2-Emissionen
- kurze Transportwege – in Deutschland gedruckt

Weitere Informationen unter www.natürlich-oekom.de und #natürlichoekom

natürlich oekom · nachhaltig seit 1989

Klimaneutral
Verlag
ClimatePartner.com/53585-1805-1001

Bibliografische Information der Deutschen Nationalbibliothek:
Die Deutsche Nationalbibliothek verzeichnet diese Publikation
in der Deutschen Nationalbibliografie; detaillierte bibliografische
Daten sind im Internet über www.dnb.de abrufbar.

oekom – Gesellschaft für ökologische Kommunikation mbH
Waltherstraße 29, 80337 München

Umschlaggestaltung: Stefan Hilden, hildendesign.de
Coverabbildung: © HildenDesign unter Verwendung eines Motives von shutterstock.com/DenysHolovatiuk

Abbildung Kapitelenden: © DenysHolovatiuk/Shutterstock
Satz: Markus Miller
Lektorat: Maike Hofma, oekom verlag
Korrektorat: Elena Bruns
Druck: CPI books GmbH, Leck

978-3-96238-344-2

MIX
Papier aus verantwortungsvollen Quellen
FSC® C083411
FSC
www.fsc.org

Rudolf Buntzel

Pig Business

Vom Hausschwein zum globalen Massenprodukt

In Zusammenarbeit mit
Franz-Theo Gottwald, Elisabeth Meyer-Renschhausen,
Jasmin Zöllmer, Rupert Ebner, Hugo Gödde, Heiko Brath,
Silvio Meincke, Paulo Alfredo Schönardie

oekom

Inhalt

Danksagung

Dieses Buch war auf die Mithilfe zahlreicher Personen angewiesen, denen ich meinen Dank aussprechen möchte. Einen besonderen Dank verdienen meine Co-Autoren und Co-Autorinnen, die teilweise eigenständig verschiedene Kapitel geschrieben haben, nämlich Hugo Gödde (»Das alternative Schwein«), Elisabeth Meyer-Renschhausen (»Die Schweine der Bäuerinnen«), Rupert Ebner (»Das epidemische Schwein«), Heiko Brath (»Das kulinarische Schwein«), Silvio Meincke und Paulo Schönardie (Beiträge zu Brasilien) und Jasmin Zöllmer (»Das geschundene Schwein«). Ganz speziell möchte ich Prof. Dr. Franz Theo Gottwald für das Vorwort danken.

Des Weiteren haben noch folgende Personen am Buch und seiner Entstehung mitgewirkt, denen ich ebenfalls danken möchte: Barbara Mitschker-Heinkel, Jörg Heinkel, Tillmann Zeller, Elisabeth Gäbler, Lilo Massing, Francisco Mari, Corinna Ruthenberg-Klein, Mayte Mari (für die Arbeiten an den Grafiken), Thomas Paulke vom Deutschen Schweinemuseum Teltow-Ruhlsdorf und Brot für die Welt (für eine Ermutigung).

Vorwort
Mit dem Schwein nachhaltig wirtschaften?

Es wird Zeit für Exnovation!

Das Pig Business läuft auf vollen Touren. Während ich an diesem Vorwort schreibe, lese ich auf *Spiegel online*, dass in Deutschland die meisten Nutztiere weiterhin unter umstrittenen Bedingungen gehalten werden. Bei Schweinen habe »sich sogar eine Haltungsform weiter durchgesetzt, die von Tierschützern besonders kritisch gesehen wird«[1]. In der Tat, die tierschützerisch seit Jahrzehnten bekämpften Vollspaltenböden haben zugenommen. 96 Prozent der Haltungsplätze für Schweine sind vom Betonboden mit Spalten geprägt, durch die Kot und Urin entsorgt werden. Gelenkprobleme, Atemprobleme bei Schwein und Halter*in und Infektionen werden billigend in Kauf genommen. Die Haltung auf Teilspaltenböden, wo Tiere auch Fress- und Liegezonen mit Stroh nutzen können, ging dagegen seit 2010 von 25 auf 17 Prozent zurück. Das heißt, die Schweinehaltung wird nach wie vor weiter industrialisiert – es wird rationalisiert und auf mehr Effizienz und Produktivität geachtet. Trotz allem – auch das ist Fakt – sind die Margen, also die Differenzen zwischen Verkaufs- und Einkaufspreisen, bei den Mastbetrieben (pro Kilogramm Schlachtgewicht) nicht größer geworden; die Risiken, zum Beispiel aufgrund von Schwankungen der Weltmarktpreise und der Afrikanischen Schweinepest mit ihren Folgen für den Export, sind für die Betriebe jedoch gewachsen.

Ich frage mich, was hat die Initiative Tierwohl bewirkt, die seit 2015 als Förderprogramm der Marktpartner für mehr Tierwohl in der Breite arbeitet und mittlerweile als Deutschlands größte Plattform für mehr Tiergesundheit, Tierschutz und vor allem für verbesserte Haltungsbedingungen in besonderer Verantwortung steht?

Als Mitglied im Beirat des Deutschen Tierschutzbundes stellt sich mir ebenso die Frage, was wir mit dem Tierschutz-Labelprogramm erreicht haben, das ebenfalls seit 2015 Produkte tierischen Ursprungs kennzeichnet, die für Tiere einen wirklichen Mehrwert an Tierschutz gewährleisten sollen. Ja, es gibt mit den Praxispartnern aus der Schweinehaltung entwickelte Richtlinien für eine tiergerechtere Mastschweinehaltung, aber die an der Theke unter diesem Label verfügbare »Ware Schwein« ist gering.

Was haben andere Tierschutzorganisationen, wie Vier Pfoten oder PROVIEH, die Albert Schweitzer Stiftung für unsere Mitwelt, PETA Deutschland und all die anderen gemeinnützigen, zivilgesellschaftlichen Organisationen wirklich durchgesetzt, die genauso wie der Naturschutzbund Deutschland, der WWF und auch die beiden großen christlichen Kirchen für die landwirtschaftlich genutzten Tiere politisch streiten?

Und ich frage mich auch selbst, was wir seitens der Schweisfurth Stiftung, deren Gründungsvorstand ich bin, über drei Jahrzehnte im Ringen für die Verbesserung der Lebensbedingungen der Schweine erreicht haben. Die Stiftung hat etwa durch Publikationen von *Artgemäßer Schweinehaltung* über *Lebensmittelqualität im Metzgerhandwerk* bis hin zu ihrem Auszeichnungsprogramm »Tierschutz auf dem Teller« für das im vorliegenden Buch ebenfalls behandelte Thema der systemischen Alternativen (das »alternative Schwein«) konstruktive Angebote gemacht und ihre Umsetzung fördernd begleitet. Aber, die Ehrlichkeit gebietet dieses Eingeständnis: Pig Business ist dominant Big Business geblieben.

Den Wandel fördern – aus Liebe zum Schwein, zur natürlichen Mitwelt und zu den nächsten Generationen

Schweinewirtschaft ist ein nicht nachhaltiges Geschäft. Es verletzt die Würde der Tiere, schädigt die natürliche Mitwelt und lässt sich nur mit hohen externalisierten Kosten durchziehen, also zum Nachteil der nächsten Generationen. Das im vorliegenden Buch beschriebene Agrobusiness rund um das globalisierte Schwein kann allerdings nicht leicht transformiert werden. Dazu ist es unter den gegebenen Marktbedingungen zu erfolgreich – man könnte meinen: zu groß, um zu scheitern.

Ich bin dennoch nicht mutlos. Im Gegenteil, zusammen mit dem Hauptautor dieses Buches sehe ich eine Vielzahl von Möglichkeiten, von Europa ausgehend, eine nachhaltige Transformation der Schweinewirtschaft anzustoßen. Von einem Projekt, an dem ich ebenfalls als fachlicher Berater beteiligt war, möchte ich deshalb hier berichten, weil es mir Hoffnung macht. Es ist ermutigend, da es die Strukturfragen stellt, die auch in diesem Werk behandelt werden, und weil es aktuelle politische Vorschläge macht, die das Geschäft mit dem Schwein verändern werden. Im Rahmen des Projekts TRAFO 3.0, das den gesellschaftlichen Wandel breit untersucht, entstand unter der Leitung von Dr. Dietlinde Quack vom Öko-Institut die bahnbrechende Studie zur *Gestaltung des Strukturwandels in der Schweinefleischproduktion – zur Zukunft der Schweinezucht und Schweinehaltung in Deutschland* (2019), die vom Bundesministerium für Wissenschaft und Forschung gefördert wurde.

In dieser Studie wird gezeigt, wie die öffentliche Hand durch die Unterstützung von gesellschaftlichen Leitbildern und Nachhaltigkeitszielen, die den Nutztierschutz einschließen, zu einem Wandel der Ernährungsgewohnheiten in Richtung einer verstärkt vegetabilen Nahrung beitragen kann, in der Produkte tierischen Ursprungs – ganz wie im Sinne der Deutschen Gesellschaft für Ernährung vorgesehen – weniger stark konsumiert werden.

Politisch aber noch interessanter spricht die Studie technische, soziale und institutionelle Innovationen und Experimente an, deren Förderung zu einer größeren Unabhängigkeit vom internationalen Fleischimperium und zu mehr Nachhaltigkeit führen würde:

- Zu den technischen Innovationen gehören alle Maßnahmen, die die Haltungsbedingungen von Schweinen verbessern. Das betrifft die bekannten Tierwohlmerkmale, aber ebenso den Umweltschutz. Zu nennen ist hierbei der Stallbau mit verschiedenen Funktionsbereichen (z. B. getrennter Schlaf- und Futterplatz), der Einsatz von Sensorik und digitalen Werkzeugen für Tierwohlindikation, die Familienhaltung, die Strohhaltung und anderes mehr.

- Zuchttechnisch geht es um die Etablierung von langjährigen Zuchtprogrammen mit Zuchtzielen wie Tiergesundheit, Robustheit und Mütterlichkeit, bei angemessener Leistung.
- Agrartechnische und fütterungsphysiologische Innovationen betreffen unter anderem eiweißhaltige Futtermittel. Neben den bekannten Hülsenfrüchten müssen vermehrt alternative Futtermittel (Insekten, Tiermehl) genutzt werden.
- Zu den sozialen Innovationen gehören regionale Akteurskooperationen von der Erzeugung über die Schlachtung bis hin zur Verarbeitung, um regionale Wertschöpfungsketten möglich zu machen. Zum Beispiel Kooperationen von Schweinehaltern, Verarbeitern, Metzgereien, Kommunen, Verbänden, Landwirtschaftskammern, Kantinenbetreibern oder anderen Partnern aus der Außer-Haus-Verpflegung.
- Eine wesentliche wirtschaftliche Innovation besteht aus der Etablierung einer vertikalen Wertschöpfungskette. Erzeugung, Schlachtung, Verarbeitung und Vertrieb in einer Hand kann sowohl von Erzeugern ausgehen (wie bei der Bäuerlichen Erzeugergemeinschaft Schwäbisch Hall, die in diesem Buch ebenfalls beschrieben wird); oder aber sie wird vom Lebensmittelhandel betrieben, wie bei EDEKA mit dem Programm Hofglück. Diese Innovationen haben zugleich institutionellen Charakter.
- Zu den sozio-technischen und wirtschaftlichen Innovationen zählen zudem digitale Plattformen zur Direktvermarktung von besonders tierwohlgerechtem Fleisch oder Wurstwaren. Zu nennen sind hier das Crowdbutchering (Grutto) oder die Bündelung von Erzeugern verschiedener Produktgruppen (Marktschwärmer).

Nicht nachhaltige Strukturen beenden

Allerdings brauchen diese Keime der Hoffnung, die schon heute in Nischen umgesetzt werden, einen deutlichen politischen Willen, nicht nachhaltige Strukturen zu beenden. Es ist eindeutig: Die heute überwiegend praktizierte Haltungsform in unstrukturierten Buchten und auf Vollspaltenböden ist aus Tierschutzgründen und, allein was die Masse an Tieren angeht, auch aus Umweltgründen nicht zukunftsfähig. Es muss also um Exnovation gehen, um eine Verabschiedung von dieser Haltungsform. Dies ist wirtschaftlich wie politisch ein dickes Brett, nicht leicht zu bohren. Mit einem politisch festgeschriebenen klaren Zeitplan und einem rechtlichen Rahmen, der die Planungssicherheit garantiert, kann der Ausstieg aus der gesellschaftlich insgesamt schon heute nicht mehr akzeptablen Haltungsform für Mastschweine jedoch gewagt werden. Dass dies gelingen kann, zeigt das Beispiel des Ausstiegs aus der Käfighaltung bei Legehennen. Deutschland kann sich in einem vieljährigen Wandlungsprozess auch beim Schwein weg von Standardprodukten hin zu einer qualitativ höherwertigen und höher preisigen Erzeugung umstellen. Mit einer nachhaltigeren Produktion, die mehr Tierwohl einschließt, können auch international neue Märkte und Zielgruppen angesprochen werden.

Die Studie des Öko-Instituts endet mit acht klassischen Politikansätzen. Werden diese parallel zum alles entscheidenden Hebel des langfristigen Verbots der Vollspaltenböden und unstrukturierten Buchten in der Mastschweinehaltung umgesetzt, kann eine Transformation im Sinne der Nachhaltigkeit erreicht werden:

- Verschärfung des Tier- und Umweltschutzrechts mit verlässlichen rechtlichen und zeitlichen Vorgaben sowie der Sicherstellung von Vollzug und Kontrolle.
- Entwicklung und Umsetzung von Finanzierungskonzepten für die Anhebung der Tierwohl- und Umweltstandards.
- Einführung eines staatlichen Tierwohllabels mit anspruchsvollen Kriterien.
- Entwicklung des rechtlichen Rahmens für eine verpflichtende Deklaration der Haltungsbedingungen aus Fleischerzeugnissen und Wurstwaren.
- Ein klares Bekenntnis aller beteiligten Bundes- und Länderministerien zu einer fleischärmeren Ernährung.

- Umsetzung der Empfehlungen der Deutschen Gesellschaft für Ernährung in der öffentlichen Beschaffung von besonders tiergerechten Erzeugnissen.
- Forschungsprogramme für umwelt- und tierwohlfreundliche Haltungssysteme und für Zuchtprogramme robuster Rassen.
- Bildungsprogramme für die Entwicklung nachhaltiger Ernährungsstile.

Bewusstseinsbildung

Das vorliegende Buch von Rudolf Buntzel, in dem der eindeutig nicht nachhaltige Weg vom Hausschwein zum internationalen Fleischimperium erläutert wird, gibt nicht zuletzt für die Fundierung dieser politischen Forderungen eine Fülle von Argumenten. Es erlaubt den Leser*innen das Schwein als Mitgeschöpf wahrzunehmen und eine neue wertschätzende Haltung seinen Erzeugnissen gegenüber aufzubauen, die man selbst möglicherweise weiterhin genießen will.

Und genau um diese Bewusstseinsbildung geht es: in Kenntnis des historischen Gewordenseins einer Industrie das eigene Einkaufs- und Essverhalten kritisch zu überprüfen, um immer wieder bewusst zu wählen.

München, im August 2021
Prof. Dr. Franz-Theo Gottwald

Einleitung

Wer sich das Kotelett an der Fleischtheke besorgt, sieht dem Fleischstück seine Entstehungsgeschichte und die großen Zusammenhänge nicht an, die ein weltweites Agrobusiness offenbaren. Das ist vielleicht auch zu viel verlangt, denn letztendlich soll es ja vor allem schmecken. Aber machen wir es uns nicht zu einfach? Schließlich essen wir nicht nur für uns allein, sondern schleppen unweigerlich einen großen Berg an Folgewirkungen mit: Gerechtigkeitsfragen, Tierwohlbelange, Machtkomplexe, Strukturveränderungen oder Umwelteinflüsse zum Beispiel. Wer ein wenig mehr von dem Tier »Schwein« und was wir aus ihm gemacht haben, wissen will, kommt über kritisches Nachdenken über die Zustände in der weltweit verflochtenen Schweinewirtschaft nicht umhin.

Das Futter aus Brasilien, die Ferkel aus Dänemark, die Schlachter aus Rumänien, die Zuchtlinien vom Weltmarkt und der Fleischexport nach China: Wer will da noch glauben, dass das Schweinefleisch auf unseren Tellern aus regionalen Ställen stammt? Die Fleischwirtschaft ist längst international geworden, was mit einigen Strukturänderungen und Problemen einhergeht: die Stallbautechnik und digitalen Managementkonzepte sind weltweit die gleichen, intensiver Medikamentengebrauch wird überall betrieben, mit Herkunft von internationalen Pharmakonzernen, Konzerne der Fleischwirtschaft sind international verschachtelt, die Weltmarktpreise sind tonangebend, die Treibhausgase planetarisch, die Nachfrage nach Fleisch in Niedrig- und Mitteleinkommensländer explodieren, die Bedrohung durch epidemische Zoonosen erhöht sich immer weiter. Nur eines bleibt strikt zu Hause: die Gülle!

Das bescheidene und intelligente Geschöpf »Schwein« ist von findigen Machern und Konzernen als Fleischlieferant einer industrialisierten und globalen Schweinewirtschaft gekapert worden. Der Heißhunger der Verbraucher*innen in vielen Teilen der Erde nach Fleisch sorgte für einen Aufbau von lukrativen Binnen- und Weltmärkten für allerlei Fleischprodukte des Schweins. Multinationale Konzerne großen Ausmaßes sind entstanden: im Zuchtbereich, in der Futtermittelversorgung, bei den Schlachthöfen und Fleischwerken, und die großen Supermarktketten haben den Verkauf von Fleisch an die Endverbraucher*innen von kleinen Schlachtergeschäften übernommen.

Dabei ist Qualität auf vielen Ebenen auf der Strecke geblieben: das Tierwohl und die -gesundheit, das Metzgerhandwerk, die Fleischqualität, der Umwelt- und Klimaschutz, die Biosicherheit sowie einvernehmliche Handelsbeziehungen. Außerdem droht das spezielle Mensch-Tier-Verhältnis und die kulturelle Funktion des Hausschweins in vielen traditionellen Gesellschaften zu schwinden.

Die Krise um die Massentierhaltung des Schweins ist globaler Natur. Der Gang der Dinge scheint unumkehrbar, weil politische und wirtschaftliche Kräfte die marktwirtschaftlichen Strukturen und den globalisierenden Prozess antreiben. Der wirtschaftliche Konkurrenz- und Verdrängungskampf schreitet international voran und setzt die einzelnen Beteiligten unter enormen Anpassungs- und Erfolgsdruck.

Doch hinter der Fassade des machtvollen Agrobusiness keimen Gegenkräfte, sowohl bei den erfindungsreichen Bauern und Bäuerinnen, als auch bei kritischen Verbraucher*innen. Auf beiden Seiten gibt es einen Suchprozess nach Alternativen jenseits der großen weltumspannenden Strukturen – eine Suche nach neuen Märkten, Produkten, Qualitäten, Produktionsmethoden und Wertschätzungen. Sie versuchen das »Pig Business« zu umgehen und neue Chancen der Überlebensmöglichkeiten auf Produzentenseite und des Genusses auf Konsument*innenseite zu finden.

Doch bei näherem Hinsehen auf die Schweinehaltung der Welt schreitet zwar die Industrialisierung und Globalisierung der Schweinewirtschaft aggressiv voran, aber die Relikte einer vorkapitalistischen Schweinehaltung sind in vielen Ländern noch vorherrschend. Sie befinden sich allerdings in einem zähen Überlebenskampf, sowohl die Tiere als auch ihre Halter*innen betreffend. Das gilt vor allem für nicht muslimische Regionen und Länder Asiens, des Pazifiks, Osteuropas und der Karibik, für Brasilen und – als Nachzügler – auch für afrikanische Staaten südlich der Sahara. Hier lebt das Schwein noch als »Hausschwein« im wahrsten Sinne des Wortes, in diesem Buch das »lokale Schwein« genannt, in enger Lebensgemeinschaft mit der Halterfamilie und dem Dorf. Es wird meist allein mit den Resten der Haus- und Gartenwirtschaft gefüttert oder in den Wäldern und Freiflächen. Die Tiere sind kaum züchterisch bearbeitet. Ihre Haltung hat keinen Bezug zu der Ökonomik des Fleischertrags. Die Tiere werden als Reserve für Notfälle, für Rituale oder für den Tauschhandel gehalten, sie finden ihr Ende nicht in Schlachthäusern, sondern sie enden in der Hausschlachtung. Es ist das Schwein der »Kleinen Leute«, der Armen auf dem Lande, kleinbäuerlicher Existenzen, zumeist Angelegenheit der Frauen und Kinder.

Doch überall, wo das Schwein als Nutztier heimisch ist, hat sich aus den autochthonen Verhältnissen heraus auch eine neue Schicht von Bauern und Bäuerinnen entwickelt, die den Verlockungen des Marktes gefolgt sind. Es entstand flächendeckend ein Segment der modernen »bäuerlichen Schweinehaltung«, die im Rahmen des Familienbetriebs eine kommerzielle, technisch modernisierte Schweinehaltung betreibt. Die Halter*innen folgen der Logik der Effizienz, benutzen verbesserte Zuchtrassen, achten auf gute, ausgewogene Futtermittel, zumeist angekauft, und greifen auch auf Berater- und Veterinärdienste zurück. Dieser Sektor ist je nach gewachsener Agrarstruktur, gezielter Förderpolitik des Staates, Vorhandensein einer Wertschöpfungskette und funktionsfähigen Vermarktungsstruktur eines Landes ausgeprägt beziehungsweise kann sogar die dominante Produktionsweise sein.

In der Regel koexistiert dieser Sektor mit der global orientierten, industrialisierten Schweinewirtschaft, profitiert von ihren Schlachteinrichtungen, Fleischwerken, ihrer Marktentwicklung und Förderpolitik. Der Begriff »Das globale Schwein« kennzeichnet den Systemzusammenhang dieser Tierindustrie. Kapitalgesellschaften sind hier die Akteure, die mit internationaler Technologie und Zuchtlinien operieren, oft international verflochten sind, in einem globalen Konkurrenzkampf stehen und ihre Effizienz aus den sinkenden Stückkosten bei Massentierhaltung und Massenschlachtungen beziehen.

Die Geschichte der Mensch-Schwein-Beziehung auf der Erde wird durch das Zusammenspiel dieser drei Segmente bestimmt: dem »lokalen Schwein«, dem »bäuerlichen Schwein« und dem »globalen Schwein«. Die Dynamik dieser drei konfligierenden Sektoren zueinander kennzeichnet die Entwicklung der Tierhaltung auf der Welt im Spannungsfeld der weltweiten Konzentration, zunehmenden Globalisierung und der rücksichtslosen Naturaneignung. Das ist unsere Erzählung.

Wir stellen im Folgenden diese drei Systeme der Schweinewirtschaft vor, das bäuerliche Schwein dabei als letztes, weil es sich um eine Übergangsformation zwischen dem lokalen und dem globalen Schwein handelt, mit Elementen der Überlappung in die eine oder andere Richtung. Die Rolle der Konzerne und die überwältigende Position Chinas in dem internationalen Zusammenspiel bedarf dann einer eigenen Betrachtung. Ebenso lebt das globale Schwein von funktionsfähigen freien internationalen Märkten; deshalb auch ein Extrakapitel zur internationalen Handelspolitik. Mit der Globalisierung geht auch die weltweite Dimension der Tierwohl- und Tierschutzdebatte einher, denn nichts schadet dem Geschäft mehr, als wenn im internationalen Handel ungleiche Wettbewerbsbedingungen aufgrund von unterschiedlicher Rücksichtnahme auf die Tierbelange bestehen. Jasmin Zöllmer hat es übernommen, diesen Zusammenhang zu erklären. Die Corona-Pandemie hat die globale Dimension von Krankheitsrisiken vor Augen geführt, die unter Umständen auf tierischen Ursprung zurückgehen (Zoonosen). Diesen Aspekt der Biosicherheit mit Bezug zum Schwein beschreibt Rupert Ebner in seinem Kapitel.

Dass es auch selbst innerhalb des Systems des globalen Schweins Handlungsoptionen für Schweinehalter*innen und Metzger*innen gibt, die Chancen für eine etwas andersartige Produktion und Vermarktungsmöglichkeit bieten und dadurch neue Überlebensmöglichkeiten für Erzeuger*innen eröffnen, davon erzählt uns Hugo

Gödde aufgrund seiner eigenen praktischen Erfahrungen durch 30 Jahre Engagement für Qualitätsfleisch in Deutschland. Das geht aber nicht ohne eine neue Wertschätzung von Fleisch bestimmter Herkunft, seiner Erzeugung und Verarbeitung. Hierzu schließen wir den Hauptteil des Buches mit dem Kapitel »Das kulinarische Schwein«, eine Möglichkeit zur Rehabilitierung des Konsums von Schweinefleisch.

Abb. 1: Das Ferkel, das Futter und der Bauer beziehungsweise die Bäuerin sind eine Einheit. Kurt Stodal aus dem Dorf Creglingen in Baden-Württemberg lockt junge Mastschweine in seinem Außenklimastall mit Futter an.

Kapitel 1

Der Mensch und sein Schwein
Eine Hausgeschichte

»Die Krone der Schöpfung,
das Schwein, der Mensch.«[1]
Gottfried Benn

Wo kommt das Schwein als Nutztier des Menschen her und wie hat die enge Beziehung zwischen Menschen und Schweinen die Schweine vermenschlicht und die Menschen »versaut«? Das Schwein verstehen, geht das überhaupt? Was macht seinen Charakter aus? Und wie hat der Mensch das Schwein benutzt?

Erst, wenn wir diese Fragen beantwortet haben, verstehen wir, womit wir es eigentlich zu tun haben: mit unserem Spiegelbild; mit einem Geschöpf, das uns Menschen erstaunlich ähnlich ist. Das Schwein ist weit mehr als lediglich eine biologische Fleischmaschine.

Die »Verhausschweinung« des Schweins

Am Anfang der wechselvollen Beziehung von Menschen und Tieren stand die Jagd. Erste Versuche der Tierdomestizierung folgten. Es war ein langer Weg von der frühgeschichtlichen Haustierhaltung in den alt- und neuweltlichen Kulturen bis zur modernen Rasseentwicklung, dem industriellen Hybridschwein.

Aus kulturhistorischer Sicht stellt die Haltung von Haustieren im Verbund mit dem Anbau von Kulturpflanzen eine der bedeutendsten Vorgänge in der Menschheitsentwicklung dar. Erst später kam ein systematischer Futteranbau im Fruchtwechsel mit bekannten Nahrungskulturen hinzu, wie zum Beispiel der Leguminosen vor Getreide oder Kleegras vor Rüben. Die Agrargeschichte der Nutztierhaltung geht zurück auf etwa 10.000 Jahre v. Chr. Schon früh, etwa 6.000 v. Chr., wurde den Haustieren die Bewegungsfreiheit mächtig eingeschränkt. Ihre Sozialbedürfnisse wurden beeinträchtigt, der Fortpflanzungsdrang wurde der Kontrolle des Menschen unterworfen.[2] Das waren die Voraussetzungen für eine dem Menschen dienliche Nutzung des Schweins.

Die weltweit älteste bislang bekannte künstlerische Darstellung eines Lebewesens konnte kürzlich datiert werden: Vor mindestens 45.500 Jahren malte ein prähistorischer Künstler ein Schwein an die Wand einer Höhle in Sulawesi/Indonesien, daneben die Umrisse zweier menschlicher Hände.[3] Die Gestalt des Schweins ähnelt eher dem heutigen Hausschwein als dem borstigen Wildschwein mit langen Beinen und spitzer Schnauze. Die Hände lassen darauf schließen, dass sich das Tier in menschlicher Obhut befand. Es bleibt allerdings offen, ob es schon damals domestiziert war.

Wie es scheint, hat die Beziehung zwischen Menschen und Schweinen also eine sehr lange Geschichte. Dass das Schwein durch Züchtung gezielt an die menschlichen Nutzungsbedürfnisse angepasst wurde, ist erstmals etwa vor 10.000 Jahren in Vorderasien nachgewiesen. Archäozoologische Funde über Schweine als Haustiere fand man in Syrien (etwa 7.300 bis 7.100 v. Chr.), im Irak (7.700 bis 7.100 v. Chr.) und im Iran (7.100 bis 6.400 v. Chr.).[4] Im Gegensatz zur Domestizierungsgeschichte von Ziege und Schaf ist zur Domestizierung von Schwein und Rind noch recht wenig bekannt. Sehr alte Nachweise zur Haustierhaltung des Schweins stammen unter anderem aus der Siedlung Coyonü in dem früheren Südostanatolien und aus Siedlungen der chinesischen Ci-shan-Kultur von vor etwa 8.000 Jahren. So gibt es mindestens drei Orte in China, in denen das Schwein unabhängig voneinander domestiziert wurde. Unklar sind die exakten Zeitangaben. Die Flüsse Huang He und Jangtse sind zwei wichtige Zentren der Domestizierung, denn schon in ältesten Zeiten wurde das chinesische Schwein in andere Gebiete Südostasiens gebracht, bis hin in den pazifischen Raum. Die systematischere Schweinehaltung setzte die Sesshaftwerdung der Menschen voraus.

Zwischen der antiken Schweinehaltung in China und Europa gab es einen entscheidenden Unterschied: In Europa lebten die Tiere noch von den Früchten des Waldes, während sie in China schon vor 6.000 Jahren in Pferchen gehalten wurden. Das ist der dichten Besiedlung und dem schon zu dieser Zeit hochentwickelten chinesischen Ackerbau geschuldet. Dabei mussten die chinesischen Schweinebauern und -bäuerinnen mehr Arbeit auf sich nehmen, um die Tiere rundum zu versorgen. Außerdem entstanden dadurch schon früh ökonomische Zwänge, das heißt, die Ausbeute des Schweinefleisches musste effizienter werden.[5] Im Zuge dessen wurden die Hausschweine auf Zahmheit und geringere Wildheit hin selektiert, damit sie leichter zu halten waren. Damit verloren sie aber auch einen Teil ihrer wildwüchsigen Intelligenz.[6] Die Schweine wurden auf kleinerer Fläche im Hofbereich gehalten, und der Düngewert und die Fütterung mit Haushaltsabfällen nahm an Bedeutung zu. Eine solche Selektion wird Domestizierung genannt.[7]

Zunehmend verdichten sich die Beweise, dass alle Hausschweine von einer einzigen Wildschweinart abstammen, dem *Sus scrofa*, einem Wildschwein, das in verschiedenen Gebieten Eurasiens, Nordafrika und im Niltal lebte.[8] Durch die Domestizierung entstanden Modifikationen des *Sus scrofa*, die unter natürlichen Bedingungen nie zustande gekommen wären. Das Haustier ist eine »Degeneration« des Wildschweins – völlig aus der Art geschlagen.[9] Dadurch wird eine Nutzung durch den Menschen erst möglich und kann enorm verbessert werden. So entstand eine Mensch-Tier-Hausgemeinschaft, die in erster Linie auf den Nutzen des Menschen ausgerichtet war.

Fragt man nach der Herkunft des *Sus scrofa*, dem »Urschwein« des Hausschweins, dann gibt es kein eindeutiges Zentrum der Abstammung. Schweine waren über weite Teile Europas und Asiens verbreitet, und die Domestizierung ging an vielen Stellen Eurasiens gleichzeitig vonstatten. Weil das Schwein nicht schwitzen kann, kommt es in semi-ariden Gebieten, in denen die meiste Zeit des Jahres Trockenheit herrscht, kaum vor; es bevorzugt schattenreiche Wald- und Flusstäler. Die Domestizierung in warmen

Regionen ging daher einher mit dem Bau von bedachten Unterständen, Ställen und Bereitstellung von Abkühlungsmöglichkeiten durch Wasser und Senken. Das machte die Nutzung des Schweins zum Beispiel in Vorderasien aufwendig und wenig angepasst an die dortigen Bedingungen. In den Trockenzonen der Erde gab es also keine Hirtenvölker mit Schweineherden. So ist der Niedergang der Schweinehaltung im Orient schon in vorchristlicher Zeit auch damit zu erklären, dass durch die Abholzung der letzten Buchen- und Eichenwälder aufgrund eines wachsenden Bevölkerungsdrucks und dem militärischen Schiffbau wenig Hütung im Schatten von Bäumen möglich und wenig Futter von Waldbeständen vorhanden war.[10]

Abb. 2: Ein Hausschwein aus Ghana in einem einfachen Verschlag mit Sonnenabdeckung, das unter der Hitze leidet und Abkühlung sucht.

Es ist belegt, dass Hausschweine auch dort vorkamen, wo es gar keine Wildschweine gab, das heißt sie wurden schon als Haustiere dorthin gebracht. Dadurch, dass Schweine an vielen Orten der Erde getrennt voneinander domestiziert wurden, hat sich eine große Anzahl unterschiedlichster Nutztierrassen entwickelt. Auf dem amerikanischen Kontinent kommen das Schwein und verwilderte Anverwandte beispielsweise erst seit Ankunft der Europäer vor. Neben den Schweinen der Nutztierhaltung verbreiteten sich in der Natur entlaufene Schweine alsbald über weite Teile des Kontinents.

Früher wie heute gab es Interaktionen und Vermischungen: entlaufene Haustiere verwilderten und schlossen sich Rotten von Wildschweinen an oder wilde Keiler deckten Haustiersauen bei deren Weidegang. Es mag der Intelligenz des Schweins zu verdanken sein, dass selbst domestizierte Rassen in der Lage sind, sich sehr schnell wieder an wilde Lebensbedingungen anzupassen.[11] Die Haustierwerdung ging immer mit einem Intelligenzverlust einher, doch bei anderen Haustieren liegt diese Verlustrate unter der der Schweine, nämlich nur bei 20 bis 25 Prozent.[12] Dennoch besitzt auch das Hausschwein noch genügend Intelligenz, um sich an die vom Menschen geschaffenen neuen Bedingungen anzupassen.

Zurück zum historischen *Sus scrofa*: Das Verhältnis der alten Griechen zum Schwein wird aus Erzählungen Homers deutlich. In der Odyssee etwa tauchte der Schweinehirt Eumanios auf.[13] Es ist der erste literarische Bericht über eine große Schweinehaltung, mit erstaunlicher Präzision des Besitzumfangs: Eumanios betrieb 12 Ställe mit je 50 Sauen und ihren Ferkeln. Sie dienten als Mast- und Opfertiere. Die Haltung von 600 Schweinen stellt selbst nach heutigen Maßstäben einen ernstzunehmenden Agrarbetrieb dar. Der »göttliche Sauhirt«, wie er bezeichnet wurde, half Odysseus bei der Vertreibung der Freier seiner Gattin.

In der griechischen Mythologie galt der Kampf mit dem wilden Schwein geradezu als die Heldentat, an der sich manche messen lassen mussten. So auch Herkules mit seiner Jagd auf den erymanthischen Eber, Theseus mit der wilden Sau von Crommyon oder die berühmte kalydonische Eberjagd. Wenn man bedenkt, dass das größte je vermessene Schwein – ein Yorkshire Schwein des Züchters Charles Beaumont – immerhin 3 Meter lang wurde, 1,27 Meter hoch und 609 Kilogramm wog, versteht man den Respekt, den die massige Gestalt eines Schweins den Griechen einflößte.

Im alten Ägypten der dynastischen Zeit (rund 3.000 bis 2.500 v. Chr.) war das Schwein neben dem Rind das wichtigste Haustier, obwohl man es verachtete. Wenn die Ägypter*innen von einem Schwein berührt wurden, stiegen sie sogleich mitsamt Kleidung in den Nil, um sich zu reinigen. Ferkel wurden für Selene und Dionysos, dem Götterpaar der Zauberer und des Teufels, geopfert. Es gab dafür gesonderte Schweinehirten, die die unterste Kaste bildeten.[14]

Später kam auch im Judentum aus noch nicht umfassend erforschtem Grund die Ächtung des Schweins auf. Die Abneigung gegen den Schweinefleischverzehr hat ihren Ursprung wohl in der ägyptischen Gefangenschaft.

Auch in Mesopotamien war bis Hammurabis Regierung 1.900 v. Chr. Schweinehaltung weit verbreitet. Doch unter seinen Nachfolgern fielen Schweine in Ungnade. Der bekannte amerikanische Kulturanthropologe Marvin Harris vermutete als Ursache die Versalzung der fruchtbaren bewässerten Felder der Sumerer am Unterlauf des Zweistromlandes, also eine Ackerbaukrise, die dazu führte, dass Getreidefutter nur noch schwer zu bekommen war.[15] Das sumerische Reich kollabierte unter anderem infolge an dieser Krise.

Anders verhielt es sich bei den Römern. Deren hohe Anerkennung des Schweinefleisches erkennt man daran, dass unter Diokletian (etwa 284 bis 305 n. Chr.) der Preis für Schweinefleisch doppelt so hoch war wie der für Rind- oder Schaffleisch. Bei den Römern gab es zudem genaue Aufzeichnungen über die »gute landwirtschaftliche Praxis« einer systematischen Schweinehaltung, mit Anleitungen zu einer einfachen Zuchttechnik und Fütterungshinweisen. Auf keinem römischen Landgut durfte das Schwein fehlen.

Bei den Germanen dagegen war die Schweinehaltung zu römischer Zeit und im Mittelalter eher primitiv, nur die Waldweide war bekannt. Ein Schweinehirt hütete eine Rotte Hausschweine in Mischwäldern, wo sie die Eicheln und Bucheckern abweideten, die Früchte der Oleasterbäume (schmalblättrige Ölweide) und

Tamarisken aßen, ebenso alle Arten von Nüssen und Obstbäumen, Johannisbrot, Weißdorn, und so weiter. Zu jeder Jahreszeit gab der Wald etwas her. Der Wert des Waldes wurde sogar daran bemessen, wie viele Schweine sich damit mästen ließen. Nachts wurden die Schweine ins Dorf zurückgetrieben und in Koben (einfache Stallverhaue) eingesperrt. Systematisch gefüttert wurden die Tiere allenfalls in der »Endmast«, also rund drei Monate vor dem Schlachttermin.

Auch mythologisch kam der Bedeutung des Schweins eine große Rolle zu, bei den Germanen wie auch bei den Kelten. Bei den Kelten gab es sogar einen Ebergott. Im Frühmittelalter nahm die Schweinehaltung in Europa enorm zu, auch in Städten, wo man die Tiere auf der Straße mit Küchenabfällen, die aus den Fenstern geworfen wurden, fütterte.

Eine noch lebendige prähistorische Schweinekultur: die Eipo

Bei den Eipo, einem Stamm in Irian Jaya (West-Papua) mit rund 800 Mitgliedern, handelt es sich um ein in den Bergen lebendes Volk, das erst in den 1970er-Jahren Kontakt zur Außenwelt bekam. Die melanesische Kultur der Eipo ist mit einem Alter von 50.000 Jahren eine der ältesten der Welt. Sie hängen einem überlieferten Glauben an, in dem alte Riten und Mythen noch intakt sind. Obwohl der Stamm inzwischen christlich missioniert wurde, hat das Schwein immer noch eine quasi-theologische Bedeutung. Die Eipo glauben, dass alle Menschen von sakralen Urschweinen abstammen. Die Schweine sind als Geister in Form von Steinen den Fluss Eipomek hinuntergespült worden. Als sie unten am Ufer ankamen, verwandelten sich die Steine in Menschen und Schweine. In der Mitte der Welt, so glauben die Eipo, ruht ein Schwein; wenn es sich bewegt, bebt die Erde.

Die Tiere werden Zeit ihres Lebens verhätschelt und wie Familienmitglieder behandelt. Die Eipo nehmen aber an, dass das Schwein geschlachtet werden will. Andernfalls läuft es davon. Zu rituellen Anlässen werden geweihte, auserwählte Schweine getötet. Dabei gibt es verschiedene Anlässe, für die unterschiedliche Ritualschweine gehalten werden. Zur menschlichen Ernährung spielt das Schwein keine systematische Rolle, obwohl – wenn denn ein Tier geschlachtet wird – es auch gänzlich verzehrt wird.[16]

Das Hausschwein besaß im Laufe der Geschichte keine große Bedeutung in Vorderasien, weil es sowohl in der jüdischen als auch der muslimischen Religion als unrein galt und jeglicher Kontakt mit Schweinen ein absolutes Tabu darstellte. Die armen Tiere wurden nicht nur als unnütz erklärt, sondern auch als schädlich; ein Fluch für denjenigen, der es berührte oder auch nur ansah. Es ist paradox, dass ausgerechnet in den Gebieten, wo das Schwein unter anderem zum ersten Mal domestiziert wurde, Jahrtausende später eine tiefgründige Abneigung gegen Schweinefleisch und der Berührung mit dem Tier und seinen Teilen entstand.

Die Stellung des Schweins im Judentum, Islam und Christentum

Im Judentum verbietet das Alte Testament jeglichen Umgang mit Schweinen mit drastischen Worten: »Alles, was gespaltene Klauen hat, ganz durchgespalten, und wiederkäut unter den Tieren, das dürft Ihr essen. Nur diese dürft ihr nicht essen von dem, was wiederkäut und gespaltene Klauen hat: [3+4] Das Schwein, denn es hat wohl durchgespaltene Klauen, ist aber kein Wiederkäuer, darum soll es Euch unrein sein. Vom Fleisch dieser Tiere dürft ihr weder essen noch ihr Aas berühren; denn sie sind unrein.« [7+8][17]

Im **Koran** sagt die Sure 5,4: »Verboten ist euch der Genuss von Fleisch verendeter Tiere, Blut, Schweinefleisch [...]«.

In beiden Religionen gilt das Schwein als »unrein«, weil es sich im Dreck suhlt und unreine Dinge frisst, wie zum Beispiel im Notfall den eigenen Kot.

Das **Christentum** brach zwar mit dem jüdischen Verzehrverbot, aber auch im Neuen Testament taucht das Schwein wiederholt negativ auf. »Werft Eure Perlen nicht vor die Säue«[18], heißt es in der Bergpredigt, und kurz danach wird von Jesus erzählt, wie er Besessene heilt, indem er deren Dämonen austreibt. Die Dämonen fahren daraufhin in eine Schweinerotte, welche sich selbst im See ersäuft.[19] Beide Vorkommnisse deuten an, dass das Schwein auch in der christlichen Gesellschaft keine Wertschätzung erfährt. Das Schwein ist dem Menschen ähnlich genug, um dessen Besessenheit zu übernehmen, aber auch »nur« Tier, um dafür geopfert zu werden. Theologisch genießt das Nutztier zwar Rechte und Achtung, aber die »Ebenbildlichkeit« des Menschen mit Gott hebt den Menschen hervor. Entscheidend dafür ist, dass nur der Mensch eine Seele besitzt, die ihm eine unveränderbare, einzigartige Individualität verleiht.[20]

Wo der Islam bei seiner Verbreitung auf Völker traf, die eine Tradition an Schweinezucht aufwiesen, konnte sich das Schweinetabu nicht flächendeckend durchsetzen. Das gilt zum Beispiel für China, Vietnam, Teile von Indonesien und den Philippinen, Korea, aber auch Afrika südlich der Sahara. Die »Schweinegrenze« bildete mithin auch die geografische Schranke des Islams.[21]

Alle nachträglichen Begründungen von Religionsforschenden für das Schweinetabu können nicht recht überzeugen, denn auch andere Tiere, wie zum Beispiel Ziegen, essen Kot. Eine artspezifische Tierkrankheit, die dem Menschen beim Verzehr des Fleisches schadet, wie die Trichinose beim Schwein, kann auch nicht der Grund dafür sein, denn andere Tiere haben auch ihre jeweils spezifischen Krankheiten, die dem Menschen gefährlich werden können (beispielsweise der Milzbrand). Ökologische Gründe wie die Wasserknappheit Vorderasiens – das Schwein benötigt einen großen Wasserbedarf zur Körperkühlung – sind für das Verzehrverbot ebenso weit hergeholt, denn es geht ja nicht nur um die Nützlichkeit des Schweins, sondern das Schwein wurde regelrecht ausgestoßen. Das Wiederkäuerargument des Alten Testaments leuchtet noch am ehesten ein, denn damit wird das Schwein – als einziges Nutztier eine Omnivore (Allesfresser) – zum Nahrungskonkurrenten des Menschen. So zu argumentieren entspräche einer gesellschaftspolitischen Ethik, die historisch zumindest ungewohnt ist. Allerdings müssten dann ja auch Hund und Katze gebannt werden, denn auch sie sind Omnivore. Eine andere, politische Theorie besagt, dass hinter dem Schweinetabu das Interesse von zentralisierten Machthabern – weltliche wie religiöse – steht, um politische Kontrolle über die Untertanen zu halten, denn das Schwein hat das Potenzial, eine autonome Nahrungsquelle armer Leute zu sein; es lässt sich im Hof verstecken und muss nicht draußen gehütet zu werden.[22] Als weitere Begründung wird vereinzelt angeführt, dass die Distanzierung vom Schwein eine Distanzierung von Opferritualen – und damit von heidnischen Praktiken – darstellt, denn in alten Gesellschaften und Ethnien wurden Schweine gerne den heidnischen Göttern als Opfer dargeboten (wahrscheinlich als Ersatz zum Menschenopfer).[23]

Doch zurück zur Verbreitung des Schweins: Eine systematische Schweinehaltung kam erst mit der industriellen Revolution auf, als es darum ging, die wachsenden Städte mit Fleisch zu versorgen. Die Kreuzung von chinesischen Schweinen mit dem lokalen europäischen Schwein in England Anfang des 20. Jahrhunderts war der Beginn der modernen, weltweiten Schweinezüchtung.[24]

Der Mensch und sein *Sus scrofa*

Das enge Zusammenleben von Menschen und Schweinen hat nicht nur das Schwein verändert, sondern auch den Menschen. Die Veränderung der Eigenschaften durch die modernen Schweinerassen ging so weit, dass viele der heute genutzten Rassen für das Überleben in der Wildnis nicht mehr gerüstet wären. Die Tiere, die heute unsere Ställe bevölkern, sind auf die Fürsorge durch den Menschen angewiesen. Umgekehrt mussten sich auch die Schweinehalter an die Bedürfnisse der Tiere anpassen. Sie müssen für ihr Futter sorgen, den Tagesablauf nach ihnen bestimmen, das Fortpflanzungsverhalten der Tiere kontrollieren sowie auf das Wohl und die Gesundheit der Tiere achten. So entstand eine doppelseitige Abhängigkeit voneinander, die sowohl für Zuneigung als auch für gegenseitige Aggressionen sorgte.

Nach dem Psychologen Jürgen Körner ist die Nähe zum Tier gerade deswegen so reizvoll, weil wir zugleich eine Andersartigkeit und Fremdheit spüren, und weil wir ahnen, dass wir hierin etwas von uns selbst wiedererkennen.[25] Wir beschimpfen zwar andere Menschen als Schweine, aber wir haben auch unseren eigenen »inneren Schweinehund« und müssen mit diesem zurechtkommen. Für einen solchen Spiegel der eigenen Natur bedarf es einer gewissen Ähnlichkeit und Vertrautheit mit dem Tier, was beim Schwein absolut gegeben ist: Das Schwein ist der einzige Allesfresser unter den Nutztieren des Menschen, es teilt den Verdauungstrakt mit uns, besitzt das gleiche Herz-Kreislauf-System, die gleiche Haut, ein ähnliches Gewicht und weist eine ähnliche Körpergröße auf. Außerdem teilen wir Menschen 90 Prozent unserer genetischen Basispaarketten mit dem Schwein. Im ganz Fremden (also dem Schwein) das Vertraute zu entdecken, aber auch im Vertrauten das Fremdartige zu finden, zeichnet zwei Pole der Tierliebe aus. So bleiben Tiere allgemein, aber Schweine wegen der Ähnlichkeit mit dem Menschen im Besonderen, eine ideale Projektionsfläche: In dem Schwein werden alle möglichen Eigenschaften entdeckt, die der Mensch an sich selbst als fragwürdig oder erschreckend empfindet; dies ist die Grundlage für die Schweineverachtung: die Verachtung von sich selbst. Diejenigen, die nicht vom Schwein leben, vermenschlichen das Schwein eher oder es ist nur als Kotelett von der Speisekarte her bekannt, als Tier aber nicht präsent. Mit Erstaunen nimmt der Städter wahr: »Die Wurst war ja ein Schwein!«

Selbst erfahrenen Schweinezüchtern mangelt es oft an Einsicht in die subtilen Formen des Gemeinschaftslebens ihrer gehaltenen Schweine. Jede Form der Gruppenbildung bei Schweinen ist ein komplexer soziologischer Vorgang. Die Tiere entwickeln automatisch klare Rangfolgen, deren Zustandekommen sich für den Menschen schwer nachvollziehen lässt und die für die Tiere handlungsbestimmend sind. Der Respekt dieser Rangfolge trägt sehr zum Wohlbefinden der Tiere bei. Jede Veränderung der Gruppe durch den Menschen erzeugt Stress, der auch Einfluss auf die Leistungsfähigkeit der Tiere hat. In der Massentierhaltung gehorcht das Mensch-Schwein-Verhältnis vornehmlich den vom Menschen bestimmten ökonomischen Prinzipien, dabei wird auf das Sozialleben der Tiere wenig Rücksicht genommen.

So ist die Beziehung Mensch/Schwein höchst ambivalent und vielfältig. Das Schwein erfährt in der Geschichte – und auch noch heute – in einigen indigenen Kulturen fast so etwas wie den Status von etwas Heiligem, in anderen Kulturen ist es eher Symbol von etwas Profanem und Verabscheuungswürdigem schlechthin, was einer mentalen Lizenz zur Ausbeutung des Tieres gleichkommt. Kein anderes Haustier wurde mit so vielen Aspekten der menschlichen Existenz in Verbindung gebracht. So spaltet das Verhältnis zum Schwein die Gesellschaft: Diejenigen, die vom Schwein leben und es möglichst produktiv und kostengünstig nutzen wollen, und diejenigen, denen die »Mitgeschöpflichkeit« des Tieres am Herzen liegt und das Tier eher kuscheln wollen.

Das Schwein ist in unserer Kultur ungeheuer ambivalent. Auf der einen Seite gilt es in Mitteleuropa seit der Barockzeit als Glücksbringer, als Symbol für Wohlstand: Hinter »Schwein gehabt« stehen beispielsweise die Nützlichkeit, Vermehrungsfreude und schnelle Gewichtszunahme des Schweins, in der Annahme, dass sich seine Produktivität auch auf das Geld und das gesamte Hab und Gut der Halter überträgt. Das Schwein dient außerdem in Form des Sparscheines als Wertbewahrer und -vermehrer.[26] Das Sparschwein als Symbol der Sparsamkeit und ökonomischen Vernunft hat eine weltweite Verbreitung gefunden. »Das kostet ein Schweinegeld!« bedeutet, was gut ist, ist auch teuer; jetzt muss das Sparschwein geplündert werden, um es sich zu leisten. Umgekehrt, wenn jemand ein »Schweinegeld verdient«, kommt er zu Reichtum, hat also ein »Schweineglück«.

Zudem wird das Schwein häufig zu einer Art Doppelgänger des Menschen. Die ganze deutsche Sprache ist mit allegorischen

Schweinebegriffen und Sprichworten durchsetzt, durch die der Mensch zum Schwein degradiert oder das Schwein vermenschlicht wird. »Jemanden zur Sau machen« ist zum Beispiel eine große Demütigung, weil die Grenzziehung zum Tier überschritten wird.

Auf der anderen Seite ist das Schwein – und noch mehr die Sau – auch mit negativer Konnotation belegt. Die schnelle Gewichtszunahme des Schweins hat dem Schwein nicht nur Sympathien eingebracht, sondern wird ihm gleichzeitig paradoxerweise auch indirekt vorgeworfen. Wegen seiner Gefräßigkeit und Fruchtbarkeit wurde das Schwein auch als Maßstab für körperliche Maßlosigkeit, Wollust und Habgier, und damit zum Schimpfwort der deutschen Sprache schlechthin: »Du Schwein!« Die Sau, die unübertreffliche fruchtbare Gebärmaschine, dient in Bezug auf alle negativen Eigenschaften des Menschen als Steigerungsform: »saudumm«, »saublöd«, »Saukladde« (für eine unleserliche Handschrift), »Saustall« (das unaufgeräumte Kinderzimmer), »Pottsau«, »die Sau rauslassen«, und wenn etwas allgemein ganz schlecht läuft, schiebt man die Schuld auf eine höhere Macht: »Sauerei!«. Das Schwein muss aber auch zur rassistischen oder politischen Abwertung eines Gegners herhalten, wie beispielsweise in den vor allem historisch verbreiteten Ausdrücken »Judensau«, »Saupreußen«, »Nazischwein«, »Schweinesystem«.

Den Menschen zur »Sau zu machen« hat einen mystischen Ursprung, wird aber heute als gängige Floskel negativ gedeutet. Die Metamorphose des Menschen zum Schwein hat so manchen Autor animiert.[27] Schon Homer erzählt in seiner Odyssee davon, wie die Zauberin Kirke die Gefährten des Odysseus in lächerliche, quiekende Schweine verwandelt. Die Geschichte von Kirke steht für die Erotisierung des Schweins. Nicht umsonst spricht man auch heute noch von der weiblichen Verführung als »bezirzen« (von Kirke abgeleitet), wobei der Freier seine Zurechnungsfähigkeit verliert. Ausschweifender Sex ist »das Schweinische« par excellence. Die Geschichte Kirkes sagt uns etwas über die Grenzerfahrung eines Menschen in Schweinsgestalt, der seinen menschlichen Verstand behält; aber auch über das Schwein als Mensch, der in tierisches

Verhalten verfällt. Die Metamorphose ist in beide Richtungen denkbar, was darauf hinweist, dass das Schwein dem Menschen als wesensverwandt und intellektuelles Gegenüber erscheint. In jedem bezirzten Menschen steckt also ein artverwandtes Schwein.[28]

Homer bleibt nicht die einzige literarische Bearbeitung eines negativen Bildes vom Schwein. In George Orwells berühmtem antikommunistischem Werk *Animal Farm* (Farm der Tiere) etwa avanciert der Eber Napoleon zum Diktator auf dem Hof, nachdem sich alle Tiere gemeinsam gegen den Landwirt erhoben und ihn vertrieben hatten. Napoleon, ein mächtiger Fleischkoloss von 300 Kilogramm, reißt rücksichtslos die Herrschaft an sich und bestimmt über alle Tiere des Hofs, so wie das männliche Alphatier in der Wildschweinrotte über alle Frischlinge und Bachen herrscht. Der letzte Satz in George Orwells Parabel lautet: »Die Tiere draußen blickten von Schwein zu Mensch und von Mensch zu Schwein, und dann wieder von Schwein zu Mensch; doch es war bereits unmöglich zu sagen, wer was war. Das Schwein ist halt auch nur ein Mensch.«[29]

In der Filmkunst sind fiese Gestalten wie Orwells Napoleon, Kirkes Freier, Mullewapp oder das eberähnliche »Biest« im Film *Die Schöne und das Biest* weit entfernt von niedlichen Ferkelgestalten wie das Rennschwein Rudi Rüssel, Schweinchen Babe, Peppa Wutz, Miss Piggy oder Schweinchen Dick. Sie sind erfolgreiche Medienstars, die herzerweichend über die Leinwand flimmern und alle denkbaren kindlichen beziehungsweise menschlichen Gefühle auslebten. Miss Piggy aus der Muppet Show, Wilbur und Schweinchen Dick waren Schweineinspirationen der künstlerischen Ausdrucksform. Charlotte, die Freundin von Wilbur dem Eber, bewahrte Wilbur im Roman von E. B. White sogar davor, verwurstet zu werden.

Für Wilhelm Busch ist schon 1870 die enge Mensch-Schwein-Beziehung eine antiklerikale Karikatur wert. Um der erotischen Versuchung durch eine Balletteuse zu entgehen, schickt der Herr dem heiligen Antonius ein Schwein: »Und siehe da! – Aus Waldes Mitten, ein Wildschwein kommt daher geschritten.« Schließlich fahren Asket und Schwein gemeinsam in den Himmel. Maria als Himmelskönigin empfängt die beiden mit den Worten:

»Willkommen! Gehet ein in Frieden!
Hier wird kein Freund vom Freund geschieden.
Es kommt so manches Schaf herein,
Warum nicht auch ein braves Schwein!«[30]

Trotz der vielen Darstellungen weiß man immer noch nicht recht, was von Schweinen zu halten ist. Dabei ist das Faszinierende zu entdecken, welche außerordentliche Anpassungsfähigkeit, Intelligenz und Geschicklichkeit Hausschweine zu entwickeln vermögen, wenn ihr Lernumfeld stimmt.[31] »Schweine bleiben uns Menschen einfach widersprüchlich und geheimnisvoll, geziert und fett, wuchtig und niedlich, stur und schlau. Wir empfinden Zuneigung und Abscheu, Sentimentalität und Schuld.«[32]

Alle negativen Konnotationen zum Schwein sind auf einmal verschwunden, wenn es um die Gaumenfreuden geht. Zwar lässt der Konsum an Schweinefleisch in unserer übersättigten Gesellschaft ein wenig nach, aber noch immer ist der Schweinebraten am Sonntag mit Kartoffeln, Soße und Gemüse ein Symbol des deutschen Wirtschaftswunders. Das deutsche Gasthaus wirbt zur Einkehr mit dem als Koch verkleideten Schweinekonterfei; wenn das Schwein vor der Tür steht und die Speisekarte hält, dann ist man hier richtig! Was für eine Symbolik versteckt sich hinter dem Schwein mit Kochmütze, das gut gelaunt eine Schlachtplatte präsentiert: »Hier gibt es Leberwurst, Blutwurst, Bauchspeck, Schinken«? »Schwein kocht Schwein«, soll es das aussagen? Das versaute Tier kocht sich selbst und lädt uns Menschen zum kannibalischen Bruder- oder Schwestermahl ein?[33] Sinnbild für die »sauleckere« deutsche Küche ist im Ausland immer noch die »Deutsche Wurst« und die »Bayerische Schweinshaxe«. Keine*r lässt sich den Appetit verderben durch das Andenken an das schmutzige und unsittliche Image der lebenden Quelle des Sonntagsbratens. Der Schlachthof ist außer Sichtweite.

Es ist interessant festzustellen, dass in Asien immer ein respektvollerer Umgang mit Schweinen herrschte, und die Beziehung zu dem Tier weniger ambivalent ist als die der Europäer*innen. Schweine galten als Verkörperung des Glücks, der Fruchtbarkeit und des Reichtums, und als besonders ehrliche Tiere. In China beispielsweise gibt es in einem gewissen Turnus immer mal wieder das »Jahr des Schweins«, was zuletzt 2019 der Fall war. Dieses Tierkreiszeichen drückt die Wesensart des Tieres aus, die auch auf alle unter diesem Tierkreiszeichen Geborenen überspringt: Das Schwein ist kein Jäger und mag sich nicht hetzen lassen. Es gilt als wohlwollendes, gutmütiges und gemächliches Tier, als neugierig, wissbegierig und verspielt. Außerdem ist es ein Kenner der Kunst, ein Genießer der kleinen Wonnen und Freuden des Lebens. Es kann sich in Genuss üben und die schönen Dinge des Lebens wertschätzen. Im Zeichen des Schweins stehen die Tugenden: Großzügigkeit, Sanftmut und Lebensfreude. So darf sich ein jeder ausgezeichnet sehen, der im Jahr des Schweins geboren ist.[34]

Das Schwein wird in Asien also ganz anders wahrgenommen als in Europa, wo das Verhältnis zum Schwein eher als schizophren zu bezeichnen ist, oder in den muslimischen und jüdischen Kulturen, die das Schwein als unrein empfinden. Dies hat das Schwein trotzdem nicht davor bewahrt, dass China Weltmeister in der Industrialisierung der Schweinehaltung und des Schweineverzehrs geworden ist und dass in der heutigen chinesischen Massentierhaltung das Wohl des Tieres nicht mehr geachtet wird als anderswo.

Das Schwein an sich

Was ist es, das Schwein? Kennen wir es überhaupt oder ist es uns egal, wessen Fleisch wir essen, welche Kreatur in unseren Ställen gemästet wird und eventuell fürchterlich leidet? Hat das Tier seine eigene »Würde«, die es bei der Nutzung durch den Menschen zu wahren gilt? Was macht die Würde des Schweins aus?[35]

Der immer noch nahe Verwandte des rosaroten nackten Hausschweins[36], das Wildschwein, erfreut sich in der gesamten Menschheitsgeschichte einer hohen Achtung; der Keiler wird wegen seines Mutes, Flinkheit, Klugheit, Wildheit und Entschlossenheit verehrt. Der Jäger, der ihn erlegt, ist immer noch ein Held. Eine Wildschweinjagd kann ein wahres Abenteuer werden, wenn das flüchtige Tier mit Hunden und zu Pferd über Stunden durch den Busch gehetzt werden muss und alle ihm gestellten Fallen schnell durchschaut.

Doch was haben die Hausschweine noch mit dem Wildschwein gemeinsam? Es herrscht die Meinung vor, dass sich der Charakter des Hausschweins nicht grundsätzlich von dem des Wildschweins unterscheidet. Die Züchtung hat zwar tief in den Körperbau eingegriffen, aber kaum in das Sozialverhalten des Tieres. Die Wildheit und Aggressivität mögen bei modernen Haustierrassen weggezüchtet worden sein, aber viel mehr auch nicht. Deshalb müssen wir bei der Suche nach der »Würde« des Schweins über die des Nutztiers hinausgehen.

Noch immer hat auch das ordinäre Hausschwein eine sehr gute Nase. Schweine haben von Natur aus tausendmal mehr Riechzellen pro Quadratmillimeter als wir Menschen. Mehr als 1.300 Gene sind beim Schwein für die Funktion der verschiedenen Duftsensoren zuständig. Es kann dadurch besser riechen als viele Hunde und findet Essbares bis zu einem halben Meter tief unter der Erdoberfläche.[37] Schweine besitzen auch ein vortreffliches Gehör und können selbst eine differenzierte Vielfalt von Lauten hervorbringen. Ihr Gehörsinn ist besonders gut im Bereich von Ultrasound, den wir Menschen nicht mehr hören. Das Hausschwein erkennt außerdem die Stimme seines/seiner Halter*in. Seine Sehfähigkeit allerdings ist nicht überwältigend, sie entspricht der des Menschen, aber Schweine haben einen breiteren Sichtkreis.

Das Schwein hat kognitive Fähigkeiten, ist kreativ, listig und hat einen hochentwickelten Sinn für räumliche Orientierung. So wurde beispielsweise von einer Sau aus Hampshire berichtet, die durch alle möglichen Hindernisse ihren Weg zum Eber fand, und danach auch wieder zurück: Sie erkannte die Öffnungen im Gehege, machte Tore auf und nahm die richtigen Wege auf Anhieb.[38] Schweine sind neugierig und überaus lernfähig. Sie sind intelligenter als Hunde, aber niemals dem Menschen gegenüber unterwürfig. Des Weiteren besitzen sie einen ausgeprägten Eigensinn. Das Schwein schaut dem Menschen direkt ins Auge, es hat eine eigene Identität. Schweine werden also verkannt und zu Unrecht geschmäht und missachtet.

Zur Fruchtbarkeit des Hausschweins – einige Daten

Ihre Zuchtreife erreichen die weiblichen Tiere mit 7 bis 12 Monaten, während die Eber bereits mit 6 bis 7 Monaten zeugungsfähig sind. Hausschweine können das ganze Jahr über trächtig werden. Der Höhepunkt der Rauschezeit einer Sau hält rund 12 bis 24 Stunden an, in dieser Zeit muss sie gedeckt sein, wenn sie trächtig werden soll. Die Trächtigkeitsdauer beträgt 16 bis 17 Wochen. Das Schwein gebiert mehrere Ferkel pro Wurf; im Durchschnitt sind es heute 12 Ferkel, selten auch über 20 Ferkel, wobei die Sau zwei- bis viermal im Jahr werfen kann, vorausgesetzt sie und die Ferkel finden optimale Verhältnisse vor (gutes Futter, Wärme für die Neugeborenen, ein ungestresstes Muttertier). Das heißt, eine »gute« Muttersau bringt rund 30 Ferkel pro Jahr zur Welt; nicht alle überleben allerdings.

Eine Sau hat zwischen 12 und 16 Zitzen. Ein Ferkel nutzt nur seine »Stammzitze«, hier darf kein anderes ran. Die Saugferkel werden nach 21 bis 28 Tagen »abgesetzt«. Sie werden nun »Aufzuchtferkel« genannt, werden von der Muttersau getrennt und kommen in den Aufzuchtstall. Dort bleiben sie bis zu einem Gewicht von 25 bis 30 Kilogramm. Anschließend werden sie wieder umgestallt und kommen als Mastläufer in die Mastbetriebe. In diesem Alter sind die Ferkel auch »marktgängig«, das bedeutet, sie werden von spezialisierten Ferkelerzeugern an spezialisierte Mastbetriebe verkauft. Nach rund 4 Monaten in der Mast, also im Alter von 5 bis 6 Monaten und einem Gewicht von etwa 115 Kilogramm, sind sie schlachtreif. Das setzt gute Mastbedingungen voraus. Die natürliche Lebensdauer eines Schweins liegt bei 12 bis 15 Jahren. Die 27 Millionen Mastschweine in den modernen deutschen Mastanlagen werden also niemals älter als Teenager. Maximal 3 Jahre wird eine Muttersau ab dem ersten Wurf zur Ferkelerzeugung gehalten, bevor ihre Fruchtbarkeit nachlässt und sie geschlachtet wird. Dann hat sie je nach Rasse rund 60 bis 90 Ferkel in die Welt gesetzt.

Nach Michael Pollans tiefgreifender Analyse »Das Omnivoren-Dilemma« teilen wir mit dem Schwein – wie mit allen anderen Allesfressern – mehr, als man vermuten würde. Denn Allesfresser haben zum einen die Flexibilität, sich in fast allen Habitaten eine Existenzgrundlage aufzubauen, das heißt, sie können sich weltweit ausbreiten, und zum anderen brauchen sie eine enorme Begabung um herauszufinden, was für sie essbar ist und was nicht. Omnivoren brauchen daher ein gutes Gedächtnis, um diesen Befund als eine lebenslange Abneigung oder Zuneigung von bestimmten Substanzen zu speichern.[39] Die gute Ernährung von Omnivoren liegt also weniger im Gedärm als im Gedächtnis. Zur Überprüfung der Selektion von denkbaren Nahrungsquellen sind besondere sensorische und kognitive Fähigkeiten nötig. Wegen dieser Ähnlichkeit waren Menschen und Schweine sich jahrtausendelang recht nahe. Erst in den letzten Jahrzehnten sind wir einander fremd geworden, weil der Mensch die Schweine in eine abgeriegelte, auf höchste Effizienz getrimmte Parallelwelt abgeschoben hat, in der nicht mehr das Tier selbst wählt, was essbar und nahrhaft ist, sondern die Computerprogramme der Mischfutterwerke. Bei der Stallfütterung nimmt das Mastschwein seine Tagesration in 5 Minuten auf und langweilt sich die restliche Zeit zu Tode; das freilaufende Tier dagegen verbraucht 70 Prozent seiner Zeit für die Futtersuche.

Schweine leben gerne in der Rotte, sie lieben die kleine Gruppe von acht bis zwölf Schweinen, in der jedes das andere kennt und respektiert und eine relativ stabile Rangordnung besteht. Sie sind sehr sozial, kommunikativ und haben angenehme Verhaltensweisen.

In der freien Natur leben Wildschweine in Rotten von verwandten Muttertieren mit ihrem Nachwuchs. Sie sind matriarchalisch organisiert und halten im Familienverbund eng zusammen bis zum Erwachsensein.[40] An der Spitze der Rotte steht die erfahrene »Leitbache«, hinter der eine dominante »Beibache« als Stellvertreterin steht. Die Keiler sind eher Einzelgänger, die nur zeitweise den Rotten beitreten. Zur Brunstzeit im Herbst kämpfen sie um die Bache.

Zur Futterverwertung und Fütterung

Junge Schweine bis zu einem Gewicht von 120 Kilogramm nehmen schneller an Gewicht zu als ältere. Sie benötigen knapp 3 Kilogramm Kraftfutter, um 1 Kilogramm Fleisch anzusetzen. Mit zunehmendem Alter wird die Futterverwertung eines Schweins immer schlechter. Da die Futterkosten mehr als 50 Prozent der Schweinehaltungskosten ausmachen, ist für Landwirtinnen und Landwirte irgendwann der Punkt erreicht, an dem es sich nicht mehr rentiert, die Tiere weiter zu füttern; außerdem zahlt der Schlachthof für schwere Schweine weniger, weil die Maschinen auf einen einheitlichen Schlachtkörper geeicht sind und schwere Tiere mehr Fett haben.[41] Das Optimum ist in der Regel nach sechs Monaten der Fall.

Schweine sind Nahrungsgeneralisten, zwar primär Pflanzenfresser, aber sie fressen im Freien auch Würmer, Insekten, kleine lebende Tiere und sogar Aas. Mit ihrem ausgezeichneten Geruchssinn können sie sich orientieren; er ist ihnen bei der Nahrungssuche extrem behilflich. So können sie im Boden vergrabene Zwiebeln, Wurzeln oder Pilze riechen. Mit dem Rüssel graben sie den Boden um und spüren versteckte Leckerbissen auf. Die Fütterung der Hausschweine in früheren Zeiten erfolgte hauptsächlich mit Küchenabfällen, Ernteausputz, Kleie, Spelze, Maische oder anderen Nebenprodukten der Weiterverarbeitung von Feldfrüchten. Die Tiere wurden meist auf eingezäunten Weiden gehalten und/oder in die Mischwälder getrieben. Primitive Verschläge oder gar gemauerte Ställe kamen schon früh hinzu.

In der modernen Haltung werden die Schweine mit einem Mischfutter gefüttert, dessen Zusammensetzung auf den Bedarf der Tiere optimal abgestimmt ist. Dabei ist die Ration je nach Wachstumsphase unterschiedlich. Das Futter wird zum größten Teil fertig zugekauft oder auch auf dem eigenen Betrieb nach computergesteuerter Rezeptur gemischt. Die überwiegenden Futterbestandteile stammen oft nicht vom eigenen Betrieb. Das gilt besonders für die Komponenten Eiweiß (häufig aus Soja), Mineralien, essenzielle Aminosäuren und weitere Zusatzstoffe wie Vitamine und Spurenelemente.[42]

Wenn Menschen die Gruppengemeinschaft von Hausschweinen stören, etwa beim Absetzen der Ferkel, Umsetzen der »Läufer« (Heranwachsende), beim Tiertransport oder bei der Zusammenstellung von Mast- oder Jungsauengruppen, geraten die Tiere in Stress, weil dann Rangordnungskämpfe beginnen. Dasselbe geschieht bei beengter Haltung. Dies zu beachten ist nicht nur eine Frage der Tierliebe, sondern hat auch ökonomische Implikationen, denn jeder Stress führt zu geringerem Fleischansatz und zu gegenseitigen Verletzungen.[43] Nicht umsonst heißt es im Volksmund: »Ruh und Rast ist die halbe Mast!«

Seine besonderen sensorischen und geistigen Fähigkeiten kann das Nutzschwein nicht ausleben. Dies führt zu Problemen in der industriellen Massentierhaltung. Mangelndes Wohlbefinden der Tiere ist nicht nur eine Frage der Ethik und des Tierschutzes, sondern auch der Ökonomie: Es hat Auswirkungen auf Gesundheit, Resilienz und Produktivität der Tiere. Vor allem kannibalistische Instinkte des Schweins, wie zum Beispiel das Schwanzbeißen, verursachen Probleme. Um der Unterforderung der Tiere entgegenzuwirken, werden heute in die Verschläge gewisse »Spielsachen« montiert, wie beispielsweise hängende Bälle, Knabberrohre oder Ketten. Die 2021 geänderte Tierschutz-Nutztierhaltungsverordnung macht deshalb detaillierte Vorgaben zur Mindestausstattung der Stallbuchten (siehe Kapitel 9).

Untersuchungen haben ergeben, dass Tiere umso eher lediglich als Produktionsmittel angesehen werden, je höher die Bestandszahlen der betrieblichen Haltung sind, je weniger körperlicher Kontakt zwischen Tier und Halter oder Halterinnen besteht, je kürzer das Tier im Stall unter menschlicher Obhut gehalten wird und je länger die Lieferkette ausfällt. In einer Untersuchung wurde zudem festgestellt, dass zwischen verschiedenen Eigenschaften der Tierhalter und Tierhalterinnen (geschlechtlich, konfessionell, Alter oder Tierliebe) und der Bindung zu den Schweinen nur eine schwache Korrelation besteht; aber je höher die fachliche Ausbildung, desto geringer ist die Bindung zum Tier. Es hat sich außerdem gezeigt, dass bei guter Mensch-Tier-Beziehung das Wohlbefinden der Tiere steigt und Stress abgebaut wird, also sehr wohl auch eine ökonomische Dimension vorhanden ist. Auch die Zufriedenheit des/der Tierhalter*in steigt, wenn er oder sie eine gute Beziehung zum Tier hat.[44]

Was nutzt das Schwein dem Menschen?

Im Rahmen der modernen Schweinehaltung sagt man dem Schwein nach, dass es für den Menschen angeblich keiner »Mehrzwecknutzung« dient, also lediglich Fleischlieferant ist. Das war nicht immer so. Aus historischer oder ethnologischer Sicht diente das Schwein dem Menschen auch in vielerlei anderer Hinsicht, wie wir später noch sehen werden. Die Sichtweise übersieht zudem, dass inzwischen auch beim Huhn oder Rind keine Mehrfachnutzung mehr erfolgt. Denn wer spannt heute noch die Kuh vor den Pflug oder hält Hühner, die sowohl Eier legen als auch Fleisch ansetzen? Die Hochertragszüchtung ist so weit fortgeschritten, dass die gängigen Nutztierrassen hochgradig spezialisiert sind und deshalb auch nur einseitig effizient nutzbar sind, also entweder als Broiler oder als Legehenne, entweder als Milchkuh oder als Mastrind. Fast immer sind es die weiblichen Tiere, die die gewünschte Leistung erbringen, also Eierlegen oder Milcherzeugung. Das wirft die heiß debattierte ethische Frage auf, wie unsere Gesellschaft mit dem

»Bruderhuhn« oder »Bruderrind« umgeht, die unter rein ökonomischer Betrachtung »nutzlos« sind. Bei der sogenannten Einfachnutzung des Schweins fällt bei der Fleischausbeute dagegen kein geschlechtsbedingter tierischer »Ausschuss« an, denn sowohl die Sau als auch der Eber können gut gemästet werden, wenn der Eber denn kastriert ist.[45]

In der Nutzung durch den Menschen überwiegt das Schwein, vor allem heute, als Fleischlieferant. Schweinefleisch hatte dabei aber auch früher schon einige Vorteile: Es ist leicht zu konservieren, etwa durch Pökeln (Einsalzen), Räuchern oder Lufttrocknen.[46] Außerdem lässt es sich leicht zubereiten und mit Gewürzen oder anderen Zutaten schmackhaft anrichten. Wegen des intensiven Geschmacks des Schweinefleisches eignet es sich gut für die Wurstherstellung. Gekochtes Fleisch und Fett sowie Innereien werden mit Kräutern, Gewürzen und Salz zerkleinert und in gereinigte Därme oder die Blase gefüllt. Diese Fleischprodukte gewannen ab dem 13. Jahrhundert in Mitteleuropa eine immer größere Beliebtheit. So entwickelte sich auch zunehmend das Schlachten als eigenes Gewerbe, das sich auf diese Leckereien, die Konservierungsmethoden und das effektive Schlachten spezialisierte.[47] Diese alten handwerklichen Tätigkeiten sind in den Industrieländern weitgehend ersetzt durch die Konservierung mithilfe moderner Technik (zum Beispiel Tiefgefrieren, Logistik, Vakuumverpackung) beziehungsweise wurden in die fleischverarbeitende Industrie verlagert. Bei Hausschlachtungen, die immer noch auch bei uns auf dem Lande beliebt sind, sind diese Fertigkeiten und Traditionen aber noch rudimentär erhalten geblieben.[48]

Die Frage nach der Nutzung eines Tieres wird nur aus der Perspektive des Menschen betrachtet, und hier wiederum vor allem aus Sicht der Wertbestimmung durch den Markt. Im Mittelpunkt der Schweinehaltung stand schon immer als Endzweck das systematische Mästen für den Verzehr von Fleisch, aber auch andere Produkte des tierischen Körpers wurden verwendet, zum Beispiel Häute, Fette, Borsten, Knochen und Därme (siehe Kapitel 4). Der marktgängige Wert dieser Schlachtnebenprodukte ist im Lauf der

Zeit aber immer geringer geworden: Das geschmeidige Schweinsleder kann mittlerweile gut durch Kunstleder ersetzt werden, die Borsten für die Bürstenmacher sind heute durch synthetische Materialien substituiert, das Fett des Schweinespecks ist den Tieren weitgehend weggezüchtet worden, weil es ernährungsphysiologisch unerwünscht ist, der Bedarf an Gelatine ist gering und zudem weitgehend verdrängt durch Ersatzprodukte wie Pektin oder Agar Agar, Därme als Wursthüllen werden verdrängt durch Kunstdärme und Gerichte von Innereien findet man kaum noch auf dem europäischen Speiseplan (siehe Kapitel 12). So nutzen wir häufig nur noch Teile des reinen (geviertteilten) Schlachtkörpers der Tiere. Während früher und in anderen Kulturen nichts vom geschlachteten Schwein ungenutzt blieb, haben heute die Schlachthäuser Verwertungsschwierigkeiten des sogenannten »fünften Viertels«: der überflüssigen Schlachtnebenprodukte, die kaum auf dem Markt absetzbar sind.

Das Schwein als »Einnutzungstier« ist eine Erscheinung der industriellen Tierhaltung. In verschiedenen Kulturen und in anderen Geschichtsepochen haben die Schweine auch anderen gesellschaftlichen Zwecken gedient, als nur Fleischlieferant zu sein und einen monetären Wert am Markt zu erzielen. Beispielsweise gibt es Überlieferungen des alten Ägyptens, dass Schweine auch zum Dreschen eingesetzt wurden, indem man sie zum Toben in die auf dem Dreschplatz ausgebreiteten Getreidegaben schickte. Ähnliches wird auch von der Nutzung der zahmen Schweineherden für die Vorbereitung des Saatbeets für die nächste Feldbestellung berichtet; ihre Klauen schlugen die Erdklumpen klein, quasi als Ersatz für das Eggen. In Papua-Neuguinea helfen die Schweine den Frauen heute immer noch beim Umgraben ihrer Felder.

Ein großes Geheimnis ist, warum ausgerechnet das Schwein – obwohl so produktiv, fruchtbar, geschmackvoll, leicht zu halten und zu füttern – in weiten Teilen Asiens historisch eine marginale ökonomische Erscheinung blieb. Das Schwein spielte dort allerdings für den Lebensunterhalt der Armen eine große Rolle. Es galt weit verbreitet als das »Rind der armen Leute«. Besonders die Frauen auf dem Lande nahmen sich der Schweinehaltung (zusammen mit der Hühnerhaltung) an. Eine Hofstelle beim Haus oder kleine Verschläge reichten für das Anbinden oder Halten der Schweine. Dadurch war und ist auch heute noch in manchen Teilen der Welt Schweinehaltung eine attraktive Erwerbsquelle für landlose Familien auf dem Land. Die Futterversorgung kann wenigstens teilweise über eine Restesammlung im ganzen Dorf erfolgen, wodurch sie keine Geldausgaben verlangt. Teilweise erfolgt diese Art der Schweinehaltung zum Eigenverzehr in der Familie, aber Schweinefleisch ist auch sehr marktgängig in der Nachbarschaft und Region. Die Bargeldeinnahmen können eine wichtige Ergänzung für das Bestreiten der Haushaltsaufwendungen darstellen.

Abb. 3: Eine Bäuerin des Stammes der Huli aus Papua-Neuguinea mit ihrem Hausschwein beim Umgraben ihres Gartens.

Im pazifischen Raum spielt das Schwein eine extrem wichtige Rolle für die ländliche Bevölkerung. Hier betreiben die meisten Haushalte eine sogenannte »Hinterhofhaltung«. In Papua-Neuguinea, Irian Jaya oder Hawaii beispielsweise ist das Schwein für die indigenen Völker nicht nur ein Lebensmittellieferant, sondern auch wichtiges Medium für viele Aspekte des gesellschaftlichen Lebens: als Geschenk für die Festigung von Familienbeziehungen, als Opfertier, als Fleischspende für Feste und Rituale, und es dient allgegenwärtig als Vermögensanlage. Bei unvorhergesehenen und besonderen Ereignissen wie Krankheiten, Notfällen, Geburten und Hochzeiten findet hierfür ein Verkauf der Tiere oder deren Schlachtprodukte statt. Obschon die alten Schweinerassen nur 47 Prozent der Produktivität gegenüber modernen Rassen – die sehr wohl bekannt sind – erbringen, werden die alten Rassen bevorzugt gehalten, weil sie den dortigen Schönheitsvorstellungen vom Haustier »Schwein« viel mehr entsprechen, und vor allem weil die Tiere eine wesentlich größere Robustheit und Angepasstheit an die dortigen, extensiven Haltungsbedingungen aufweisen.[49]

Die Multifunktionalität des Schweins auch jenseits seiner physischen Ausbeute in der Geschichte und anderen Kulturen spiegelt sich auch in den künstlerisch-historischen Darstellungen wider. Wenn Bilder von Schweinen in der Antike auftauchten, dann nicht der Schweine wegen, sondern um kultische, religiöse, persönliche Botschaften zu überbringen, oder um Kampfeswillen, Mut, Fruchtbarkeit, Wohlstand, Opfergaben, Taten der Götter darzustellen.[50]

Schweine wurden auch traditionell über die abgeernteten Felder getrieben, damit sie nach der Ernte all die liegengebliebenen Knollen und Körner aufspürten und verwerteten, die beim Abernten und Dreschen verloren gingen. Damit traten die Schweine in eine direkte Nutzungskonkurrenz mit der ärmeren Landbevölkerung. Denn das Ährenlesen, oftmals auch als Nachlese bezeichnet, war ein weit verbreitetes Recht der Armen in den Dörfern. Allerdings war es auch oft so, dass die Schweine noch danach, das heißt hinter den Armen, die Stoppelfelder »putzten«; sie fanden das, was durch die Nachlese der Armen nicht gefunden wurde, denn die Schweine konnten wegen ihrer schärferen Sinne noch etwas finden, das den Menschen entgangen war.

Die besonderen sensorischen Fähigkeiten des Schweins haben die Menschen auch zu anderen Zwecken zu nutzen verstanden. Zum Beispiel wurde die gute Nase von Schweinen eingesetzt, um Trüffel im Untergrund aufzuspüren; so entstand das berühmte und hoch geachtete Trüffelschwein. Aufgrund ihres besonderen Riechsinns können Schweine aber auch die Arbeit von Hunden verrichten. Die Polizei Niedersachsen etwa hat 10 Jahre lang ein Schwein – die Wildsau »Luise« – als »Spürhund« eingesetzt, um nach Drogen zu fahnden. In China hatte das Schwein – vor der massiven Nutzung von synthetischen Düngemitteln – noch eine weitere traditionelle Nutzung: Die Ausscheidungen der Schweine stellten einen wichtigen Dünger dar.[51] Kot und Urin wurden systematisch gesammelt und gelagert, um sie zu kompostieren und dann auf die Felder auszubringen. »Schweine, statt Fleisch!« war eine gängige Bauernregel. Mit der industriellen Massentierhaltung hat sich dies ins Gegenteil verkehrt: Für die Exkremente muss eine umweltfreundliche Vernichtung gefunden werden, statt sie als wertvollen Dünger zu behandeln, weil so viel Gülle anfällt, dass die Ackerkulturen sie nicht mehr sinnvoll verwerten können. In den Gegenden der großen Mastanlagen ist das Grundwasser inzwischen mit Nitrat und Phosphat eutrophiert. Um dieser Entwicklung Einhalt zu gebieten, wird beispielsweise in Vietnam viel in eine Technik investiert, welche die Ausscheidungen in feste und wässrige Bestandteile trennt. Die flüssige Gülle wird dabei ohne große Behandlung auf die Felder ausgebracht, während der feste Kot gesondert kompostiert und später als Dünger eingesetzt wird.

Schweinegülle kann auch in Biogasanlagen verwertet werden. Über die Zersetzung zu Methangas wird so Bioenergie hergestellt. Das wird unter anderem von der chinesischen Regierung stark gefördert. Jedoch sind diesem Vorgehen im großen Stil Grenzen gesetzt, denn die Schweinegülle hat zu wenig Trockensubstanz, das heißt, sie ist zu wässrig. Es müssen mindestens 20 Prozent Energiepflanzen, zum Beispiel Mais, Kartoffeln oder Getreide zugeführt werden. Die Methanausbeute durch Schweineexkremente ist dabei trotzdem 14-mal niedriger als die durch reine Pflanzenmasse.

Der Energiepflanzenanbau in den landwirtschaftlichen Intensivregionen, in denen auch die meisten Mastanlagen liegen, konkurriert mit der Ernährungssicherung der Menschen. Denn das meiste, was zur Bioenergieherstellung verwendet wird, könnte ebenso gegessen werden. Dagegen würde für eine kleine Biogasanlage, die einen Haushalt mit Energie beliefert, der Dung von zwei Schweinen mit einigen pflanzlichen Abfällen ausreichen, um zu kochen und für die Beleuchtung eines kleinen Hauses zu sorgen. Doch auf der Ebene der Hinterhofhaltung mit nur wenigen Schweinen ist die Dungverwertung sowieso kein Problem.

In einigen südostasiatischen Gegenden wie Vietnam, Kambodscha oder Laos wird der Schweinedung sehr kreativ weiterverwendet. Hier ist es Tradition, Schweinehaltung und Aquakultur räumlich zu verbinden. Die Hausschweine werden dort auf hölzernen Spaltenböden in Ställen gehalten, die unmittelbar über Fischteichen gebaut sind. Die Ausscheidungen gehen so direkt ins Wasser und dienen den Fischen als Nahrung.

Eine eher neue, umstrittene Nutzung des Schweins findet vor allem in den Industrieländern statt. Hier wird es – aufgrund der physiologischen Ähnlichkeit zum Menschen – als Versuchstier in Forschungslaboren für medizinische Zwecke gehalten. Vor allem im Bereich der Kardiologie und Gastroenterologie ist das Schwein ein ideales Versuchsobjekt, denn Verdauungstrakt und Kreislauf sind denen des Menschen sehr ähnlich. In der Vergangenheit wurde die direkte Verwertung zahlreicher Schweineteile genutzt, um die Gesundheit des Menschen zu verbessern. Man denke nur an Insulin vom Schwein, mit dem man Millionen von Menschen, die an Diabetes litten, behandelt hatte. Das Insulin wurde den Schweinen dabei aus der Bauchspeicheldrüse entnommen. Es ist nahezu identisch mit Humaninsulin und daher besonders wirksam. Erst kürzlich wurde das Schweineinsulin durch synthetisches Insulin ersetzt.

In der Transplantationsmedizin gelten weiterhin Schweine – nicht Primaten – als vielversprechende Kandidaten, zum Beispiel, um bei Herzklappenersatz oder gar für ganze Herztransplantationen Organe zu »spenden«.[52] 90 Prozent der schweinischen genetischen Basispaarketten sind mit den menschlichen Genen identisch, allerdings können die wenigen abweichenden Gene allen Unterschied ausmachen, und das Gehirn kann deutlich abweichen. Versuche mit der Übertragung menschlicher Stammzellen in Embryos von Schweinen haben bewiesen, dass es möglich ist menschliche Zellen in dem artfremden Umfeld des Schweins zu vermehren. Damit wurde bewiesen, dass der menschliche Körper Organe vom Schwein nicht unbedingt abstößt. Dieses gelungene Experiment könnte ein möglicher Durchbruch für die Xenotransplantation bedeuten. Gerade haben Chirurg*innen erfolgreich eine Schweineniere mit dem Menschen verbunden, und »augenblicklich hat das Organ angefangen zu arbeiten«.[53] Stehen wir an der Schwelle einer Mensch-Schwein-Chimäre? Die Ähnlichkeit von Schweinen und Menschen führt dazu, dass sie nicht nur in Laboren für Forschungszwecke anzutreffen sind, sondern auch für weit grausamere Tests verwendet werden. Speziell dafür in Göttingen gezüchtete Minischweine wurden etwa als lebende Dummys eingesetzt, zum Beispiel bei Crash-Tests der Autoindustrie. Außerdem buddelte man diese Minischweine lebendig im Schnee ein, um herauszubekommen, wann ein Skifahrer unter einer Lawine erstickt. Oder man sprengte sie kurzerhand (betäubt) in die Luft, um die Wirkung eines Sprengsatzes auf den Menschen bei Terroranschlägen zu studieren.[54] Nach Protesten in der Bevölkerung wurden diese Versuche allerdings eingestellt. Aber auch heutzutage gibt es noch ähnliche Test.[55]

Die Anzahl der Schweine, die in Deutschland bei Tierversuchen jeglicher Art getötet werden, schwankt zwischen 12.000 und 16.000 Tieren; 2019 litten 20.999 Schweine (von einer bekannten Gesamtanzahl von 2.902.348 Tieren) in deutschen Tierversuchen, viele davon starben.[56] Obwohl Tierversuche gesetzlich geregelt und anzeigenpflichtig sind – teilweise genehmigungspflichtig –, ist die Kontrolle lasch. Verboten sind sie mittlerweile für militärische Zwecke oder zur Prüfung von Kosmetika, Waschmittel und Tabak. 2019 wurden insgesamt 2.902.348 Wirbeltiere und Kopffüßer (Kraken und Tintenfische) für wissenschaftliche Zwecke verwendet, etwa 77.000 getötete Versuchstiere zusätzlich zum Vorjahr.[57] Man könnte einwenden, dass das Töten von Versuchstieren in deutschen

Forschungslaboren ein Klacks gegenüber 58 Millionen geschlachteten Schweinen ist, die jährlich in europäischen Schlachthäusern ihr Leben lassen. Aber die Nutzung als Versuchstiere durch die gezielte Zufügung von Schmerzen und Leiden ist ein ganz anderer Sachverhalt, als alternative, angeblich sanfte Schlachtmethoden zur Fleischgewinnung.

Wir haben das Schwein in der Menschheitsgeschichte zurückverfolgt, einen Bogen geschlagen von den ersten Nutzungsformen bis heute, den Charakter des Schweins kommentiert und sind auf das widersprüchliche Verhältnis, das der Mensch zum Schwein hat, eingegangen. Das Schwein mit seiner Würde und seinen Eigenarten ist uns vielleicht ein wenig näher gerückt, aber kennen tun wir es deshalb noch lange nicht. Wir können es töten, essen, quälen, aber wir werden seine Seele nicht beherrschen. Es bleibt uns ein Gegenüber – und das ist gut so.

Kapitel 2

Das lokale Schwein
Schweine hinter dem Haus

»Eine Landwirtschaft ohne Schweinehaltung
ist wie ein Student, der keine Bücher liest.«
Chinesisches Sprichwort

Das »lokale Schwein« darf noch eine »Drecksau« sein, sich im Matsch suhlen, frech und neugierig die Welt erkunden. Doch die Freiheiten, die ihm die Dorfbewohner*innen gewähren, werden von Expert*innen bekämpft; man will die kleinen Sauenhalter*innen nicht mehr tolerieren, ihre »Schweinerei« ist stigmatisiert. Nicht nur von der Haltungsform her unterscheidet sich diese Art der Schweinewirtschaft, sondern auch ihrem ganzen Zweck nach. Sie ist eine Konkurrenz für die industrielle Haltungsform, ökonomisch und sanitär, und einfach »primitiv«. Deswegen soll sie im Namen von »Entwicklung« abgeschafft werden. Vielen Regierungen und der Agrobusiness-Lobby ist sie ein Dorn im Auge. Doch die Rassen der armen Leute und die Ökonomie der Armut sind zäher als gedacht. Statt ihnen ihre Tierhaltung abspenstig zu machen und den Armen den Kampf anzusagen, sollte man mit den Armen gemeinsam nach Wegen suchen. Die Expert*innen sind sich einig in ihrem Feldzug gegen das Primitive: Entweder diese Art der Schweinehaltung hört gänzlich auf, oder sie wird in moderne Tierhaltungsformen überführt.

Schwein oder Nichtsein!

Das »lokale Schwein« steht dem »globalen Schwein« (siehe Kapitel 4) konträr gegenüber. Die Begriffe stehen für einen Systemzusammenhang, nicht für das biologische Wesen. Zwischen diesen beiden entgegengesetzten Polen existiert noch ein drittes Segment, das wir hier »Das bäuerliche Schwein« nennen wollen (siehe Kapitel 5). Hier werden die Tiere produktionstechnisch ähnlich gehalten wie bei global agierenden Unternehmen (das globale Schwein), allerdings mit geringeren Bestandsgrößen und in der Regel unter den sozialen Bedingungen eines Familienbetriebes.

Das lokale Schwein dagegen – auch vielfach als »Hinterhofhaltung« charakterisiert – ist Teil einer Armutsökonomie. Die Tiere werden »extensiv« gehalten, das heißt ohne großen Aufwand an Kapital, zugekauftem Input oder Vermarktung, aber mit Flächenbindung. Der Arbeitsaufwand allerdings kann beträchtlich sein, weil eine fast individuelle Betreuung jedes einzelnen Tieres geleistet wird, zum Teil durch Hütung oder beaufsichtigten Freigang; rationalisierte Arbeitsgänge gibt es hier nicht. Ob Hütung, Freilauf, Anbindung, Verschläge oder Stall: je eingeschränkter die Mobilität des Schweins, desto mobiler muss das Futter sein, denn dann geht nicht das Schwein zum Futter, sondern das Futter muss zum Schwein gebracht werden; der Arbeitsaufwand nimmt also noch einmal erheblich zu. Der Vorteil der Stallhaltung ist, dass der Halter die Gesundheit und Hygiene der Tiere besser kontrollieren und den Mist zum Düngen besser erfassen kann.

	Das lokale Schwein	Das bäuerliche Schwein	Das globale Schwein
Schweinehalter	Großfamilie/ Clan/Dorf	Moderner Familienbetrieb	Konzerne
Schweinerasse	Traditionell, eventuell Einkreuzung	Hochleistungsrassen, immer mehr Hybride	Hochleistungsrassen/fast durchgängig Hybride
Fütterung	Eigenversorgung	Teils Hofmischung/ Zukauffutter	Fast ausschließlich Zukauffutter
Haltungsform	Hütung, Anbindung, Koben	Stallung	Anlage
Betriebsgröße	Meist < 10, sonst 1–50 Tiere[1]	> 50 Tiere	> 1.000 Tiere

	Das lokale Schwein	Das bäuerliche Schwein	Das globale Schwein
Spezialisierung	Aufzucht und Mast zusammen	Ferkelerzeugung/ Mast teilweise getrennt	Strikte Trennung von Aufzucht und Mast
Befruchtung	Natursprung; Eber im Dorf	Eigener Eber, meist künstliche Besamung	Künstliche Besamung
Schlachtung	Hausschlachtung	Schlachter, Metzger, meist Schlachthof	Große Schlacht- bzw. Fleischfabriken
Nutzung der Tiere	Viele Haltungszwecke nach Tradition	Fleischverkauf	Fleischverkauf
Tierwohl	Freilauf mit Familienanschluss	Diverse Standards, z. T. freiwillig	Gesetzliche Standards auf niedrigstem Niveau
Tiergesundheit/ Biosicherheit	Keine Medikamente, kaum Veterinärdienste, keine Standards	Strikte Hygiene, Medikationsplan, Veterinärmonitoring	Hygienischer Hochsicherheitstrakt, präventiver Medikationsplan
Endprodukt	Fleisch, selbstkonservierte Produkte	Fleisch, Wurst	Schweineviertel, Schlachtnebenprodukte, convenience Fleischware
Märkte	Eigenverbrauch, Dorf, lokale Straßenmärkte	Regionales Gewerbe, EU-Märkte	Nationale und globale Märkte
Ökonomie	Armutsökonomie	Wirtschaften an der Grenze	Weltwirtschaft
Beratung	Kaum, oder durch NGOs/Staat	Selbstorganisierte Beratungsringe	Konzernmanagement

Abb. 4: Die drei Systeme der Schweinewirtschaft[2]

Es kommt auch beim lokalen Schwein vor, dass partiell moderne, zugekaufte Betriebsmittel verwendet werden, etwa eingekreuzte Rassen, Medikamente oder Futtermittel. Zum Beispiel ist es auch in der Hinterhofhaltung durchaus üblich, das Tier in den Wochen vor dem geplanten Schlachttermin noch einmal besonders gut mit Kraftfutter zu mästen, um mehr Schlachtgewicht zu erzielen. Oder das Tier einer Entwurmungskur zu unterziehen, um den Schlachtkörper parasitenfrei zu haben. Im Prinzip jedoch wird das Schwein von den Ressourcen des Haushalts/Dorfes allein gefüttert und betreut. Die Nutzung geschieht auch recht lokal, entweder wird das Schwein im Haushalt des Besitzers oder von der Dorfgemeinschaft verzehrt, oder aber auf den Straßenmärkten in naher Umgebung verkauft.

Das lokale Schwein kann also weniger biologisch, ökonomisch oder technisch definiert werden, sondern nur von seiner Einbettung in ein lokal-spezifisches soziales oder agronomisches System. Für eine enge Bindung an den Haushalt eignet sich das Schwein hervorragend, deshalb auch seine lange geschichtliche Nutzung und starke Verbreitung unter traditionellen Gesellschaften Europas, Asiens, des Pazifiks und der Karibik. Das Tier ist leicht zu halten, frisst alles, ist äußerst fruchtbar, braucht wenig eigenes Land und lebt genießerisch. Schweine sind leicht zu schlachten und in allerlei Produkte weiterzuverarbeiten. Sie passen gut in die Dorfgesellschaft, denn sie stören nicht (bis auf den Geruch, der aber bei extensiver Haltung erträglich ist), tragen zur Abfallverwertung bei, dienen der Versorgung des Dorfes mit Fleischspezialitäten (zum Beispiel bei Festen oder besonderen Anlässen) und sind Teil gegenseitiger Tauschgeschäfte und Gefälligkeiten in dörflichen Gemeinschaften. Agronomisch können die Tiere gut in die Hauswirtschaft integriert werden, einerseits aufgrund ihrer zum Menschen komplementären Futterbedürfnisse, anderseits aufgrund der Verwertung ihrer Exkremente als hervorragender Dünger. Nicht umsonst galt die alte Bauernregel: »Der Mist ist das Gold des Ackers!« Die guten Konservierungsmöglichkeiten von Schweinefleisch kommen noch hinzu.

Für arme Familien stellen Schweine eine wichtige Notreserve dar, auf die jederzeit im Bedarfsfall zurückgegriffen werden kann; Schweinefleisch, Ferkel und Metzger-Produkte sind leicht vor Ort und gut portioniert in Geld zu verwandeln. Die Fruchtbarkeit und die hohe Reproduktionsrate der Schweine machen aus der Schweinehaltung eine Investition, die sich schnell amortisiert und geringes Risiko birgt.

In Vietnam, Kambodscha, Laos und auf den Philippinen hatten wenigstens bis zur politischen Wende in den 1990er-Jahren 80 Prozent der ländlichen Haushalte Schweine am Haus.[3] Allerdings ging seitdem der Anteil stark zurück, liegt aber auch heute noch bei über 50 Prozent. In Vietnam zeigt sich, dass die vier Regionen (von insgesamt sieben), in denen der Anteil der armen Haushalte ganz Vietnams am höchsten ist, auch der Anteil der ländlichen Haushalte mit Schweinehaltung am höchsten ist. Weiter wird geschätzt, dass in vietnamesischen Familien im unteren Einkommensviertel mindestens 20 Prozent des familiären Haushaltseinkommens aus der Schweinehaltung stammt.[4] Das zeigt deutlich auf, dass die Hinterhofhaltung für arme Familien essenziell ist.

Das lokale Schwein ist keineswegs nur ein überkommenes Phänomen armer Länder und traditioneller Kulturen, sondern es lebt auch Seite an Seite mit dem globalen Schwein, selbst im Europa der Nachkriegszeit, wie beispielsweise in der DDR und anderen Ostblockstaaten. Nachdem die exportorientierte, stark industrialisierte Schweinehaltung der kollektivierten Landwirtschaft Ostdeutschlands Ende der 1970er-Jahre in die Krise geriet (siehe Kasten »Communist Pigs«), erklärte der SED-Parteikongress 1976 die private Kleingartenhaltung zu einer »sinnvollen sozialistischen Freizeitgestaltung«; vorher wurde sie als »bourgeoise Reminiszenz« sogar verachtet. Das war der Startschuss für die Entstehung einer erheblichen Schattenwirtschaft für Lebensmittel, auch tierischer Produkte. Die Kleingartenanlagen verdreifachten sich in 10 Jahren auf 630.000 Hektar, die von rund 3,5 Millionen DDR-Bürgern mit Euphorie betrieben wurden, unter dem Motto »Klein aber mein«. Eine dunkel-gefleckte, etwas kleiner geratene Schweinerasse eroberte diese Privatwirtschaft, ein ganz anderes Schwein als das der Großanlagen. Es wurde gefüttert mit Küchenabfällen, Gartenresten, Wurzeln oder gesammelten Beikräutern auf den großen Flächen der Landwirtschaftlichen Produktionsgenossenschaften. 21 Prozent aller DDR-Haushalte hielten irgendein Nutztier.

Die private Schweinehaltung diente vornehmlich der Selbstversorgung. Speziell nach der Agrar-Preisreform von 1984 wurde private Schweinehaltung richtig lukrativ, und mehr und mehr Tiere gingen in den Verkauf an die Schlachthäuser; Fleisch wurde teuer, während Brot so billig gehalten wurde, dass sich selbst die Verfütterung von Brot an die Schweine lohnte. 1983 kamen 20 Prozent aller Schlachtschweine aus der privaten Kleingartenhaltung. Die Betreuungsarbeit der privaten Tierhaltung war vor allem Aufgabe der Frauen, Kinder und Rentner (siehe auch Kapitel 3).[5]

Communist Pigs – Die Geschichte des Schweins in der DDR[6]

Thomas Fleischmann, ein US-Geschichtsprofessor der Universität von Rochester, hat in seinem gerade erschienenen Buch über Aufstieg und Fall des DDR-Regimes am Beispiel der Schweinewirtschaft eine höchst interessante Sichtweise gut recherchiert dargelegt. Hier einige thesenartige Grundgedanken:

Die Industrialisierung der Schweinehaltung war das Paradestück der DDR-Landwirtschaft und sollte die Überlegenheit des Sozialismus demonstrieren. Aber die Umweltprobleme konnte das Regime nicht bewältigen. An ihnen hat sich der Widerstand gegen das Regime entwickelt und an ihnen ist das Regime letztendlich zu Grunde gegangen.

Nach Fleischmans Meinung wurde die Fabel von Orwells *Animal Farm* auf erschreckende Weise in der DDR Wirklichkeit. Die sozialistische Revolution auf der Animal Farm unter der Leitung des Ebers Napoleon entwickelte sich nicht nur in eine Diktatur, sondern ging auch an der produktivistischen Ausrichtung der neuen Führung zugrunde. Die Führungsschicht der Schweine selbst hat die Revolution verraten. So ist es auch mit der Schweinewirtschaft der DDR geschehen.

In den 1970er-Jahren wurde die Schweineproduktion in der DDR enorm ausgedehnt, dank der niedrigen Zinsen, der Kredite aus dem Westen, billiger russischer Energie und massiver Futtermittelimporte aus der kapitalistischen Welt. Mega-Stallanlagen wurden gebaut. Pro Kopf wurde hier mehr Schweinefleisch produziert als in Westdeutschland. Das Regime ging davon aus, dass es sich mit Schweinefleisch einen guten Anteil auf dem Exportmarkt erobern könne. Der Erfolg der Produktionssteigerung von 9 auf 12 Millionen Tonnen Schweinefleisch von 1972 bis 1980 war für das Regime Grund genug, die umfassende Überlegenheit des Sozialismus zu erklären.

In der DDR gab es schließlich keinen Ort mehr, der nicht von der Schweinewirtschaft berührt war, entweder als Produktionsstätte von Fleisch und Futter, oder/und als Depot von Schweinemist. Die sozialistische Schweinewirtschaft unterschied sich nicht von der industriellen kapitalistischen Produktionsweise der USA. Ökologisch war die DDR aber ein rechtfreier Raum. Die Gülle wurde einfach rücksichtslos in der Natur abgekippt und führte dazu, dass das Grundwasser in vielen Gegenden eutrophiert war.

Doch schon in der nächsten Dekade kam der Erfolg zu einem Ende: Die westlichen Kredite mussten zurückgezahlt werden, die billige russische Energie blieb aus; die Devisenknappheit zwang dem Regime die Politik der Eigenversorgung mit Futtermittel auf. Außerdem wurden der Binnenabsatz und der Verbrauch eingeschränkt. Der Fleischexportkurs wurde dagegen unbeirrt beibehalten. Die Futterknappheit war ein wesentlicher Engpass. Mit dem Grüneberg-Plan der Agrarreform wurde Ende der 1970er-Jahre die Spezialisierung der Landwirtschaftlichen Produktionsgenossenschaften (LPGs) auf Pflanzen- und Tierproduktion beschlossen.

Die Vorgaben an die Pflanzenbau-LPGs für die Futterproduktion waren unrealistisch und es gab viele Koordinationsprobleme zwischen der Pflanzen- und Tierproduktion. Die mächtigen LPG-Direktoren waren darauf angewiesen falsche Zahlen anzugeben, damit sie wenigstens auf dem Papier das Plansoll erfüllen konnten. Es kam zu einer Entfremdung zwischen den sozialistischen Manager-Technokraten und dem Regime.

Die spätere Rechnung, das sogenannte »Gartenschwein« zuzulassen, was vorher als bourgeoise Reminiszenz galt, ging auf. Auf privaten kleinen Parzellen, in marginalen unbebauten Flächen, wurde das Recht auf Kleinstlandwirtschaft eingeführt. Diese Kleingärten wurden dann sehr wichtig für die Versorgung der Bevölkerung, während die LPGs ihre Fleischproduktion weiterhin munter exportierten (siehe auch Kapitel 3).

©akg-images

Abb. 5: »Mästen mit Resten«, so versucht die SED-Führung die Bevölkerung zur Mithilfe zu bewegen und Devisen für Futtermittelimporte einzusparen.

Die Futtermittelknappheit in der DDR führte zu ungewöhnlichen Aktionen. Die Stadt Berlin (Ost) begann 1975 mit der systematischen Sammlung von organischem Abfall und Küchenresten, nicht der Umwelt wegen, sondern als Futtergrundlage für die industrielle Schweinemast. Pro Jahr, so schätzte man, konnten mit dieser Futtergrundlage 52.200 LPG-Schweine und 7.000 private Schweine gemästet werden. Es gründeten sich Klubs von Kleinschweinehaltern und -halterinnen, um sich bei dieser Sammelaktion zu engagieren. Im Westen war die Verfütterung von Lebensmittelresten wegen der Trichinengefahr schon damals verboten.

Schweinefleisch ist nicht gleich Schweinefleisch. Der Geschmack und die Nutzung hängen stark von der spezifischen Rasse, Haltung und der Schlachtung beziehungsweise der nachfolgenden Weiterverarbeitung ab. Freilaufende Schweine traditioneller Rassen, die nur nebenbei gefüttert werden, sind langbeinig, schlank, drahtig und haben einen Rüssel, der bei einigen traditionellen Schweinen manchmal sehr lang (zum Beispiel beim Iban Longhouse Schwein aus Sarawak/Malaysia), manchmal aber auch sehr kurz (beim chinesischen Hängebauchschwein) ist. Ihr Fleisch ist fest, muskulös und setzt kaum Speck an. Andere traditionelle Rassen in Stallhaltung, die gut gefüttert werden, setzen das Futter allerdings schnell in Fett um. Die meisten körperlich hart arbeitenden Menschen mögen marmoriertes Fleisch und Speck, denn die Fettschicht ist Träger der Kalorien und des Geschmacks. Andere dagegen, wie die meisten Menschen der heutigen Stadtbevölkerung, bevorzugen das zarte Fleisch der modernen Rassen.[7]

Auch in mitteleuropäischen Breiten zog man früher das fette Schwein vor. Da hieß es: »Je fetter die Sau, umso besser die Bäuerin!«, gleich mit Hinweis darauf, wer für die Fütterung zuständig war. Während noch vor 70 Jahren Schweinespeck teurer war als Fleisch, kostet Speck heute nur noch einen Bruchteil von beispielsweise der Schweinelende. Denn mittlerweile geht in den Industriestaaten nur noch das magere Fleisch, und Schlachthäuser nehmen bei fettigen Schweinen erhebliche Abschlagszahlungen vor. Es zeigt sich aber immer wieder, dass die ländliche Bevölkerung das Fleisch ihrer eigenen Rassen dem mageren Industriefleisch vorzieht, das in Massen für die städtische Bevölkerung produziert wird und im Wesentlichen auf eine intensive Eiweißfütterung zurückgeht.

Wie das Schweinefleisch schlussendlich schmeckt und wie man es zubereitet, kommt aber auch sehr auf die Metzgertechnik an, zum Beispiel auf den Schnitt (sogenannter »Cut«) bei der Schlachtung, das heißt, wie der Schlachtkörper zerlegt wird, und wie das Fleisch in der sogenannten »Reifezeit« abgehangen wird (siehe Kapitel 12).

Obwohl der überwiegende Anteil des lokalen Schweins der Eigenversorgung des Haushalts dient, ist auch im dörflich-asiatischen Raum eine traditionelle ländliche Wertschöpfungskette entstanden, mit Anfängen einer Arbeitsteilung und Nebenverdienstmöglichkeiten: von der Zucht (Halten eines Ebers für das Decken aller Sauen der Nachbarschaft), Futter- und Ferkelerzeugung und -verkauf, Schlachtung, Metzgern, bis hin zum Fleischverkauf.

Eine besonders traditionelle Schweinehaltung bei den Wola in Papua-Neuguinea

Eine besondere Art der Schweinewirtschaft ist in Papua-Neuguinea beim Stamm der Wola im Hochland zu finden. Sie kommt der prähistorischen Haltung sehr nahe. Es ist die enge Beziehung zwischen dem Haustier und den Menschen, die sie so anders macht. Hier wird eine Rasse gehalten, die mehr Wildschwein als modernes Schwein ist, ohne jegliche systematische Zucht, allerdings passte sie sich über die Jahrhunderte an die örtlichen Verhältnisse und die Art der Haltung gut an. Durch Tiere aus Indonesien gab es gewisse Kreuzungseinflüsse.

Die dort einheimische Rasse ist schwarz, gedrungen und hat stehende Ohren, hohe Schultern und ein schlankes Hinterteil. Das Tier ist stark und ein guter Läufer, nimmt aber selbst bei guter Nahrung kaum zu, maximal bis zu einem Endgewicht von 50 Kilogramm. Die Sau ist eine gute Mutter, die Sterberate bei den Ferkeln liegt jedoch bei über 20 Prozent. Durchschnittlich werfen die Sauen 4,2 Ferkel pro Wurf. Nach zwei Monaten wiegen die Ferkel 3 bis 4 Kilogramm, nach einem Jahr 22,7 Kilogramm. Das alles sind Daten, die weit unterhalb der Produktivität moderner Rassen liegen. Doch verstehen die Wola die geringe wirtschaftliche Ausbeute ihrer alten Rassen als »Fitnesseinbuße«, weil ihre Rasse auch unter härteren Bedingungen und Futtermangel überleben kann. Auch unter vergleichbaren Haltungsbedingungen erreichen die Wola-Schweine nur eine Produktivität von 47 Prozent im Vergleich zu modernen Rassen.

Jede züchterische Verbesserung wird abgelehnt. Die Anzahl der Tiere pro Haushalt variiert zwischen 1 und 16 Stück, mit 3,3 Schweinen im Durchschnitt. Die Bestände variieren von Zeit zu Zeit beträchtlich, denn die Tiere werden verkauft, getauscht, vergeben oder geschlachtet. Sie stellen für die Einheimischen ein Vermögen dar, das für viele Gelegenheiten angezapft wird: Brautpreis, Feste, Schuldenzahlung, Beerdigungen, Geschenke, Medikamente, Schulgeld, Krankheiten oder Unfälle.

Die ältesten Tiere bleiben bis zu 16 Jahre in der Herde, viele werden aber schon nach 2 oder 4 Jahren abgestoßen. Selten werden Tiere zugekauft, die meisten stammen aus eigener Nachzucht.

Die Frauen spielen in der Schweinewirtschaft der Wola eine herausragende Rolle. Es ist hauptsächlich – aber nicht ausschließlich – ihr Bereich. Sie treiben die Schweine auf die Felder, füttern sie, sorgen für deren Nachwuchs oder sie verkaufen das Schwein und verfügen dadurch über ihre eigene kleine Einnahmequelle, die für Haushaltsausgaben verwendet wird.[8]

Nicht alle Züchtungen eignen sich für die Art der Haltung des lokalen Schweins. Die modernen Hybridrassen brauchen ausgewogenes Futter, Stallung und Hygiene. Es sind die einheimischen, traditionellen Rassen, die für die extensive Haltung besonders geeignet sind. Sie können mit den harten Umweltbedingungen umgehen, wie beispielsweise Dürre, schlechte Weidegründe, Hungerperioden, Krankheiten, Hitze, Parasiten, aber auch Autoverkehr oder Umweltgiften. Das heißt, auch ein schlechter Ernährungsstandard macht den Tieren wenig aus; sie sind beständig auf der Suche nach etwas Fressbarem, wehrhaft und immer auf der Hut. Für eine kommerzielle Nutzung sind diese Schweine und auch dieses Haltungssystem gänzlich ungeeignet.[9]

Solch rudimentäre Systeme findet man heute zwar immer weniger, aber noch auf vielen Inseln des Pazifiks oder in entlegenen Berggebieten Südostasiens. In der traditionellen Gesellschaft orientiert sich die Schweinehaltung nicht an engen marktwirtschaftlichen Kriterien und an der effizientesten Erzeugung von Fleisch, sondern sie verfolgt auch eine Vielzahl anderer Ziele. Das angeborene Wühlverhalten der Schweine wird mancherorts genutzt, um den Boden zu lockern und das Saatbeet vorzubereiten (siehe Abb. 3). Außerdem spielt auch das Aussehen der Schweine eine große Rolle. In Haiti beispielsweise orientiert man sich an den Farben der Schweine. Je weißer desto produktiver, aber auch desto hitzeanfälliger. Für die wichtige rituelle Nutzung (Vodoo) kommen dort nur dunkle, behaarte Schweine infrage. Anderswo mag das Prestige der Großfamilie von der Herdengröße abhängen, oder es kommt auf die Güte der Zähne oder Stattlichkeit des Körpers an. Solche äußeren Merkmale zählen, wenn es um die Tiere im sozialen Kontext geht: als Geschenk um Freundschaften zu festigen, bei religiösen Riten, Festlichkeiten, Beerdigungen, Strafzahlungen, beim Brautpreis, Streitbeilegungen, Festigung der Rangordnung in der Gemeinschaft, Spenden oder kulturellen Zwecken.[10]

Die Anzahl der Schweine, die von einem Haushalt gehalten werden können, ist im lokalen System durch die Verfügbarkeit der lokalen Ressourcen begrenzt, vor allem des örtlichen Futteraufkommens wie Weide, Erntereste oder Küchenabfälle. Keiner kann seine Herde über Gebühr ausdehnen, das heißt das lokale Schwein hält Ungleichheiten in Schach. In Mitteleuropa waren es in der Geschichte immer die Müller, die die größten Herden hatten, weil sie über eine große Menge Ausputzgetreide verfügten.

Erst mit dem Aufkommen eines Marktes für Zukauffutter löste sich die Gebundenheit an die örtliche Futterbasis. Dadurch wurde eine boden- und standortunabhängige Schweinehaltung möglich, was einerseits unterschiedlich große Tierbestände hervorbrachte, anderseits aber auch eine Zuerwerbsquelle für landlose Gruppen im Dorf erschloss.[11]

Große Mengen an Tieren sterben in der traditionellen Haltung an Krankheiten und Parasiten, für die es keine traditionellen Behandlungsmöglichkeiten gibt. Ein modern ausgebildeter Veterinär oder die Verabreichung von Tiermedikamenten der Pharmaindustrie kommen hier so gut wie nicht vor, sie sind entweder nicht bezahlbar, nicht erreichbar oder beides. Dafür aber gibt es in den Dörfern Schamanen, Medizinmänner und Kräuterfrauen und eine erstaunliche Vielfalt an Naturheilmittel. Aber gegen Infektionskrankheiten kommen die traditionellen Heiler und Heilerinnen nicht an. Als beste Medizin für die Gesundheit von Tier und Mensch gleichermaßen gilt eine ausreichende und ausgewogene Ernährung.

Erst mit der Bewusstwerdung westlicher Gesellschaften über das Tierleiden durch die Massentierhaltung ist die Frage nach dem Tierwohl als brisantes gesellschaftspolitisches Thema aufgekommen. Regierungen haben fast überall auf der Welt gesetzliche Standards erlassen, die die Nutztiere vor »unzweckmäßigem« Leiden schützen sollten (siehe Kapitel 9). Eine internationale Angleichung gewisser Normen mag für den internationalen Handel eine wichtige Rolle spielen, aber nicht für die Hinterhofhaltung. Schon die Frage nach dem Wohl eines einzelnen Tieres ist für die traditionelle Gesellschaft abwegig. Es wird auch nicht nach Wohl und Recht des einzelnen Familienmitglieds gefragt. Was in traditionellen Gesellschaften zählt ist nur die Gemeinschaft – also die Familie, der Clan oder Stamm – und jedes Mitglied hat seine Rolle zu spielen, damit die Gruppe existieren kann, egal ob Kind, Onkel, Großmutter, Kaninchen oder das Schwein. In manchen Regionen der Erde lebt die Landbevölkerung in einem ständigen Konflikt mit Tieren der Wildnis, die ihre Lebensgrundlage bedrohen. Da kommt wenig Achtsamkeit in Bezug auf die Bedürfnisse der Tiere im Allgemeinen auf. Die Schwelle zur

Gewaltanwendung, um Affen, Elefanten oder Flusspferde von den eigenen Feldern fernzuhalten, ist niedrig. Das prägt natürlich auch die Beziehung zum eigenen Nutztier, dem Schwein.

Ein Tierwohlvergleich zwischen den verschiedenen Schweinesystemen ist äußerst schwierig. Einerseits haben die Schweine beim lokalen Schwein in der Regel größere Bewegungsfreiheit, um ihre Eigenarten wie Wühlen oder Spielen besser auszuleben; in manchen traditionellen Lokalgesellschaften leben die Schweine sogar mit direktem Familienanschluss. Für eine Tierromantik ist hier aber kein Platz. Es kann den Tieren nicht besser gehen als den Menschen der Gemeinschaft, die sie zu ihrem Nutzen halten, das heißt, die Schweine teilen mit ihren Halterinnen und Haltern die Ärmlichkeit der Verhältnisse, wie Mangel an Nahrung, medizinischer Versorgung oder angemessenem Schutzraum.

Besonders wenn es auf das Ende des Tieres zugeht, ist für Empathie wenig Platz, denn das Tier wird seiner Bestimmung zugeführt und sein Tod ist sowieso sicher. Das Mitgefühl für die Tiere beim Transport zum Markt oder zum Schlachten ist beschränkt; man hat keine anderen Möglichkeiten als höchst provisorische Transportmittel (zum Beispiel aufgeschnallt auf das Fahrrad oder Motorrad, siehe Abb. 6), und die Tötung erfolgt nicht durch vorherige Betäubung. Dem Tier wird hier also bedenkenlos richtig Gewalt angetan.

Die Weltorganisation für Tiergesundheit (OIE) kommt bezüglich globaler Normen zum Tierwohl zu der Aussage, dass es bei der Frage nach dem Tierwohl in Entwicklungsländern unangebracht wäre, die internationalen Standards, die in den Industrieländern entwickelt wurden, einfach so zu übertragen. Jedes Entwicklungsland sollte seine eigenen Standards entwickeln, die auf den individuellen Prioritäten des Landes basieren.[12]

Das lokale Schwein mag sich in der Defensive befinden, ist aber keineswegs nur eine Randerscheinung auf der Welt. Die große Anzahl traditionell gehaltener Tiere belegt, dass das lokale Schwein auch heute noch Bedeutung hat: In Assam, einem Bundesstaat Indiens, werden beispielsweise etwa 1,5 Millionen Schweine traditionell gehalten. In Vietnam nahm die Schweinehaltung auf Kleinbetrieben (unter zehn Tiere) von 1999 (80 %) bis 2006 (64 %) zwar ab, aber in absoluten Zahlen verbleiben 2016 bei einem Tierbestand von geschätzten 29 Millionen Schweinen immer noch 18,5 Millionen Schweine in Kleinstbeständen.[13] Das heißt, jede dritte Familie in Vietnam hält ein oder mehrere Hausschweine. Auf den Philippinen sind 8 Millionen (63 %) von den insgesamt 12,7 Millionen Schweinen noch in traditioneller Haltung[14], in Papua-Neuguinea 1,6 Millionen.[15]

© Danita Delmont/Imago Images

Abb. 6: Die Rücksichtnahme auf das Tierwohl in traditionellen Verhältnissen hat ihre Grenzen, spätestens wenn es um die Transportfrage geht. Hier ein Schweinetransport in Kambodscha (2006).

In China, heute das Land mit den Megaställen und Megaschlachthöfen, ergab eine Schätzung 2012, dass immer noch 57 Prozent der 48 Millionen Nutzschweine in Kleinstbeständen gehalten wurden.[16] Eine andere Quelle erbrachte, dass 1985 in China noch 95 Prozent des Schweinefleisches von Kleinstbetrieben stammte, die ihre Tiere so hielten wie schon vor 1.000 Jahren.[17] Allein 2008 hat sich die Anzahl der ländlichen Haushalte mit Schweinen in einem einzigen Jahr statistisch um 50 Prozent reduziert.[18] Die Verhältnisse in China sind dabei, sich radikal zu verändern, nachdem die chinesische

Schweinewirtschaft durch die Afrikanische Schweinepest 2019/2020 40 Prozent ihres Schweinebestands verloren hat, entweder durch die Seuche selbst oder durch das präventive Schlachten. Der Wiederaufbau der Bestände erfolgt nach strikten industrialisierten Vorgaben. Seuchenpolitische Vorgaben werden also dazu genutzt, um strukturpolitische Ziele zu verfolgen (siehe auch Kapitel 10).

Werfen wir einen kurzen Blick auf Assam, den kleinen indischen Bundesstaat nördlich von Bangladesch im Flusstal des Brahmaputras. Hier im Nordosten Indiens werden mehr als 25 Prozent aller indischen Schweine gehalten. Hunderttausend Familien besitzen hier Schweine. Die Nachfrage nach Schweinefleisch und Wurstwaren nimmt dort – wie in ganz Indien auch – zu. In den letzten 5 Jahren sind deshalb die Preise um 20 Prozent gestiegen. Die Schweinehaltung in Assam ist kleinstrukturiert, das heißt, es gibt ein bis fünf Tiere pro Betrieb. Die Schweinehaltung ist die des lokalen Schweins. Aber im Gegensatz zu Papua-Neuguinea ist die Schweinewirtschaft hier stark marktorientiert. Es ist eine Tierhaltung mit niedrigen externen Inputs wie Futter, Stalltechnik oder Veterinärleistungen, basierend auf Familienarbeit, vor allem aber auch auf Frauenarbeit. Die Produktionsmethoden sind trotz starker Kommerzialisierung des Fleisches althergebracht. Allerdings werden – zumal in den hier nun auch aufkommenden verbesserten Stallbauten – mehr und mehr moderne Rassen gehalten. Die Einnahmen aus der Schweinehaltung tragen erheblich zum Haushaltseinkommen bei. Für die Frauen bringen die Tiere eine ökonomische Unabhängigkeit. Sie verkaufen sie selbst auf dem Markt und kontrollieren die Einnahmen. Derzeit bringt die Schweineaufzucht in Assam ein so gutes zweites Einkommen, dass sich sogar junge Familien und Nichtbauern auf dem Lande Schweine zulegen.[19]

Mit der traditionellen Schweinehaltung ging eine große Vielfalt an Schweinerassen einher, denn entsprechend der Vielfalt der Nutzungsziele und des ökosozialen Umfelds mussten die Tiere auch sehr unterschiedliche Eigenschaften aufweisen. Außerdem war die genetische Stabilität, Homogenität und Unterscheidbarkeit der Rassen in einer traditionellen Schweinewirtschaft sehr gering beziehungsweise bedeutungslos, weil eine systematische Selektion der Kreuzungseltern nicht vorgenommen wurde. Dadurch ist der Schweinebestand in der traditionellen Haltung ein potenziell riesiger nicht erfasster Pool an genetischer Variation, dessen Größe und Wert unbekannt ist.

Was definierte Rassen anbelangt, sprach die Organisation für wirtschaftliche Zusammenarbeit und Entwicklung (OECD) 2003 von 650 erfassten Rassen, die in ihren Mitgliedsländern identifiziert waren, von denen 150 schon als ausgestorben galten, und 164 wurden als stark gefährdet eingeordnet.[20] Dieser Prozess der genetischen Erosion dürfte seitdem stark fortgeschritten sein, hinsichtlich der Erosion der tiergenetischen Ressourcen traditioneller Tiere noch weitaus dramatischer.

Die Internationale Konvention zur Biologischen Vielfalt von Rio 2002 schärfte das globale Bewusstsein, dass die Erhaltung von biologischer Vielfalt einen Wert an sich darstellt. Die Ernährungs- und Landwirtschaftsorganisationen der Vereinten Nationen (FAO) bemühen sich folgerichtig um Programme der Erfassung und Erhaltung »tiergenetischer Ressourcen«[21]. Man will herkömmliche Eigenschaften retten, die in den alten Varietäten noch genetisch verankert sein könnten. Dazu muss man sie nur finden und genetisch isolieren, wollte man sie in moderne Zuchtlinien einkreuzen. Im Genpool der indigenen Schweine Chinas dürften allerdings jede Menge vielfältiger genetischer Eigenschaften vorhanden sein[22], wenn man bedenkt, dass es dort über 100 verschiedene Rassen gibt.[23]

Hinter der Sorge um die Erhaltung genetischer Ressourcen stecken wirtschaftliche Nutzinteressen. Auch moderne Züchtungsprogramme brauchen einen Genpool, aus dem sie schöpfen können, um neue gewünschte Eigenschaften in die Hochertragsschweine zu übertragen. Diesen Genpool findet man bei der genetischen Vielfalt des lokalen Schweins. So erfährt plötzlich im Nachhinein das Althergebrachte, Überholte, eine völlig neue, späte Wertschätzung. Es wurden sowohl »ex situ« Erhaltungsprogramme in Europa und Asien in Gang gesetzt – also die Aufbewahrung alter Nutztierrassen in Form von ihren Embryonen und Samen –, als auch »in situ« Programme, also die gezielte Verhinderung des Aussterbens lebendiger ursprünglicher Linien in ihrem ökologischen und sozialen Kontext. Nach fast einhelliger Meinung der Experten wäre die in-situ-Erhaltung zwar sachlich wesentlich angebrachter; sie ist aber schwer zu managen, denn sie würde implizieren, dass man »museumsartig« bewusst eine als überkommen angesehene Wirtschaftsweise mittels etwa Subventionen und vielleicht Vermarktung von besonderer »Leckerbissen« konserviert (siehe Kapitel 12). Die Politik und Technokrat*innen sind davon deshalb nur schwer zu überzeugen.

Friede den Großanlagen, Kampf der Hinterhofhaltung

Das System des lokalen Schweins war den Entwicklungsökonom*innen und zentralen Machthaber*innen immer schon ein Ärgernis, denn es symbolisiert in deren Augen angeblich das Primitive, das absolut Zurückgebliebene, aber auch Anarchie. Tatsächlich beschert es den armen Landbewohner*innen eine Unabhängigkeit, die politisch schwer zu kontrollieren und vor allen Dingen nur schwer zu besteuern ist. Das Schwein hat das Potenzial einer unabhängigen Nahrungsquelle für arme Leute auf dem Land.[24] Diese Leute wollen auch – sehr zum Ärgernis der Expert*innen – von ihren alten Gewohnheiten und Vorlieben nicht ablassen. Denn sie haben das Nachsehen, wenn im Rahmen von Entwicklungsanstrengungen die Schweinezucht und -mast »modernisiert« werden soll. Das ist nämlich bei der FAO, in China oder Haiti das Standardprogramm, wie wir noch sehen werden. Teilweise erfolgt dieses Vorgehen mit westlichen Hilfsgeldern. »Modernisierung« als Regierungsprogramm bedeutet dabei immer, dass man dem als »unmodern« Abgestempelten wenig Achtsamkeit zukommen lässt. Das lokale Schwein ist daher auf dem Rückzug. In der Politik wird es vernachlässigt, man bekämpft und diskriminiert es, seine Konkurrenten werden gefördert und der technische Fortschritt schreitet über seine Zukunft hinweg. So reduziert sich seine Bedeutung beständig und das Schwein der armen Leute geht langsam sang und klanglos unter, egal ob im Wettbewerb mit billigem Importschweinefleisch oder mit den einheimischen intensiv gemästeten Schweinen aus den Großanlagen und Konzernschlachthöfen. In den Dörfern kommt es zu einer sozialen Schichtung zwischen denen, die ihre Schweinehaltung verlieren, und denen, die es schaffen, den Weg der »Modernisierung« mithilfe von außen zu gehen, egal ob direkt durch den Staat oder als »Outgrower« durch die Konzerne (siehe dazu Kapitel 6).

Doch es zeigt sich, dass das lokale Schwein widerstandfähiger ist als vermutet. Das ist der Tatsache geschuldet, dass die Armut nicht beseitigt ist. Solange sie besteht, werden die Menschen versuchen durch eine Hinterhofhaltung zu überleben. Nur gegen eine Kraft kommt das lokale Schwein beileibe nicht an: den Kampf gegen Epidemien, allen voran die Afrikanische Schweinepest (ASP).[25] Hat ein Teil der Haustiere die Infektion überstanden, kommt der eigentliche Vernichtungsschlag: die politischen Programme zum Wiederaufbau der Bestände nach der Seuche. Die Freilufthaltung der Tiere wird zum eigentlichen Infektionsherd erklärt, die Tiere müssen eingesperrt werden, die staatlich verbindlichen Standards der Biosicherheit werden angezogen und alle extensiven Systeme, die noch nahe der Natur wirtschaften, werden zur Bedrohung erklärt. Denn Seuchen kommen (angeblich) von der Natur und gegen sie können nur geschlossene, das heißt künstliche Systeme eingesetzt werden, so herrschende Lehre (siehe Kapitel 10).

Die Einfallsschleuse der Unterwanderung des lokalen Schweins ist die Tierrassenfrage. Sie stellt den Eckpfosten der Modernisierungsanstrengungen aller Schweinehaltungssysteme dar, denn die traditionellen sind den modernen Rassen in Punkto Fleischertrag, Futterverwertung und Fruchtbarkeit um mehr als die Hälfte unterlegen. Die Haltung traditioneller Rassen wird von Wirtschaft und Staat nicht nur als Effizienzverlust diffamiert, sondern auch als ökologische Verschwendung von Ressourcen gebrandmarkt, denn pro Kilogramm Fleisch ist der Aufwand der Produktion höher. Dabei wird die Berechnung der Effizienz aber nicht ganzheitlich auf der Grundlage des integrierten Systems, also den differenzierten Nutzungsformen des lokalen Schweins, durchgeführt. Beispielsweise werden die fast kostenlose Fütterung durch Ausputzgetreide, die Vorteile durch andere Rollen des Tieres oder die Bedeutung der Selbstversorgung auf Haushaltsebene in einer Umgebung ohne erreichbare Infrastruktur oder Institutionen nicht mit einberechnet. Bei einer fairen Betrachtung der ökonomischen Vorteilhaftigkeit müssten neben den erwähnten positiven auch die negativen externen Effekte einbezogen werden, wie zum Beispiel Umweltbelastungen, Klimaeffekte und Belastungen wegen langer Transportwege.

Fast überall auf der Welt sind die fünf Topschweinerassen auf dem Vormarsch – nicht nur, weil sie selbstredend so ökonomisch sind, sondern auch, weil die nationale und internationale Entwicklungspolitik die Züchtungsprogramme fördert und die Verbreitung weltweit propagiert. Viele ökologische Folgekosten, die ausgelagert sind und die von der Gesellschaft getragen werden müssen, gehen in die Effizienzberechnung nicht mit ein. Am verbreitetsten sind die Rassen Large White, Duroc, Landrasse (verschiedene regionale Untergruppen), Hampshire und Piétrain. Weltweit dominiert heute die Hybridzucht, insbesondere bei der Sauenhaltung (Ferkelproduktion). Hier werden die guten Elternpaare als Ausgangsrasse selektiert und dann wird durch Kreuzungspaarungen ein »verbessertes« Tier erzeugt.[26] Diese internationalen Champions aus intensiven, hochtechnisierten Produktionssystemen ziehen jetzt bis in die entlegensten Dörfer Vietnams oder Laos ein (siehe Kapitel 4).

Schweinehaltung in Vietnam[27]

Kleinstbäuerliche Schweinehaltung ist eine wichtige Einkommensquelle zum Lebensunterhalt auf dem Lande. 2016 gab es in Vietnam 27 bis 29 Millionen Schweine. Damit ist Vietnam das fünftgrößte Schweinehalterland auf der Welt. 42 Prozent der ländlichen Haushalte haben Schweine, und 74 Prozent aller Nutztiere in Vietnam sind Schweine. Über 60 Prozent aller Schweine sind der Haltungsart des lokalen Schweins zuzurechnen.

Vietnam gehört zu den südostasiatischen Ländern, in denen die Schweinehaltung und der Schweinefleischkonsum hoch ist und auf einer langen Tradition fußt. Zusammen mit den Philippinen, Kambodscha und Osttimor beträgt der Schweinefleischverbrauch am gesamten Fleischkonsum über 50 Prozent; 34,9 Kilogramm Schweinefleisch pro Kopf essen Vietnamesen im Durchschnitt. Die vietnamesische Küche ist vom Schweinefleisch also sehr abhängig.

Der Fleischverkauf auf informellen Märkten wird immer schwieriger, weil der Vertrieb inzwischen formalisiert wurde, beispielsweise benötigen Händler eine Händlerlizenz, ein Zertifikat der Fleischbeschau und eine Quarantänebescheinigung, zum Beispiel für Wartezeiten nach medikamentöser Behandlung der Schweine. Hohe Frachtraten, unzugängliche Marktinformationen und fehlende Kühleinrichtungen schmälern die Einnahmen der Bauern und Bäuerinnen. Der Schweinemarkt Vietnams wächst jedoch schnell. Der größte Teil des Konsums findet auf den klassischen, offenen Märkten statt, bedient durch das lokale Schwein. Gleichzeitig wächst auch das Angebot in den städtischen Supermärkten schnell. Hier spielt Importware von verarbeiteten Fleischwaren eine große Rolle.

Die meisten Schweine sind traditionelle Landrassen, die besser angepasst sind an Hungerperioden, schlechte Nahrungsqualität, die robuster sind gegen Krankheit und besser herumstrolchen können. Sie brauchen weniger Aufmerksamkeit durch die Menschen und sind anspruchslos. Doch diese Rassen sind auf dem Rückzug, denn die modernen Rassen werden stark propagiert.

2018 erfasste eine Krise die vietnamesische Schweinebranche. Dann kam 2019 die Afrikanische Schweinepest (ASP) hinzu. Beides wird vieles in der Schweinewirtschaft radikal verändern. ASP hat in der ersten Hälfte 2019 innerhalb von sechs Monaten 63 Provinzen befallen, dadurch starben 6 Millionen Tiere oder wurden gekeult; 21 Prozent des Bestands verschwand. Am Anfang gab es noch staatliche Beihilfen, aber mit dem Umfang der

Pest wurden diese eingestellt. Anschließend fand eine Verjüngung mit »genetischer Verbesserung« des Bestands statt, sehr zur Freude westlicher Genetikkonzerne wie Topigs oder Norsin Genetics, die hier besten Absatz fanden. Die Biosicherheit in den Betrieben erhielt eine ganz neue Priorität; es ging um Hygienepläne, Quarantäne der Schweine und Vorschriften zur ständigen Desinfizierung der Ställe.

Die Politik setzt auf die Industrialisierung der Schweinehaltung und die vertikale Integration modernisierter Bauernbetriebe. Der Nationale Tierentwicklungsplan sieht vor, dass 70 Prozent des vermarkteten Fleisches aus Intensiv-Mastanlagen stammen und rund 35 Prozent des Fleischangebots bis 2020 von industriellen Schlachthöfen. Die überkommene Schlachthofstruktur und ihre Qualität bedürfen besonders einer Verbesserung, wie eine Studie aufzeigte. Große Mengen an Kraftfutter sollen importiert werden, um die Schweinefütterung auf wissenschaftliches Mischfutter umzustellen; die Futtermittelwirtschaft wird stark dominiert von westlichen Konzernen.

Schweinehaltung auf den Philippinen[28]

Die Einwohner*innen auf den Philippinen lieben Schweinefleisch. Pro Kopf verzehren sie 15 Kilogramm Schweinefleisch (35 Kilogramm Fleisch insgesamt). Die Philippinen sind der zehntgrößte Konsument von Schweinefleisch auf der Welt, der achtgrößte Produzent und der siebtgrößte Importeur. Der Umsatz betrug 5 Milliarden USD (2015), das sind 18 Prozent des agrarischen Bruttosozialprodukts. Bevorzugt werden die Tiere aus Freilandhaltung. Das Land erzeugte 1,2 Millionen Tonnen Schweinefleisch (2016) und importierte noch 312.499 Tonnen aus Europa (2018).

Vom geschätzten Bestand von 12,71 Millionen Tieren wurden 63 Prozent von Kleinbauern und Kleinbäuerinnen gehalten, die weniger als 100 Tiere hielten. Ökonomisch ist Schweinehaltung sehr attraktiv. Nur 37 Prozent der Produktion erfolgt industriell.

Die Rassenfrage geht weit über die begrenzte Entscheidung hinaus, welches »biologische Tiermaterial« eingesetzt wird. Denn mit den spezifischen Ansprüchen und Empfindlichkeiten einer Rasse gehen viele Aspekte einer Tierhaltung einher: die Fütterung, die Hygiene, die Haltung, die medizinische Versorgung und das Management. Der Systemzusammenhalt des lokalen Schweins wird mit den modernen Rassen unterlaufen. Es ist nicht mehr möglich diese Tiere zu den versprochenen Höchsterträgen unter Bedingungen des alten Systems zu führen. Die Hochertragsschweine brauchen eine wissenschaftlich ausgeglichene Nährstoffbilanz durch Leistungsfutter, das in der Regel zugekauft werden muss; eine betriebseigene Mischung ist kompliziert, verlangt erhebliche Investitionen und setzt die lokale Verfügbarkeit der Futterkomponenten voraus. Zudem muss das Trinkwasser für die Tiere eine gute Qualität haben. Die Tiere brauchen des Weiteren einen Stall, und der muss überdacht und gut ventiliert sein und immer sehr sauber gehalten werden. Der Veterinär muss beständig nach den Tieren schauen, um keine Infektionen aufkommen zu lassen.

Kein Wunder also, dass die Landarbeiter*innen, die in Haiti nach dem Verlust ihrer traditionellen Schweine durch ASP zu modernen Rassen übergegangen sind, diese Schweine »prince à quatre pieds« (vierfüßiger Prinz) nannten, denn die Schweine verlangten bessere Lebensbedingungen als sie sich die Menschen dort selbst leisten konnten.[29]

Das kreolische Schwein in Not

In den 1980er-Jahren fand man auf Haiti Nachweise des ASP-Ausbruchs. Die USA als Hauptgeldgeber übten Druck auf die haitianische Regierung aus, die einheimischen sogenannten »kreolischen Schweine« zu vernichten, weil sie vermutlich zu einem Drittel infiziert waren. Alle einheimischen Schweine fielen der Keulung zum Opfer. Das war angeblich nötig, um die Schweinehaltung in Haiti und in der ganzen Region zu schützen, eingeschlossen die der USA. Das Interamerikanische Institut für Kooperation in Landwirtschaftsfragen (IICA) zusammen mit USAID/Haiti zahlte für 380.000 getötete Schweine eine Kompensation an die Halter*innen. Allerdings nur für einen kleinen Teil des gekeulten Bestands von insgesamt 1,2 Millionen Tieren. Kurz nach der Keulung begann die Wiedereinführung der Schweinehaltung mit modernen Rassen aus den USA. Über 95 Prozent der Schweinehalter*innen Haitis waren kleinbäuerliche Produzent*innen. Doch die meisten wurden bei allen Wiederaufbaumaßnahmen durch die Regierung und Entwicklungshilfe stark benachteiligt.

Der Verlust ihrer Schweine trug zur weiteren Verarmung der Landarbeiter*innen bei. Es gab Proteste gegen die Ausrottung der traditionellen Schweine. Die modernen Rassen waren für die armen Halter*innen zu anspruchsvoll und damit zu teuer im Unterhalt. Vor der ASP-Krise hat es keinerlei Verbesserungsprogramme der Schweinehaltung gegeben.

Nach der ASP wurde ein neues Züchtungsprogramm der französischen Regierung aufgelegt, das auf eine Einkreuzung einer modernen Rasse in das Kreolen-Schwein setzte. Das ein wenig verbesserte, aber immer noch im Wesentlichen traditionelle Schwein besitzt die Robustheit und teilweise die Bescheidenheit des traditionellen Schweins, ist aber doch ein wenig ertragreicher.[30] Es sollte zu den Hochertragsschweinen eine Alternative bieten.

Ohne das Engagement von 130 NGOs, die das Programm zur Wiedereinführung einer Art eigenen »Landrasse« begleitet haben, wäre es nicht so erfolgreich gewesen. Die Trainingskurse waren höchst willkommen, und zum ersten Mal wurde die Schweinehaltung systematisch auch von Bauern und Bäuerinnen (und nicht nur von Landarbeitern und Arbeiterinnen) betrieben und als ernsthafte Erwerbsquelle erkannt.[31]

Nicht alle traditionellen Gesellschaften wehren sich gegen die Einführung produktiverer Schweinerassen. In Sri Lanka, wo es kaum eine dörfliche Tradition der Schweinehaltung gab, wurde die Einführung der Schweinehaltung in kleinbäuerliche Verhältnisse in den letzten zwei Dekaden sofort mit produktiveren Rassen begonnen. Hier setzte sich sogar das Hybridschwein alsbald durch.[32] Ähnlich die Entwicklung der Schweinehaltung in Thailand, die in den 80er-Jahren auch aus dem Nichts entstand und sich gleich in industrielle Methoden und Größenordnungen begab. Dies wurde möglich durch die Einführung von Klimaanlagen in den Ställen und der Existenz eines riesigen Konzerns der Schlachthofbranche, die Firma C. P (siehe Beschreibung in der Infobox, Kapitel 6).[33]

Bei der Vermarktung von Tieren und tierischen Produkten kommen besondere Probleme auf: die Auseinandersetzung mit zumeist lästigen Vorschriften. Gewöhnlich verkaufen Kleinbauern und -bäuerinnen in Vietnam und Laos ihr Fleisch lokal in anderen Dörfern auf Straßenmärkten, sogenannten »informellen Märkten«, weil es keine Marktzugangsbeschränkungen für diesen Marktzutritt gibt. Neuerdings sind die Märkte formalisiert, das heißt vor allem die Marktteilnehmer*innen müssen dazu viel Papierkram erledigen. Sie brauchen eine Händlerlizenz, ein Zertifikat der Fleischbeschau (Gesundheit) und eine Quarantänebescheinigung. Dadurch ist die Verkaufsfreiheit stark eingeschränkt. Zusätzlich kommen noch hohe Frachtraten hinzu, unzugängliche Informationen über die Märkte, die Preise und andere Bestimmungen, wie zum Beispiel Hygienebedingungen beim Verkauf, bei der Verpackung und Lagerung. Es fehlt an Kühleinrichtungen an allen Ecken.

Zudem kommt hinzu, dass die Viehhändler*innen überall auf der Welt einen schlechten Ruf genießen, weil sie Preise drücken und angeblich betrügen. Die Kleinbauern und -bäuerinnen bekommen deshalb oft keinen fairen Preis für ihre Schweine. Es fehlen Marktorganisationen und ein Auktionssystem. Die Bauern und Bäuerinnen müssten sich in Erzeugergemeinschaften zusammenschließen und gemeinsam ihre Tiere in großen Chargen verkaufen, um Zugriff auf moderne Schlachthäuser zu bekommen. Doch damit kommen wir in einen ganz neuen Systemzusammenhang: das bäuerliche Schwein (siehe Kapitel 6). Hier bewahrheitet sich die Erfahrung eines renommierten Entwicklungsökonomen: »Die

Reichen haben Märkte, die Armen Bürokratien.«[34] Schon allein der Papierkram und die Büroarbeit, die einem Bauern oder einer Bäuerin vom Staat abverlangt wird – in Asien wie in Europa –, bedeutet einen wesentlich höheren Arbeitsaufwand pro Tier für kleine wie für große Betriebe. Damit wirken alle Dokumentationsauflagen, ob für Förderanträge oder für Standardprogramme, diskriminierend gegenüber kleinen Betrieben und Bauern beziehungsweise Bäuerinnen mit wenig formaler Bildung.

Je kleiner das Angebot des Bauern oder der Bäuerin am Markt, desto größer die Diskriminierung, die er oder sie zu erleiden hat, um die Schlachttiere im Schlachthaus absetzen zu können; für kleine Chargen bekommt man als Verkäufer*in einen schlechteren Preis. Als Käufer*in von Betriebsmitteln erfahren Kleinproduzent*innen eine ähnliche Preisdiskriminierung, denn bei der Abnahme großer Chargen von zum Beispiel Futtermitteln erhalten große Fleischerzeugerunternehmen einen Rabatt. Die Austauschverhältnisse sind für kleine Marktteilnehmer*innen gerade bei Tieren und Frischfleisch sehr ungünstig. Wollte man ihnen helfen, müsste eher am Marktgeschehen angesetzt werden. Doch diese Mengendifferenzierungen sind nur eine Diskriminierung unter vielen am Markt.[35]

Trotz aller Diskriminierung vertritt der Autor die Meinung, dass Kleinviehhalter*innen eigentlich gegenüber den großen Betrieben konkurrenzfähig wären, wenn sie nur unter gleichen Bedingungen am Markt teilnehmen könnten. Selbst wenn Halter*innen des lokalen Schweins teilweise noch Selbstversorger*innen (semi-Subsistenz) sind, können die meisten doch gut rechnen.[36] Trotz Diskriminierung am Markt sind Kleinbauern*innen nicht unbedingt ineffizient. Ein Vergleich im Tierhaltungsbereich zwischen Groß- und Kleinbetrieben in vier Schwellenländern kommt zum Ergebnis, dass die Kleinbauern und Kleinbäuerinnen pro Tier mehr Gewinn machten als die Großbetriebe, aber nur, wenn sie die Arbeitszeit der Familienmitglieder nicht als Kosten bewerteten.[37]

Ungleiche Wettbewerbsbedingungen liegen auch in den meisten Ländern durch politisch bedingte Faktoren vor, wie zum Beispiel die starke Förderung von sogenannten »entwicklungsfähigen

Betrieben« mithilfe von Staatszuschüssen, verbilligten Krediten, Steuervorteilen, landwirtschaftlichem Fachrecht (etwa Land- und Pachtrecht, Umweltauflagen), Zugang zu Dienstleistungen wie Beratung, Information, Ausbildung und Vermarktung. Die Vorteile vieler Politikprogramme können aber nur diejenigen Betriebe ausschöpfen, die bestimmte Mindestgrößen erreichen. Besonders beschwerlich sind konkrete Umwelt- und Hygieneauflagen, die so gehalten sind, dass sie technisch oder ökonomisch nur von professionellen und kommerzialisierten Betrieben zu erbringen sind, und/oder die einen großen Tierbestand aufweisen. Die Erfüllung von Standards der Biosicherheit und Qualität mithilfe von Zertifikaten sind alles andere als betriebsgrößenneutral und verzerren den Wettbewerb zugunsten großer Betriebe.[38]

Die sozioökonomischen Folgen des weltweit verbreiteten Strukturwandels mit der Dezimierung des lokalen Schweins erwecken Besorgnis, denn es liegen Studien vor, dass Großanlagen von Schweinen stärkere ökologische Fußabdrücke hinterlassen als Kleinbetriebe. Letztere haben eher die Tendenz ökologische Kosten zu internalisieren. Auch die sozialen Folgekosten müssen einbezogen werden. Studien aus Vietnam und China zeigen auf, dass dort mit dem Verlust des Lebensunterhalts der Kleinerzeuger und Kleinerzeugerinnen die ländliche soziale Ungleichheit zunimmt und die Landflucht gefördert wird.[39] Die Produktivität der Tiere im Stall mag zwar zunehmen, aber zugleich nimmt die Beschäftigung pro 100 Tieren ab. Dieser Negativeffekt für die Beschäftigung auf dem Lande kann nur aufgefangen werden, wenn das Wachstum der Branche sehr hoch ist.

Von Bauern und Experten

Es ist die Grundsatzfrage einer Entwicklungspolitik, die sich der Beendigung von Armut auf der Welt verschrieben hat: Ist die Armutsbekämpfung eine technische Frage oder eine Frage der mangelnden Rechte der Armen?[40] Auf unsere Schweinewirtschaft bezogen: Geht es um die Erhöhung der monetären Produktivität der Schweinehaltung oder um das Finden von gangbaren Wegen aus der Sicht der armen Leute? Wenn Letzteres müssen die Lösungen eingebunden sein in die ganzheitlichen Lebenszusammenhänge der Armen, die das lokale Schwein als das begreifen, was es ist: ein Systemzusammenhang. Die technische Variante dagegen überträgt die Verantwortung auf die Expert*innen, die die technischen Lösungen umzusetzen haben. In Bezug auf ländliche Machtfragen auf allen Ebenen sind diese Expert*innen jedoch oft naiv. Ihre Programme kommen »von oben« und »von außen«. Sie bevormunden die Betroffenen mit der Übertragung angeblich universeller Wahrheiten von Fortschritt; diesen bleibt nur die Wahl zwischen Mitmachen bei einer risikoreichen Modernisierung oder Verweigern, aber dann bleibt alles beim Alten.

Fragt man Tierhaltungsexpert*innen, wie der Beitrag der Schweinehaltung zum Lebensunterhalt verbessert werden kann, kommen gewiss zuerst Empfehlungen zur Erhöhung der Produktivität und zur Steigerung der Intensität, das heißt mehr Tiere auf engem Raum. Es sind die Kernelement der produktionstechnischen Modernisierung.[41] Als zweite Empfehlung kommt vermutlich der Markt ins Spiel: Die nicht kommerzielle Produktion für den Eigenbedarf und den Tauschhandel muss aufgegeben werden und die Kleinbetriebe müssen »marktorientierter« werden. Das Lamento, warum es schwierig ist, dass sich Kleinbauern am Markt behaupten, kommt reflexartig: fehlendes Qualitätsbewusstsein, fehlende Marktinformation und mangelhafte Infrastruktur und Transportmöglichkeit. Dann stellt sich hier die Frage nach der Einbindung der Kleinbauern und -bäuerinnen in moderne Wertschöpfungsketten. All das wird wie »höhere Gewalten« dargestellt, die sich quasi naturbedingt ergeben.[42] Die Vermarktungsfrage löst sich nicht vom »Schwanz« her, also von den Erzeuger*innen und ihren Fähigkeiten, dem untersten Glied in der Wertschöpfungskette, sondern vom »Kopf« her, also dem Agrobusiness und dessen Integrationsstrategien, den oberen Gliedern der Wertschöpfungskette (siehe Kapitel 7).

Das lokale Schwein ist gekennzeichnet durch die Integration in einen lokalen gesellschaftlichen, ökologischen und kulturellen Zusammenhalt. Die Betroffenen sind ihre eigenen Expert*innen, traditionelles Wissen wird angereichert durch den Austausch untereinander in der Gemeinschaft. Dieses System wird in der modernen Gesellschaft mehr und mehr ersetzt durch das Expertentum der Wissenschaftler*innen, Beamt*innen, Händler*innen, Marktstrateg*innen und Züchter*innen. Sie alle verstehen eine Menge von ihrem Fach, aber so gut nichts von der Interaktion zwischen Mensch und Tier in der spezifischen Dorfgesellschaft.[43]

Sicherlich treffen die Entwicklungsexpert*innen auf einige Personen in der traditionellen Gesellschaft, die für die Modernisierungsbotschaften ansprechbar sind. Das ist der gewünschte Keil, den Expert*innen in das Dorf treiben. Sie setzen auf die innovative Kraft der sogenannten »progressive farmers«,[44] also diejenigen, die schon erfolgreich nach westlichen Maßstäben wirtschaften und so denken wie sie. Deshalb liegt die Vermutung nahe, dass diese Kreise auch aufgeschlossen sind für technische Neuerungen bei der Schweinehaltung. Das Endergebnis mag zwar eine erhebliche Steigerung der Schweinefleischproduktion und des relativen Wohlstands Einiger sein, aber nicht unbedingt »Entwicklung« im Sinne einer Befreiung aus einer von Armut gekennzeichneten Gesellschaft.

Doch nicht alle Entwicklungsländer setzen auf ein einheitliches Schema der Modernisierung oder Industrialisierung der Schweinehaltung. Einige afrikanische Länder, wie zum Beispiel Kenia, Uganda und Äthiopien, fördern die kleinbäuerliche Schweinehaltung mit größerem Einfühlungsvermögen, eingebettet in einen breit angelegten Ansatz von ländlicher Entwicklung, Ernährungssicherheit und Verbesserung des Lebensunterhalts der unteren Schichten im Dorf, statt auf eine produktionstechnische Rundumerneuerung zu setzen.[45]

Eine Maßnahme, die auch von Schweinehalter*innen aus Kleinstbeständen erfolgreich aufgenommen wird, ist die Impfung der Tiere. Beispielsweise ist die Impfquote gegen Schweinecholera in Indonesien und anderswo mächtig angestiegen. Bei der Ferkelerzeugung muss es nicht gleich um die Einführung moderner Rassen gehen, sondern allein schon etwa die Vermeidung von Inzucht durch einen häufigen Wechsel des Ebers bringt große Verbesserungen; dann muss man die rauschende Sau vielleicht ins Nachbardorf zum Decken bringen und nicht nur auf den unmittelbar verfügbaren Eber zählen. Auch die Vermeidung von ungeplanter Befruchtung ist eine einfache effektive Verbesserungsmaßnahme, die kohärent ist mit dem lokalen Schwein; oder die gezielte Selektion der besten weiblichen Tiere zur Nachzucht als Muttersau.[46]

Wir sehen schon, einige Anpassungen aus der modernen Schweinehaltung können auch ohne größere Umstellungen übernommen werden. Etwa die staatliche Oberaufsicht über die Sicherheit des Fleisches, wie beispielsweise die (bei uns obligatorische) Trichinenschau vor der Schlachtung durch das Veterinäramt, das Verbot des unkontrollierten Einsatzes von Antibiotika oder Hormonen oder die Qualitätskontrolle der gehandelten Futtermittel, kommt allen Schichten der Schweinehalter*innen zugute und fügt sich auch leicht in das System des lokalen Schweins ein. Solche eher basisnahen Ansätze der ländlichen Entwicklung setzen sich allerdings nur durch, wenn es ein hohes gesellschaftliches Verständnis für die Belange der Betroffenen gibt. Viele vollmundige Modernisierungsansätze wurden einfach zu sehr von oben herab durchgeführt. Sie nahmen nicht genug Rücksicht auf die Verhältnisse der armen Leute und waren zu stark technisch orientiert.[47]

Viele Regierungen setzen auf beides gleichzeitig: Die Modernisierung des lokalen Schweins und den Ausbau des globalen Schweins. Der Weg, den etwa die indonesische Regierung geht, ist typisch. Die industrielle Schweinehaltung ist der Schwerpunkt, doch die kleinstrukturierte Landwirtschaft, in der noch immer ein Drittel der 264 Millionen Indonesier und Indonesierinnen leben, kann nicht einfach ignoriert werden. Schließlich muss die Regierung, die sich zu den UN-Nachhaltigkeitszielen bekennt, auch etwas für deren Schweine tun.

In Indonesien, eine vor allem muslimische Gesellschaft, gibt es einige Regionen, in denen nicht muslimische Volksgruppen – wie die Batak-Völker in Aceh auf Nord-Sumatra – traditionell Schweinehaltung betreiben. In den Ställen der indonesischen Kleinbauern finden sich größtenteils drei indigene Rassen, die immer noch recht populär sind, obwohl sie in Bezug auf den Fleischansatz weniger produktiv sind. Pro Betrieb werden durchschnittlich drei bis vier Tiere gehalten. Sie werden zunehmend gekreuzt mit modernen Rassen, wie dem Landschwein, Yorkshire oder Duroc. Die staatlichen Zuchtstationen helfen bei diesen Einkreuzungen. In der Regel verbessern sich die Bewirtschaftungsmethoden durch die Einkreuzungen. Das Beratungswesen will den Bauern und Bäuerinnen damit helfen, ihre traditionelle Schweinehaltung, die oft einen Nebenerwerb darstellt, zu einer kommerziellen haupterwerblichen Operation auszubauen.[48] Eine solche Doppelstrategie kann allerdings den Planenden leicht entgleiten, denn das globale Schwein wird dem lokalen Schwein das Leben schwer machen: über den Zugang zu den modernen Schlachthöfen, die Zertifizierung der geforderten Qualitäts- und Sicherheitsstandards und die Konkurrenz um knappe staatliche Mittel.

Meine Familie und die Schweinehaltung – Deutsche Aussiedler*innen in Brasilien

(Silvio Meincke)

Er hatte sich früh morgens auf den Weg gemacht, noch bevor die Aracuanvögel ihr Morgenlied angestimmt hatten. Jetzt drückt die Last auf seine Schultern, aber er will noch vor Mittag den Fluss durchqueren. Zwei Stunden später ist er auf der anderen Seite des Boa Vista. Dort nimmt er das Ferkel von den Schultern und bindet es mit einem Strick an einen Guabirobabaum. Sofort lässt sich das Tier die abgefallenen Früchte schmecken und Carlos Meincke packt zwei Laibe Brot und eine getrocknete Schweinewurst für sein Mittagessen aus. Mit der kleinen Jungsau will mein Großvater seine Schweinezucht anfangen. Aber erst muss er ankommen. Dann wird er ein festes Gehege bauen, um das Säuchen vor der Jaguatirica zu schützen. Heute Abend wird er die Raubtiere vorläufig mit einem Lagerfeuer fernhalten. Carlos hat verabredet, dass sein Schwager nach zehn Tagen seine Frau Johanna zur Siedlungsstelle bringen wird. Bis dahin will er es schaffen, ihre Wohnhütte zu bauen. Dann werden sie den Wald roden und das erste Feld bestellen.

Mit der Schweinezucht kennt Carlos sich gut aus. Als sein Vater Albert, der aus Mecklenburg über Hamburg als Söldner nach Brasilien gekommen war, sich nach 8 Jahren Militärdienst in der deutschen Kolonie im Vale do Caí niedergelassen hatte, kaufte er Ernteerzeugnisse der Bauernfamilien auf und verkaufte sie in Porto Alegre. Das entsprach einem der Ziele der Einwanderungspolitik, denn die deutschen Einwandererfamilien sollten Lebensmittel für die Städte und für das Heer produzieren. Eines der kostbarsten Lebensmittel war Schweineschmalz, auch »Ouro Branco« – Weißes Gold – genannt. Noch heute tragen Dörfer, Straßen, Krankenhäuser und Genossenschaften den Namen Ouro Branco. Während Albert die Geschäfte betrieb, betreute seine Frau Ana Maria Jost Meincke die zehn Kinder. Sie war als Mädchen aus Rheindürkheim bei Worms mit dem Schiff über Antwerpen ausgewandert. Nach der Schule mussten die Kinder mithelfen und Futter für die zwei Schweine besorgen. Daher hatte mein Großvater seine Erfahrung mit Schweinen.

Das Ferkel, das Carlos auf den Schultern trug, war ein Speckschwein von der Rasse der Macauschweine, die von den Portugiesen aus ihrer asiatischen Enklave nach Brasilien eingeführt wurden. Die portugiesischen Conquistadores und ihre Nachkommen züchteten auf ihrem Großgrundbesitz lediglich ein paar Schweine für den Schmalzbedarf ihrer Familie und ihrer Sklaven. Die deutschen Einwanderer haben die Kleinbauernwirtschaft eingeführt und Schweineschmalz auch für den Markt produziert.

Carlos und Johanna machten es wie alle anderen Kleinbauern und -bäuerinnen: Sie ließen ihre Schweine auf eingezäunten Wiesen zwar frei umherlaufen, aber es war trotzdem eine harte Zeit für die Tiere. Teilweise litten sie Hunger und die Eber wurden kurz vor ihrer Geschlechtsreife ohne Betäubung kastriert. Den weiblichen Schweinen ging es nicht viel besser, auch sie wurden sterilisiert, damit ihre Rausche nicht den Mastvorgang unterbrach. Sobald sie ein Jahr alt waren, wurden sie in den Stall gesetzt und mit Mais, Maniok, Batatas (Süßkartoffeln), Kürbis, Inhame (Yams) und Grünfutter gemästet, bis sie – gehindert durch ihren Speck – kaum noch aufstehen konnten. Dies zum Tierwohl in einer traditionellen Gesellschaft. »Die Schwein muss' me so lang fittre bis die Hinkle (Hühner) an die Speckknuppe picke«, hat unser Nachbar oft gesagt.

Als Carlos und Johanna ihre Zucht in Schwung gebracht hatten, schlachteten sie jede Woche zwischen sieben und zehn fette Tiere und verkauften das Schmalz und ein wenig Wurst. Das Fleisch dagegen hatte kaum Wert; meine Großeltern haben ihre zwei Söhne im Schulalter, meinen Vater und meinen Onkel, jeden Freitag mit ein paar »Hinnervettel« (Hinterviertel) des Carcaça (Schlachtkörpers) ins Dorf geschickt, um sie dem Pfarrer, der Lehrerin, dem Chordirigent, dem Bürgermeister und der Köchin im Hospital zu schenken. Man spricht noch heute von den »guten Zeiten, als man die Hunde mit Wurst anbinden konnte«. Nach einigen Jahren machten Carlos und Johanna Experimente und kreuzten ihre Macauschweine mit Rassen aus England, die von Händlern eingeführt worden waren.

Jahre später entstanden Schlachtereien, die den Markt auch für das Fleisch der Schweine ausweiteten. Die Kreisverwaltung förderte den neuen Trend und führte Durocschweine aus Nordamerika ein. Zuverlässige Bauern und Bäuerinnen, zu denen auch meine Eltern gehörten, bekamen ein Pärchen dieser roten Schweine geschenkt, allerdings unter der Bedingung, ein Pärchen vom ersten Wurf an die Kreisverwaltung für eine erneute Weitergabe zurückzugeben. Die roten Schweine wurden von klein auf im Stall gehalten. Sie brauchten keinen Hunger zu leiden. Jeden Tag kochten wir auf dem Hof in einer ausladenden Pfanne die sogenannte »Schweinesuppe«. Sie bestand aus Kürbis, Süßkartoffeln, Maniok, Inhame, zwei Kilo Reiskleie und einer Handvoll

Leinsamen. Wenn meine Schulfreunde mich sonntags besuchten und wir hungrig vom Baden und Fischen zurückkamen, konnten wir es kaum erwarten, die große Pfanne köcheln zu sehen.

Als Schulbub war es meine Aufgabe, die Schweine mit Wasser aus dem Fluss zu versorgen und 140 Maiskolben für sie abzurippeln. Als ich meinem Vater an einem Regentag bei der Kastration helfen sollte, musste er mir vorher versprechen, dass er nur die männlichen Ferkel kastriere. Von diesem Tag an hörte er mit der grausamen Sterilisation der weiblichen Tiere auf. Die männlichen Ferkel mussten wir weiterhin kastrieren, aber wir taten es nun wenige Tage nach ihrer Geburt. Später habe ich mit meinen Geschwistern ausgerechnet, wie viel Geld wir verlören, wenn wir die alten Zuchteber unkastriert verkaufen würden, denn die Kastration im hohen Alter ist eine erhebliche Beeinträchtigung für die Tiere, welche mit erhöhten Futterkosten einhergeht; Unser Ergebnis: Es würde den Preisabschlag für das unkastrierte Eberfleisch nicht aufwiegen. Unser Vater war stolz auf unsere Rechenübung.

Mit dem Sojaboom und der ersten großen Sojaölfabrik in unserer Gegend anfangs der 1960er-Jahre verboten Ärzt*innen ihren Adipositas-Patienten das angeblich schädliche Schweineschmalz. Die Schmalzschweine wurden kurzerhand durch Fleischschweine ersetzt, vor allem durch die Rassen Large White und Landrace.

Internationale Grosskonzerne, vereint mit den Großgrundbesitzern, dem Militär und der Regierung Nordamerikas, haben 1964 gegen die demokratisch gewählte Regierung von João Goulart geputscht, um die »demokratische Ordnung der westlich christlichen Kultur« durch eine 25 Jahre andauernde Militärdiktatur »wiederherzustellen«. Sehr »freundlich« boten nordamerikanische und europäische Konzerne Maschinen, Geräte, Agrargifte und chemischen Dünger zum Verkauf, um die brasilianische Landwirtschaft mit dem internationalen Markt zu verweben und die Schweinezucht in großen Massen zu fördern. Damit änderte sich viel. »Silvio«, fragte mich in den 1960er-Jahren meine älteste Schwester Similda, »kannst Du mir das erklären: Als ich und Rudi geheiratet haben, konnten wir unsere Schweine, die Eier und die Milch überall verkaufen. Aber jetzt will sie niemand mehr. Und die Käufer wollen nur noch bei uns Halt machen, wenn wir große Mengen liefern. Wir beide haben aber nicht die Kraft, um unsere Wirtschaft auf Größe umzustellen.«

Mein Bruder Werner Meincke war einer der ersten Tierärzte in Brasilien, der sich auf Schweinezucht spezialisierte. Dafür wurde er auf der Universität von den Großgrundbesitzer*innen belächelt, die sich auf Rinder, Pferde und Schafe spezialisierten. Mit einem Stipendium konnte er sich auf der Tierärztlichen Hochschule in Hannover weiterbilden. Er war es, der die künstliche Befruchtung der Schweine in Brasilien einführte und das Hybridschwein populär machte.

Wenn ich meine Freunde in Brasilien besuche, werde ich oft zu einem Churrasco eingeladen. Nach dem Matetee, dem Chimarrão und nach der Caipirinha dürfen die Gäste sich ein erstes Stück vom goldbraun gebratenen Schweinerücken abschneiden. Dann prahle ich mit glänzenden Lippen und erzähle davon, wie meine Familie zur heutigen Qualität des köstlichen Bratens beigetragen hat.

Das lokale Schwein lebt weiter, es ist trotz aller Entwicklungsbemühungen nicht so einfach abzuschaffen oder in ein anderes System zu überführen. Die Integration dieser Tiere in die sozialen und ökologischen Bedingungen, unter denen vor allem die armen Menschen auf dem Lande leben, macht es widerstandsfähig. Doch die Mächte, die gegen das lokale Schwein wirken, sind auf dem Vormarsch. Unsere Betrachtung, die das Bedrängnis des lokalen Schweins schilderte, erzählt uns mehr über den einseitigen und problematischen Entwicklungsbegriff, als über die angebliche Rückständigkeit des lokalen Schweins.

Kapitel 3

Die Schweine der Bäuerinnen
Eine Frauenfrage

(Elisabeth Meyer-Renschhausen)

»Schweinefreunde halten es schon lange für ungerecht, den Hund als ›des Menschen besten Freund‹ zu bezeichnen, sie wissen, dass Schweine genauso treu und anhänglich sind und ebenfalls nach Feierabend die Hausschuhe bringen können.«[1]
Marilyn Nissenson und Susan Jonas

Das gute alte Hausschwein als Resteverwerter und Specklieferant ist – wie viele Studien belegen – vor allem ein Schwein der Bäuerinnen. Die kleinen Ferkel und meistens auch das Hausschwein wurden von den Bäuerinnen gepäppelt, die auf den Höfen der alten Gesellschaft, bis teilweise in die heutigen Selbstversorgerwirtschaften, für die Tierjungen und die Vorratswirtschaft eines Haushalts zuständig waren. Das gilt nicht nur für Europa, sondern ähnlich für große Teile Asiens.

1980 wohnte ich in Sri Lanka bei Fischerfamilien, deren Frauen sich um Haus und Hof samt kleiner Gärten kümmerten. Die Fischerfrauen hatten zudem jeweils einige kleine schwarze Schweine, die tagsüber frei herumliefen und mit den Kindern der Familien spielten. Hauptaufgabe der Schweine war es, sich als Reinigungskräfte zu betätigten, indem sie beispielsweise vergessene oder halbverzehrte Lebensmittel aufspürten und fraßen. Dazu sollten sie Nüsse, Fallobst oder die Küchenabfälle vertilgen. Abends kamen die Schweine heim, um am Haus oder – soweit die Bambushäuser noch auf Stelzen standen – unterm Haus zu nächtigen. Diese schlauen Schweinchen waren als intelligente Haus-und-Hof-Genossen, ähnlich wie anderswo die Hunde, fast ein Teil der Familie. Ich erfuhr, dass man sich nur dann von einem Schwein trennte, wenn die Familie einen ungewöhnlichen Geldbedarf hätte, etwa eine Arztrechnung zu bezahlen habe. Dann wurde es zum Markt gebracht und verkauft. Die kleinen schwarzen Schweine der Fischerfamilien waren also die Sparschweine der Familien.

Aber bald lernte ich, dass es viel komplizierter war. Die Baseler Ethnologin Brigitta Hauser-Schäublin erfuhr in Kararau, Papua-Neuguinea, dass die kleinen schwarzen Schweine von den Frauen dort sogar als Familienmitglieder gehalten wurden. Die Frauen trugen die neugeborenen Ferkel in kleinen Netzen mit sich herum und säugten sie sogar an der eigenen Brust. Diese Schweinchen waren vollwertige Familienmitglieder. Sie galten als die Verkörperung der Ahnen. Bei hohen Festen wurde eines von ihnen den Ahnen geopfert und im Erdofen zubereitet. Während sonst die Frauen kochten, war es eine reine Männerangelegenheit diese Opfermahlzeit zuzubereiten.

Bis heute ist in Indien die Fruchtbarkeitsgöttin Kali eine schwarze, furchterregende Muttergottheit, die alles gibt und alles nimmt. Ist sie verwandt mit Ischtar, der Muttergöttin des uralten Zweistromlandes, der als Fruchtbarkeits- und Ackergottheit ebenfalls die gebärfreudigen Schweine zugeordnet waren, die zudem bis heute als die klügsten der Haustiere gelten? Sicher ist nur, dass noch die Fruchtbarkeits- und Getreidegöttin der alten Griechen, Demeter, eine Schweinegottheit war. In hoch geheimen Ritualen opferten die Frauen ihr einmal im Jahr kleine Schweine. Auch Osiris, dem Fruchtbarkeitsgott des alten Ägyptens, wurden einmal im Jahr Schweine geopfert. Es ging darum die Gottheit beziehungsweise die Natur zu ermuntern, wieder zu grünen, zu erblühen und neue Früchte hervorzubringen. Erst als am östlichen und südöstlichen Mittelmeer, der Region des fruchtbaren Halbmonds (im Kern Assyrien) und Urregion des Ackerbaus, infolge von Abholzungen unter anderem für den Kriegsschiffsbau und der sich daraufhin häufenden Dürren die Hirtenvölker die Oberhand gewannen, wurden die Schweinegöttinnen der Ackerbauern und -bäuerinnen verbannt. Das Waldtier Schwein, das ja nicht schwitzen kann und schattige Suhlen braucht, wurde erst profanisiert und dann ebenfalls ganz verbannt.[2] Die Hirten hielten nichts vom Schwein, ihr Gott war männlich und verlangte das Opfern von Zicklein, Widdern oder einem ganzen Stier.

Zu diesem Zeitpunkt war jedoch die Schweinehaltung mit dem Vordringen der Ackerbaukulturen bereits nach Europa gelangt. Bis in die Neuzeit hinein sammelten Schweinehirten die Schweine morgens per Blasen ihres Horns aus den Haushalten und brachten sie auf die Gemeinde- beziehungsweise Waldweide, wo sich die Tiere an Eicheln und Bucheckern, Wurzeln und Pilzen gütlich taten. In Europa waren die Hausschweine entsprechend dem mit ihnen eng verwandten Wildschwein, mit dem sie sich noch heute paaren können, größer und schwerer als ihre südostasiatischen Verwandten. In den gemäßigten Breiten dienten sie vor allem als Lieferanten von Fett, das in Form von Speck konserviert wurde. Das Hausschwein war damit ein gewichtiges Zentrum der Eigenversorgung. Die Bäuerinnen zogen alljährlich ein bis zwei Schweine auf. Man schlachtete sie zum Winter hin im Rahmen der häuslichen Vorratshaltung. Das Schweinefett war Grundlage des Kochens in Regionen ohne Olivenöl; Getreidespeisen und Gemüse sind ohne Fettbeigabe nicht verdaubar. Die diesem zwecks Fetterwerbs sich ergebenden Würste und Schinken waren sozusagen die erfreulichen Zugaben, zumal sie im kalten Rauch über der Feuerstelle ebenfalls haltbar gemacht werden konnten, wie etwa im norddeutschen oder steirischen Rauchhaus. Später hatte man vielerorts extra Rauchhäuser, in Schleswig-Holstein gebietsweise noch bis in die 1970er-Jahre.

Die meisten europäischen Agronom*innen verstanden sich noch 1945 in erster Linie als Selbstversorger*innen, erst in zweiter Linie verkaufte man auch, um Steuern und Abgaben entrichten zu können. Aber diese Subsistenz- und Bauernwirtschaft einer sesshaften Bevölkerungsgruppe, die weder mit ihrem Land noch mit den Tieren vor einfallenden Soldaten fliehen konnte, war durch Kriege ständig bedroht. Ganze Bauerndörfer waren bekanntlich die größten Opfer räuberischer Soldaten im Dreißigjährigen Krieg. Daher rührten auch die Ängste der Bauern im kleinen Eifel-Dorf Steffeln. Als im Frühjahr 1945 absehbar war, dass der Zweite Weltkrieg vorbei sei, schlachteten die Bauern und Bäuerinnen des Dorfes ihre Schweine. Sie wollten sie von den einrückenden Franzosen oder den alliierten Soldaten nicht entgeltlos abgenommen bekommen. »Mutter« Mies – »Mutter« nannte man die Bäuerinnen auf dem Dorf damals noch respektvoll –, empfand das als kurzsichtig. Sie trieb stattdessen ihre Sau zum Eber ins Nachbardorf. Sie wollte nach dem Ende der ihr verhassten Naziherrschaft wieder richtig anfangen können. Und tatsächlich, die Besatzungssoldaten ließen ihre Sau unbehelligt. Nach drei Monaten, drei Wochen und drei Tagen war sie im Sommer 1945 die einzige Frau im Dorf, die wieder viele Ferkel im Kofen hatte. Bald kamen auch schon die ersten Nachbar*innen, um ihr ein Schwein abzukaufen.[3]

In den Eifeler Bauernfamilien herrschte eine in der damaligen europäischen Gesellschaft weit verbreitete Arbeitsteilung: Der Bauer war für die Kühe und Pferde zuständig, die Sau unterstand – wie auch die Jung- und Kleintiere – der Obhut der Bäuerin. Sie wurden von ihr gefüttert und aufgezogen. Der Verkauf von überzähligen Ferkeln brachte der Bäuerin ein gern gesehenes Handgeld, das sie von ihrem Ehemann unabhängig machte.

Noch in den 1960er-Jahren war das Schwein eine Grundlage der Eigenversorgung im Rahmen der »individuellen Hauswirtschaft«, wie die Nebenbeilandwirtschaft der Genossenschaftsbauern in den Comecon-Ländern 1961 bis 1989 genannt wurde. War genug Platz im Stall und genügend Rüben oder anderes Winterfutter vorhanden, lohnte es sich zudem, bei passender Gelegenheit auch ein paar mehr Schweine fett zu machen. Das hing auch von den Getreidepreisen ab. Wenn diese noch bis in die 1960er- respektive 1970er-Jahre in Mecklenburg zu DDR-Zeiten allzu sehr fielen, war es gegebenenfalls klüger, mehr Schweine zu halten. Stiegen die Getreidepreise jedoch, verkaufte man das Korn ohne den »Umweg« über das Schwein.

Bis 1945 hatten sich die meisten Bauern und Bäuerinnen Europas in erster Linie als Selbstversorger*innen verstanden. Im Zentrum stand die Hauswirtschaft, der Landmann arbeitete ihr zu. Erst in zweiter Linie arbeitete man für den Verkauf, den das Steuersystem, die Abzahlung der den Hof belastenden Schulden sowie die Auszahlung der weichenden Geschwister erzwangen. Das Schwein, das vor allem für den eigenen Haushalt gehalten wurde, gehörte also deshalb zur Domäne der Bäuerin, die als »Herrin des Hauses« auf dem Hof den Kochlöffel wie ein Zepter schwang. Nicht von ungefähr, denn die Mahlzeiten waren zentrale Fixpunkte dieses arbeitsreichen Lebens. Zum gemeinsamen Speisen trafen sich alle Hausgenossen und Mitarbeitende. Wozu sollte die ganze Plackerei denn sonst gut sein, wenn nicht für zumindest drei gute Mahlzeiten pro Tag?[4]

Beeindruckende Doktorarbeiten, die im Zuge der ersten Frauenbewegung von Maria Bidlingmaier und vielen anderen verfasst und ab 1910 im Umkreis von Max und Alfred Weber und Kollegen eingereicht wurden, berichten uns von der Arbeit der Bäuerinnen auf den Höfen kurz vor und nach dem ersten Weltkrieg. Sie erzählen davon, wie die Bäuerinnen aus ihren kleinen 5-Hektar-Höfen im Schwarzwald, Sauerland und im Bergischen Land noch fast die ganze Region, wie etwa das Ruhrgebiet, mit täglich frischer Milch, Eiern, Gemüse und auch Würsten versorgten, während ihre Männer bereits im Bergbau oder in den Fabriken arbeiteten. Die Lebensmittel, die diese – heute würde man sagen »Kleinbäuerinnen« – den Arbeiterfamilien in den 1920ern lieferten, schmeckten wohl noch ganz anders als heute, denn sie waren frisch geerntet, lokale, regionale und zudem noch unverfälschte Naturprodukte. Die Schweine waren schön fett, ist es doch vornehmlich das Fett, das dem Essen die Würze verleiht und Getreide und Gemüse verdaubar macht. Erst ab den 1960er- und 1970er-Jahren führte eine zunehmend maschinendominierte Landwirtschaft zu jenen aromalosen Massenprodukten, denen viele heute ausgeliefert sind und die die Menschen zu »Vielfraßen« machen können, weil eigentlich alles fade und nach wenig schmeckt und wahrscheinlich auch schlechter zu verdauen ist.

Mit der Selbstversorgung verschwand in Deutschland auch das Hausschwein, obschon es mit seiner Genügsamkeit ein so dankbarer Hausgenosse war. Die Sau vertilgt im Vergleich zu den anderen Hoftieren alles, was an Küchen- und Gartenresten fortlaufend anfällt. Auch überschüssige Milch oder die bei der Käseherstellung entstehende Molke landete im Schweinestall. Das Schwein ist ein zentrales Glied bäuerlicher Kreislaufwirtschaft, es garantiert, dass nichts weggeworfen werden muss. Letzteres war ohnehin selbstverständlich, solange die Hauswirtschaft von der bäuerlichen Wirtschaft noch nicht getrennt, sondern vielmehr ihr Zentrum war. Das Schwein begnügte sich notfalls mit den Kartoffeln, die die Bäuerin ihm parallel zum Essen der Familie auf einem extra Herd täglich kochte. Heute weiß man es genauer: Das Schwein ist (im Gegensatz zu Rindern und Schafen) ein guter Futterverwerter, es braucht – insofern es nicht von Resten und Abfällen lebt – allenfalls die Hälfte der Fläche, um einen guten Braten abzugeben, als die Fläche, die etwa ein Rind benötigt. Die CO_2-Bilanz des Fleisches von Hausschweinen ist also so gesehen deutlich klimaschonender.

Das muntere Schwein zu schlachten fiel den Familien nicht leicht. Es war der Bäuerin mitunter ans Herz gewachsen. Yvonne Verdier berichtet aus einem Dorf in Burgund, das sie mit zwei weiteren Pariser Forscherkolleginnen Ende der 1960er-Jahre untersucht hatte.[5] Im Dorf Minot war ihnen das von der Bäuerin mit Liebe großgezogene Schwein schließlich bald so lieb wie ein guter Hausgenosse. Das Schwein hatte einen Namen, es zur Schlachtung freizugeben fiel den Bäuerinnen daher schwer. Man half sich, indem man dem zu schlachtenden Schwein Unartigkeit unterstellte. Man behauptete, das zum Schlachten auserkorene Schwein wäre neuerdings aggressiv und bösartig geworden und müsse also bestraft werden. Nach gemein-europäischem Dorfbrauch war der eigentliche Tötungs- und Schlachtakt ohnehin den Männern allein überlassen. Die Bäuerin wandte sich weinend ab. Das Tor wurde geschlossen, dem armen Schwein, das mit einem Strick am Hinterlauf auf den Hof gebracht wurde, schwante wohl etwas. Es schrie erbärmlich. Nun ging alles sehr schnell, und bald hörte man nichts mehr. Die Hoftür ging wieder auf. Die Frauen eilten mit ihren Pfannen herbei, um das Blut aufzufangen und daraus Blutwurst und

Kröse (ein Gericht aus Hafergrütze und Schweineblut) zu machen. Dazu kamen auch Nachbarinnen und halfen, weil alles schnell zu gehen hatte. Diese Art des kollektiven Schweineschlachtens, was abends mit einem gemeinsamen Festessen, dem Schlachtfest, feierlich zum Abschluss gebracht wurde, hatte in seiner Ritualhaftigkeit noch etwas von den Opferhandlungen früherer Zeiten.

Ein Hausschwein so zu schlachten war etwas Besonderes, man handelte bedächtig, mit ambivalenten Gefühlen; Trauer und Freude mischten sich. Nichts kam weg, vom Darm bis zu den Borsten wurde alles verwertet, das liebe Ferkel, das arme Schwein, war nicht umsonst gestorben. In Burgund wurde das Fleisch sorgfältig eingepökelt, was zumindest in Minot eine ausgesprochene Männerangelegenheit war. Frauen störten die Männer hier nur, menstruierende Frauen, so glaubte man, konnten das Pökelfass sogar zum Umkippen bringen.

Im Verlauf der 1960er-Jahre erfasste die Mechanisierung der Landwirtschaft zunächst die Flachländer und später auch die Gebirgsregionen. Während im Westen die landwirtschaftlichen Berater die Bauern zu der dazugehörigen Spezialisierung rieten und darüber die Bäuerinnen in das Dasein von Nur-Hausfrauen drängten,[6] geschah in Osteuropa Ähnliches unter dem Label der Kollektivierung der Landwirtschaft. Hier allerdings blieben die Frauen mit im Boot beziehungsweise im Stall. Kochen taten andere. Mittags wurde in den LPG-Betriebskantinen gemeinsam gespeist, eine Geselligkeit, die viele noch jahrelang nach der Wende sehr vermissten.

In beiden Fällen ging es mit der Industrialisierung der Landwirtschaft um die Verabschiedung der bäuerlichen Kreislaufwirtschaft zugunsten einer angeblichen Effektivität, die heute als klimaschädigend erkannt ist. Die Bauernhöfe, die bis dato alle Abfälle mithilfe ihrer Schweine selbst verarbeitet hatten, wurden zu Gülleproduzenten. »Ewig stinkende Felder« vertrieben die Sommerfrischler*innen aus der Region, wie beispielswiese dem Oldenburger Münsterland. Jenseits der Elbe hingegen ließ die realsozialistische Regierung den zu LPG-Genossen umdefinierten Bauern ihre

Hausschweine, während man ihnen im Zuge der Kollektivierung der Landwirtschaft ihre Kühe und sogar Pferde nahm. Das galt für das ganze sozialistische Osteuropa. Überall wurde gleich nach der endgültigen Durchführung der Kollektivierung 1961 den LPG-Genossen die Eigenversorgung als »individuelle Hauswirtschaft« oder auch »private Landwirtschaft« zugestanden.[7] Das bedeutete: 500 Quadratmeter Gartenland und die Erlaubnis, ein oder zwei Schweine und etwas Federvieh zu halten. Das wurde den zwangsweise verkollektivierten Bauern vor allem deshalb erlaubt, um sie so auf dem Land halten zu können.

Denn in den 1960er-Jahren war das Land für die jungen Leute nicht mehr interessant, es zog sie in die Städte, zu Ausbildungen angesehener und besser bezahlter Berufe, und – wo möglich – sogar hinaus in die weite Welt. Die Eintönigkeit eines LPG-Landarbeiterlebens vertrieb vor allem die Jugend und darunter auch die jungen Frauen aus den Dörfern. Daher gestatteten die sozialistischen Regierungen in ganz Osteuropa, wie Nigel Swain aus Liverpool mit seinem Forscherteam herausfand, überall die individuelle Hauswirtschaft nebenbei. Und es wirkte: In den 1980er-Jahren berichtet die DDR-Agrarforschung, dass der Schweinebestand der individuellen Hauswirtschaften der DDR auf 980.000 gestiegen sei. Mittlerweile war die DDR-Regierung stolz auf ihre Förderung der privaten Nebenerwerbslandwirtschaften, weil sie die Leute in den Dörfern zufriedener machte, ein gutes Zusatzeinkommen ermögliche und nicht zuletzt die Volksernährung sicherstellte.[8] Auch deshalb wurden die Erzeugnisse der privaten Kleinstlandwirtschaft den LPG-Genossen von staatlichen Aufkaufstellen zu guten Preisen abgekauft und anschließend – je nach dem – in die örtliche Lebensmittelversorgung eingespeist oder sogar in den Devisenhandel.

Die »individuellen Hauswirtschafts«-Schweine aus Röddelin in der Westuckermark waren in den 1980er-Jahren so schöne schlanke, sozusagen fast fettfreie Schweine, dass die DDR sie nach Westberlin als wortwörtliche Devisenschweine verkaufen konnte. Die Nebenerwerbsbauern und -bäuerinnen waren sehr zufrieden mit ihrem Nebeneinkommen, das eine zusätzliche Altersversicherung ermöglichte, die oft genauso hoch war, wie die als LPG-Arbeiter. In Gartz an der Oder, in der nordöstlichen Ecke der Uckermark, dem dünnbesiedelten nördlichen Teil Brandenburgs, zog man die Schweine dagegen eher zum Hausgebrauch auf, verkauft wurden hier die »individuellen« Kaninchen und Gänse.

»Nun ist es halt nur noch Hobby«, sagte uns eine Anrainerin der Fischerstraße bedauernd. Denn die staatlichen Aufkaufstellen waren im Wendeprozess sofort geschlossen worden. Die älteren Ortsbewohner*innen blieben dennoch auch nach 1989 noch bei dieser häuslichen Schweinehaltung. Die Hausschlachtung war und ist noch immer möglich. Nur schade, dass, wie uns eine andere Bäuerin am Ortsrand berichtete, nachdem sie uns einen Blick in ihren kleinen, düsteren Schweinestall hatte werfen lassen, die Enkeltochter Vegetarierin geworden sei. Wichtig wäre, betonte der Bürgermeister des Nachbarorts, dass man die Schweinehaltung nicht aufgäbe; sie dann nach ein paar Jahren wieder anzufangen, würde schwierig werden. Die behördlichen Auflagen stiegen nach der Wiedervereinigung dank der neuen Schweineseuchen als Folge der Massentierhaltung ständig. Trotzdem beobachtet Dr. Leonore Scholze-Irrlitz von der Forschungsstelle ländliche Entwicklung an der Humboldt-Universität zu Berlin wieder eine gewisse Zunahme der Schweinehaltung in den ostdeutschen Dörfern.[9]

Als sich das internationale Netzwerk »Nyeleni«, das sich in Mali im Rahmen eines Welt-Sozialforum bildete, für Nahrungssouveränität eintritt und die bäuerliche Landwirtschaft verteidigt, vor wenigen Jahren mit Unterstützung weiterer Organisationen wie »La Via Campesina« in Klausenburg (Rumänien) traf, wurde im Wesentlichen wie selbstverständlich vegetarisch und meistens sogar vegan gekocht. Ohnehin dominierten auf der Tagung junge Leute, wie Studierende, Wissenschaftlerinnen, Bäuerinnen sowie Naturschützer. Aber so ein erfreuliches, festliches Ereignis ganz ohne feierlichen Braten? Für die Gastgeber*innen, Bauern und Bäuerinnen aus dem umliegenden Siebenburger-Bergland war das undenkbar. Und so hatten sie ein ganzes Jahr auf zweien der beteiligten Höfe je ein Schwein als Geschenk an den Kongress großgezogen. Und ernährten stolz ihren Kongress damit – übrigens wohl auch auf »auf eigene Kappe«, denn die Hygiene-Vorschriften für den Fleischverkauf auf solchen Kongressen sind für kleine Caterer eigentlich unmöglich einhaltbar. Aber die Rückkehr zum Recht auf Selbstversorgerlandwirtschaft sollte auch für die lokale Bauerngesellschaft sichtbar und feierlich begangen werden; das wäre ohne ein ordentliches Stück Schweinebraten undenkbar gewesen. »Essen, was man liebt«, empfiehlt die internationale Organisation Slow Food: nicht nur zum Erhalt der alten Landrassen, sondern auch für die Biodiversität im Allgemeinen und jener erstaunlichen Vielfalt europäischer Agrarkultur, die die Erde eben eher »hauswirtschaftlich« und handwerklich pflegte, statt sie zu zerstören.

Deutlich dürfte geworden sein: Das Hausschwein war als Schwein der Bäuerinnen in der bäuerlichen Hauswirtschaft als einer Kreislaufwirtschaft von Haushalt und Feld zentral, die Wortgeschichte von Wirtschaft erinnert daran. *Venare* (lat.: »wirtschaften«) bedeutet ursprünglich »zu ernähren«. Als Resteverwerter, genügsames und kluges Haustier war das fruchtbare Schwein über Jahrtausende in großen Teilen Asiens und Europas Begleittier der bäuerlichen Selbstversorgerwirtschaft und noch in der Antike Symbol der Fruchtbarkeit der Erde. Der ökologische Fußabdruck der Hauschweinhaltung war verschwindend gering – im absoluten Gegenteil zum ökologischen Fußabdruck der armen Schweine in der heutigen Massentierhaltung.

Kapitel 4

Das globale Schwein Schwein goes global

»Globalisierung ist eine amerikanische Ideologie. Sie steht für Ausdehnung zu unseren Bedingungen und für Freihandel, solange der uns nützt.«[1]

Chalmers Johnson

Das Schwein »goes global«. Das ist eine neue, andere Dimension, die sich nicht auf den ersten Blick erschließt. Obwohl sich dabei alles um das Schwein dreht, interessiert sich doch »kein Schwein« für das Schwein als solches, nur für sein Fleisch. Denn das Tier ist zu einer weltmarktfähigen Ware geworden. Die Weltmarktställe haben mit romantischen Vorstellungen von einer »Hinterhofidylle« absolut nichts mehr zu tun. Wo in traditioneller Haltung noch genetische Vielfalt herrschte, ist sie in modernen Haltungsformen zu einem homogenen Fleischkoloss verkommen. Die Technik der Fleischausbeute ist weltumspannend. Das zerrupfte Tier wird in viele Teile aufgespalten, die in der ganzen Welt herumgereicht werden. Die Geschöpfe werden satt gemacht mit Futter von weit her. Die Anlagen, die ganze Stalltechnologie, die Rassen, die Fleischprodukte, alles ist gleich in der internationalen Welt der Nutzschweinhaltung. Ein Tier, ein System, eine Bedrohung.

Das Schwein wird Fleisch

Wenn wir nach der Fleischwerdung des Schweins fragen, ist das der prosaische Vorgang aus einem lebenden Tier eine Ware zu machen, die einen Nutz- und Marktwert besitzt. Das Schwein ist kein Kleintier, sondern besitzt einen mächtigen Körper, der aus der

Perspektive des Fleischessers aus vielen unterschiedlich verwertbaren und geschmackvollen Einzelteilen besteht, sodass man es zum Verkauf anrichten in kleine Portionen aufteilen und anbieten muss, und jedes Teil hat seinen unterschiedlichen Wert, Geschmack und Preis. Das heißt, das Schwein aus der Fleischperspektive betrachtet besteht aus vielen unterschiedlichen Waren, die am Markt angeboten werden.

Bei aller Liebe zum Tier, die vielen Schweine werden nicht aus Altruismus gehalten, sondern sie sind – let's face it – nur »Fleischlieferanten«, wie auch im Katalog des Deutschen Schweinemuseums deutlich ausgedrückt wird: »Nutz-Schweine sind Hausschweine, die irgendwann ihrem vorgesehenen Verwendungszweck der Tötung und Verwertung als Lebensmittel und Rohstoff für den Menschen zugeführt werden. Die Nutztiere sind eben nicht nur Gottes Mitgeschöpfe, sondern auch Waren in einem Wirtschaftskreislauf.«[2] Das Schwein, das seiner endgültigen Bestimmung gemäß als Schlachtvieh gehalten wird, unterliegt dem Imperativ des optimalen ökonomischen Nutzens bei möglichst geringen Kosten für seine Halter*innen und Verarbeiter*innen. Irgendwann und irgendwie sollen seine Körperteile schließlich im Kochtopf, in der Bratpfanne, im Backofen, auf dem Grill oder in der Mikrowelle landen. Das System des globalen Schweins kennt keine Gnade.[3]

Schon die alten Römer waren auf den Geschmack des Schweinefleisches gekommen. So wird Plinius der Ältere um 77 n. Chr. zitiert, der sagte: »Nach meiner Ansicht gibt es keine andere Tierart, die mehr Speisen von verschiedenem Geschmack liefert, deren Fleisch mehr Zubereitungsformen und Verzehrsgenüsse erlaubt. Wenn solches von anderen Tieren nur einerlei Geschmack habe, so hat das Schwein dagegen fünfzigerlei.«[4]

Noch im 19. Jahrhundert war Schweinefleisch eine teure Delikatesse. 1876 verzehrte der Deutsche pro Jahr 28 Kilogramm Fleisch, davon 11 Kilogramm Schweinefleisch. Bei 43,7 Millionen Einwohner*innen bedeutet das, dass 4 Millionen Schweine in Deutschland gehalten worden sein müssen. Heute werden 36 Kilogramm Schweinefleisch im Jahr verzehrt, das heißt, 28 Millionen Schweine sind notwendig (ohne Außenhandel), um die deutsche Gier nach Schweinefleisch zu stillen. Um eine solche Anzahl zu schlachten, muss es bei der Schlachtung schon fabrikmäßig zugehen. Auch die Erzeugung muss rationalisiert sein: Die Zucht hat sich auf Ertrag konzentriert und erreicht, dass die Versorgung eines Mastschweins, das jeden Tag 800 Gramm an Gewicht zunehmen soll, mit der Fütterung von 3 Kilogramm Kraftfutter sichergestellt wird.[5]

Schwein ist nicht gleich Schwein, deshalb wurde ein umfangreiches Qualitätskontrollsystem in der modernen Wertschöpfungskette der Fleischwirtschaft geschaffen. Es sorgt dafür, dass die Tiere nur die Eigenschaften besitzen, die in das Schlachtwesen passen und die der Fachhandel beziehungsweise die Konsument*innen schätzen. Um das zu erreichen, ist ein hochkompliziertes Prüfwesen von der Züchtung und Aufzucht bis zur Metzgerei installiert und werden die Vorgaben mithilfe von high-tec Messverfahren am Schlachtkörper vorgenommen. Die genaueren Abläufe dieses modernen Systems werden im Verlauf dieses Kapitels noch genauer vorgestellt.

Zunächst wollen wir aber das Schwein und den Schlachtkörper näher betrachten, den Ausgangspunkt des gesamten Systems gewissermaßen. Durch bestimmte Arbeitsvorgänge verlieren Konsument*innen immer mehr den Bezug vom Fleisch zum Tier. Im Mittelpunkt dieser »Fleischwerdung« des Schlachtkörpers stehen die reinen Muskelfleischteile. Der Schlachtkörper wird üblicherweise in zwei vordere und zwei hintere Viertel zerteilt; der Rest, der immerhin 34 Prozent des Gewichts ausmacht, wird abschätzig »Fünftes Viertel« genannt; eigentlich zählt es nicht wirklich dazu. Die Teile des Fünften Viertels landen heute gewöhnlich nicht mehr in deutschen Pfannen oder auf dem Grill und abschließend auf unserem Teller. Sie werden den Landwirt*innen auch so gut wie nicht entlohnt. Mit nur 0,20 Euro pro Kilogramm sind sie Freigut für den Schlachthof, ein sogenannter »Windfall Profit«. Der Schlachthof kann das Fünfte Viertel über die Abdeckerei gegen Bezahlung entsorgen oder findet irgendwelche Nischenmärkte im In- und Ausland für dessen Verzehr oder industrielle Verwertung.

Merkmale der Fleischqualität[6]

Technisch:

- Safthalte- und Bindungsvermögen
- Löslichkeit und Muskelproteine
- Struktur
- Säuregrad
- Farbe

Sensorische Eigenschaften:

- Zartheit
- Saftigkeit
- Geschmack
- Geruch

Nährwerte:

- Gehalt von Eiweiß, Fett, Mineralstoffen, Vitaminen
- Bindegewebe

Hygienische Faktoren:

- Haltbarkeit
- Rückstände

Aus dem Verwertungszwang und der Not der Menschen heraus wurde früher alles vom Schwein verwertet, nichts kam bei der Hausschlachtung um. Selbst die Innereien und Eingeweide wurden »veredelt«, indem man gekochte Fleisch- und Speckteile sowie Innereien mit Kräutern, Gewürzen und Salz fein zerschnitten in gereinigte Därme und Blasen füllte. Schon im Mittelalter fand man einen solchen Wohlgeschmack an dieser Nahrung, die man Wurst nannte, dass Schlachtfeste zelebriert wurden und die Schlachter mit ihren Geheimrezepten zu hochgeehrten und unentbehrlichen Helfern dieser Feste wurden. Die Anzahl der Wurstsorten allein in Deutschland ist immens: über 1.500 gibt es, und jede Sorte hat Hunderte von Rezepten und ihre je eigene Geschichte und regionale Verwurzelung.[7]

Die Wurst ist heutzutage immer noch eine wohlgelittene Speise. Nur dass man es nicht mehr nötig hat, sie mit »minderwertigen Innereien« zu füllen. Der übersättigten reichen Bevölkerung wird aus ernährungsphysiologischen Gründen Schweinespeck heute geradezu madig gemacht. Die Schicht des Rückenspecks beispielsweise wird bei jedem Schlachtschwein gemessen und geht als »Malus« in die »Maske« ein, nach der Landwirt*innen für ihre Tiere entlohnt werden. Der wohlhabende Mensch vermeidet Speck, weil tierisches Fett angeblich dick macht und ungesund ist. Das bedeutet aber auch einen ganz erheblichen Verlust an Wohlgeschmack, denn Schweinefett ist ein Aromenträger.

Eine Fettaversion gab es früher und in anderen Kulturen, die noch durch harte körperliche Arbeit tätig sind, nicht. Dort galten beziehungsweise gelten »fette Schweine« immer noch als Symbol für Wohlergehen; je größer und fetter die Schweine, umso besser. Heute zählt nur das magere Schwein, und für Fett und Übergröße gibt es von den Schlachthöfen Abzüge beim Einkaufspreis. Durch konzentriertes Futter und Auslese hat man dem Schwein den Fettansatz regelrecht weggezüchtet: Während das durchschnittliche Hausschwein um 1900 noch mit 30 Prozent Fettanteil geschlachtet wurde, waren es 1960 nur noch 16 Prozent und 1990 10 Prozent. Einen kulturellen Unterschied erlebte der deutsche Schweinemarkt, als Rumänien und Bulgarien Mitglied der EU wurden. Als Niedrigeinkommensländer hatten die Balkanländer noch eine Präferenz für fette Schweine, was europaweit die Schweinefettpreise anziehen ließ und die Maske veränderte, die die Grundlage für die Preisbestimmung durch den Schlachthof stellt.

Gewisse Teile des Tieres gehen heute entweder in die Wurst, den Export oder unterliegen einer minderwertigen Verwertung. Sie laufen unter dem Sammelnamen »Schlachtnebenprodukte«, ein anderer Ausdruck für das »Fünfte Viertel«. Die Teile des Tierkörpers, die darunterfallen, sind je nach ihrer Verwertbarkeit divers. Selbst für die nicht verdaulichen Teile konnten große Schlachthäuser industrielle Verwertungsmöglichkeiten erschließen. Zum Beispiel werden innere Organe und Blut für Albumine, Globuline,

Lipide, Lipoproteine und Selenoproteine verwendet. Knochen sind Bestandteile von Kollagenpräparaten; Sehnen, Knorpel, Häute und Ohren für Elastin- und Hornpräperate, die Hufen und Haare für Keratin Wirkstoffe. Aus dem Darmschleim von Schweinen wird Heparin für die Pharmabranche gewonnen. Schon vor 60 Jahren gab es verschiedene industrielle Verwertungen, wie beispielsweise für Blut (Fibrin, Pepton, Hämoglobin), für Knochen (Gelatine) und für Häute vielerlei Schweinslederprodukte.[8]

Ein gutes Geschäft für den Schlachthof sind diese unverdaulichen Produkte aber alle nicht. Was darüber hinaus noch übrig bleibt und keinen Abnehmer findet, geht in die Tierkörperbeseitigungsanstalt. Dort erzielen die Schlachtnebenprodukte aber keinen positiven Preis, sondern verursachen eher noch Kosten für ihre Beseitigung. Früher wurden alle Schlachtnebenprodukte der Großschlächtereien zu Tiermehl verarbeitet oder man verwandte sie zu industriellen Zwecken als billigen Rohstoff. Gesondert konnte man Blutmehl, Fleischmehl, Tierkörpermehl oder Fleischknochenmehl kaufen oder diese wurden dem fertigen Mischfutter zugesetzt. Doch seit der BSE-Krise 2002, dem sogenannten Rinderwahnsinn, durfte Tiermehl nicht mehr an Rinder und Schweine verfüttert werden.[9] Heute dient es allenfalls als Dünger oder industriellen Zwecken, beispielsweise als Seife.

Der Gesetzgeber hat die Schlachtnebenprodukte in drei Kategorien je nach dem Grad ihres Verzehrrisikos beziehungsweise ihrer Genusstauglichkeit eingeteilt.[10] Die drei Kategorien müssen in der Verarbeitung strikt getrennt bleiben. Nur verwertbare Teile der Kategorie 3 dürfen zumindest noch für Tierfutter verwandt werden, sie werden aber nicht mehr als Lebensmittel geführt.[11] Meistens landen sie aber in der Tierkörperbeseitigung. Die tierischen Nebenprodukte der Kategorien 1 und 2 dürfen als Lebensmittel verkauft werden, haben aber oft keinen Absatz, wie beispielsweise die Schweinelunge. Werden sie beseitigt, muss der Schlachthof dafür bezahlen. Nach Schätzungen macht der verwertbare Teil des Fünften Viertels rund 5 bis 10 Prozent des Schlachtkörpergewichts aus, also etwa 4,5 bis 10 Kilogramm pro Schwein. Hochgerechnet bedeutet das, dass bei 52,4 Millionen Mastschweinen in der EU (2020) rund 5 Millionen Tonnen als Schlachtnebenprodukte anfallen. Das ist eine beachtliche Menge. Für sie Absatzmärkte zu finden ist das hervorragende Geschäft der großen europäischen Schlachthäuser.

Gewichtsaufteilung des Schlachtkörpers

Das durchschnittliche Schwein, das im Schlachthof angeliefert wird, wiegt 119 Kilogramm. Davon sind 62 Prozent Fleischausbeute, der Rest ist das Fünfte Viertel.[12]

- Haut, Haare: 3 Prozent
- Fett: 5 Prozent
- Blut: 5 Prozent
- Ohren, Rüssel, Schwanz: 6 Prozent
- Organe: 14 Prozent
- Knochen: 15 Prozent

Werthaltige Produkte aus dem Fünften Viertel (18 Prozent des Schlachtkörpers):

Innereien rot: Herz, Lunge, Niere, Zunge, Nierenzapfen, Saumfleisch, Aorta, Leber

Innereien weiß: Magen, Milz

Sonstige: Ohren, Kopf, Unterbeine, Luftröhre, Fette, Knochen, Därme

Diese Ware – auch Ingredients genannt – wird auf den verschiedensten B2B-Märkten verkauft (Business to Business), wie beispielsweise Pharmazie, Kosmetik, Food, Feed, Energie und Technik.

Nun hat man entdeckt, dass die Verzehrgewohnheiten auf der Welt recht unterschiedlich sind. Was bei anspruchsvollen europäischen Fleischessern nicht mehr auf dem Speiseplan steht, mag in anderen Kulturen – so wie wir es aus unserer eigenen Geschichte kennen – durchaus eine beachtliche Wertschätzung erfahren. Man kann Teile wie Kopf, Schwanz, Innereien, Speck oder Füße teilweise zu außergewöhnlichen Lebensmitteln und Spezialitäten verarbeiten. Wer erinnert sich noch an Saumagen, Kutteln, Brägen oder Schweinskopfsülze? Eisbein ist immer noch eine spezielle bayerische oder auch westfälische Spezialität, ebenso wie Schweinshaxe. Die Pfälzer haben eine Vorliebe für Saumagen und die Schwaben mochten Kutteln.

Der deutsche Export mit Schlachtnebenprodukten floriert daher. 13 Prozent des Produktionswertes aller in Deutschland geschlachteten Tiere werden durch den Export dieser Teile verdient.[13] Unterbeine, Kopfhäute und Ohren müssen enthaart und gebrüht werden und gehen hauptsächlich nach West- und Zentralafrika. China, Vietnam und die Philippinen sind dankbare Importeure für fast alle Schlachtnebenprodukte, allen voran Kopf, Lunge, Darm und Magen. China ist außerdem ein großer Abnehmer für Schweinsfüße, deren Verzehr angeblich die Menschen schöner macht. Därme und Mägen werden weitgehend unverarbeitet nach China exportiert, wo sie verarbeitet und veredelt und anschließend international weiterverkauft werden. Österreich und die Niederlande wiederum exportieren viele ihrer Schlachtnebenprodukte nach Deutschland zur Weiterleitung in den asiatischen Export. Dieser Bereich ist wie kaum ein anderer im hohen Maße globalisiert und wird allein von den großen Konzernen bedient. Innerhalb der EU ist die deutsche Fleischwirtschaft damit die Drehscheibe für den globalen Handel mit Schlachtnebenprodukten.

53 Prozent des ausgeführten Schweinefleisches der EU nach China besteht aus Schlachtnebenprodukten; das macht wertmäßig 21 Prozent aller Exporteinnahmen der EU mit Schweinefleisch aus.[14]

Das Fleisch des Schlachtkörpers vom Schwein erzielt im Schnitt rund 13,20 Euro pro Kilogramm, der Exporterlös der Schlachtnebenprodukte beträgt immerhin 8 Euro pro Kilogramm, während der Schweineerzeuger nur 0,20 Euro pro Kilogramm erhält. So setzt die deutsche Fleischwirtschaft mit diesem Handel insgesamt rund 4,58 Milliarden Euro um. Die Bayerische Landesanstalt für Landwirtschaft kommt zu dem Schluss: »Das Wachstum der deutschen Fleischwirtschaft beruht partiell auf der Erschließung der Märkte für Schlachtnebenerzeugnisse auf globalen Märkten, insbesondere auf der Vermarktung von genussfähigen Schlachtnebenprodukten beim Schwein.«[15]

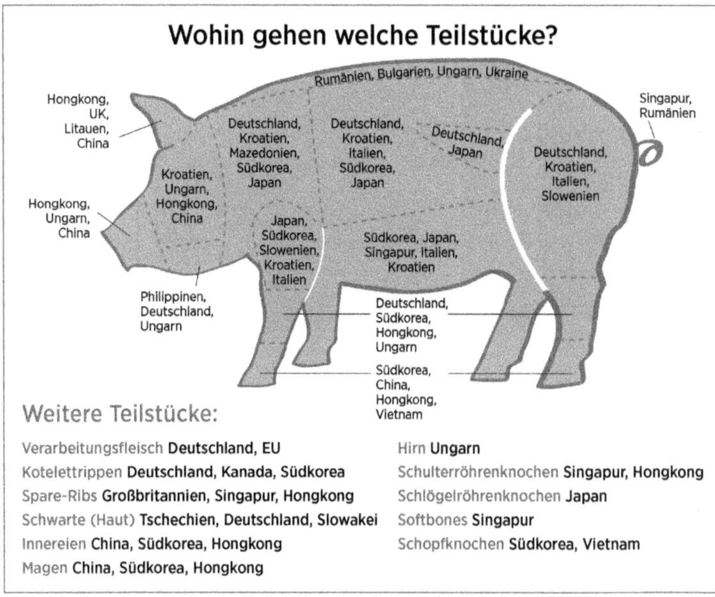

Abb. 7: Unterschiedliche Länder haben unterschiedliche Vorlieben.

Die andere Seite der Medaille im Fleischbereich sind die sogenannten Edelteile, die als Steak, Medaillon und Schnitzel über die Theke gehen. 70 bis 80 Prozent des Umsatzes verdienen die Schlachthauskonzerne mit den Edelteilen, das ist ihr eigentliches Geschäft. Wenn beispielsweise 1,30 Euro pro Kilogramm des Schlachtkörpers (Stand 2018) an die Landwirt*innen bezahlt wurden, erzielen die Schlachthofkonzerne beim Verkauf für die besseren Fleischteile, wie Rückensteak, Lende/Filet oder Nacken, einen rund fünffach höheren Preis am Markt. Die Schlachthofkonzerne realisieren mit den Edelteilen also eine recht komfortable Handelsspanne; ob sich daraus allerdings auch eine hohe Gewinnmarge erzielen lässt, hängt von ihrer Kosteneffizienz ab.

Von den Edelteilen kann die Fleischwirtschaft kaum genug haben, sie können leicht zu guten Preisen abgesetzt werden. Würde sie aber die Schweineerzeugung auf die Anzahl der verkaufbaren Edelteile steigern, hätte sie große Absatzprobleme mit den geringerwertigen Teilen. Statt deren Preise ins Bodenlose stürzen zu lassen, ist es für die Fleischwirtschaft profitabler, Überschüsse der minderwertigen Teile zu vermeiden und stattdessen die Edelteile knapp und damit hochpreisig zu belassen.

Das Dilemma des geringen Angebots von Edelteilen kann teilweise auch durch deren Import gelöst werden. Immerhin ist die EU als größter Schweinefleischexporteur von 5,4 Millionen Tonnen Schlachtkörpergewicht, gleichzeitig auch Importeur von 869.453 Tonnen (2019). Ein großer Teil davon sind allerdings Importe von schlachtreifem Lebendvieh. Sie erhöhen die Wettbewerbsfähigkeit, da sie die Kapazitätsausnutzung der Schlachthöfe in Deutschland verbessern. Immer mal wieder kommt es nämlich zu Engpässen bei der Versorgung mit Schlachtvieh aus heimischer Produktion. Sowohl die Exporte der weniger edlen Teile, wenn die Edelteile hierbleiben, als auch die Importe von Schweinen gleichen die hohe Nachfrage nach Edelteilen in der EU mindestens teilweise aus.

Jüngst vollzog sich der Einzug der Discounter in die Frischfleischverarbeitung und -vermarktung. Es war ein Einschnitt für die gesamte Branche. Die Supermärkte hatten Frischfleisch als Sonderangebote entdeckt, die ein gutes Lockmittel sind, um Kunden in die Läden zu bekommen. Das Fleisch wird dabei zu geringen Verkaufsmargen von 1 Cent pro Kilogramm angeboten und man nimmt in Kauf, dass die Fleischtheken rote Zahlen schreiben. Gleichzeitig nahm der Verkauf von verpackten Convenience-Produkten des Fleischbereichs erheblich zu. Diesen gewinnträchtigen Teil ließen sich die Supermarktketten nicht entgehen und bauten daraufhin ihre eigenen Fleischwerke aus. Fleisch ist deshalb unsäglich preiswert geworden und jeder kann es sich heutzutage leisten. 1960 musste der Industriearbeiter für 1 Kilogramm Fleisch noch rund 116 Minuten arbeiten, 2001 noch 36 Minuten und heute nur noch 24 Minuten.[16] Die Kund*innen profitieren also von diesem Angebot, aber auf Kosten des ungeheuren Drucks, der dadurch auf alle Glieder der Lieferkette ausgeübt wird, bis hin zu den Schweinehalter*innen. Darunter leiden die Menschen in der Produktion, die Umwelt, die Tiere und nicht zuletzt auch die Fleischqualität.

Die Schweine, die auf unserem Teller serviert werden, sind nicht als solche zu identifizieren, allenfalls die Spanferkel; sie kommen nur als Wurstscheiben, Speckwürfel oder Schnitzel in unserem Leben vor. Etwa 65 bis 70 Prozent des Schweinefleisches in der EU wird in weiterverarbeiteter Form (Wurst, Schinken, Pâté, Speck, usw.) und in einer Vielzahl traditioneller Fleischprodukte konsumiert, oftmals unter regionalen Marken. Frisches Schweinefleisch in Europa stammt in den meisten Fällen aus örtlicher Produktion. Der Konsum von Schweinefleisch stagniert beziehungsweise war in den letzten Jahren leicht rückläufig, aber stabil und auf hohem Niveau. Er ist kaum steigerungsfähig, weil nicht-marktbedingte Faktoren dem Trend zugrunde liegen, wie zum Beispiel das schlechte Image der Schweinewirtschaft, der Gesundheitstrend oder zweifelhaftes Tierwohl. Mit anderen Worten: Viele Menschen essen andauernd Schwein, ohne es zu bemerken.[17] Es ist totes Fleisch, das keinen Bezug zum lebenden Tier mehr aufweist. Würden die Verbraucher*innen bei der Schlachtung anwesend sein und hören, wenn die Tiere in Todesangst so schreien wie Menschen, die umgebracht werden, wären sie schockiert. Der Schweinefleischkonsum würde drastisch fallen.

Mittlerweile hat das Fleisch jedoch einen Konkurrenten: das Fleischimitat. Vegetarische und vegane Alternativen zu Fleisch und Wurst werden immer beliebter. Ihr Absatz wuchs im vergangenen Jahr um 39 Prozent auf 83.700 Tonnen, und der Umsatz stieg auf 374 Millionen Euro.[18] Der Markt für Fleischersatzprodukte hat inzwischen eine beachtliche Größe erreicht, ist aber bescheiden gegenüber 38,6 Milliarden Euro Umsatz an echtem Fleisch und Fleischerzeugnissen. Trotzdem wollen die Fleischfabriken sich diesen Markt nicht entgehen lassen und mischen mit bei dem »Fleisch«, das kein Fleisch ist.

Die Schweinehaltung: Fress- und Fleischmaschinerie

Die Transformation vom lokalen zum globalen Schwein setzte am Flaschenhals an: den Schlacht- und Zerlegefabriken. Die moderne fabrikmäßige Technologie machte es möglich in großen Stückzahlen zu schlachten: Die Schlachtkörper hängen an Haken, die Schweinehälften werden an Laufbändern zerlegt. Dadurch wird der Prozess rationalisiert, das heißt, die Stückkosten pro geschlachtetem Tier reduziert. Es entstanden die großen Fabrikanlagen, die zu noch größeren Konzernen verschmolzen. Diese können durch ihre Einkaufs- und Verkaufspolitik beeinflussen, wie die Lieferketten davor und danach beschaffen sind.

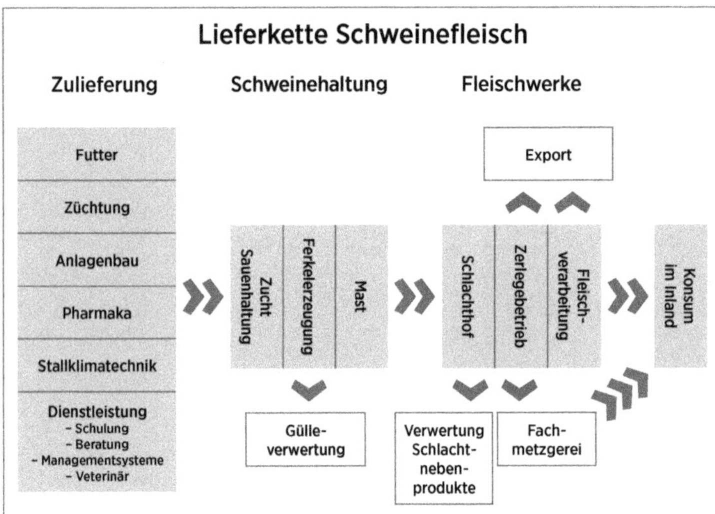

Abb. 8: Verschiedene Verarbeitungsstufen in der Schweinewirtschaft

Die Schlachthäuser kaufen im großen Stil Schweine von den landwirtschaftlichen Betrieben. Durch ihre Auflagen und Preisgestaltung bestimmen sie gegenüber den Schweineerzeugern, wer liefern darf, in welchen Mengen, wann geliefert werden muss, welche Art von Schwein auf den globalen Markt kommt und wer zu den gedrückten Aufkaufpreisen überhaupt noch fähig ist zu liefern. Dieses Vorgehen beeinflusst den gesamten Strukturwandel in der Tierhaltung. Verträge mit den Schweinehaltungsbetrieben legen die Einzelheiten fest. So werden die Erzeugerunternehmen an die Schlachtkonzerne gebunden.

Gleichzeitig sind die großen Schlachtfabriken ökonomisch den alteingesessenen handwerklichen Schlachtereien so weit überlegen, dass die Marktanteile der Konzerne wachsen und fast ausschließlich die industrialisierten Tierfabriken übrig bleiben. Damit schwinden für die Agrarbetriebe die Optionen, ihre Tiere anderswo auf dem Markt abzusetzen oder zweigleisig zu fahren.

Die kleinen Bauern und Bäuerinnen, die 3 bis 6 oder auch 50 bis 100 Schweine im Jahr zu verkaufen haben, werden schon gar nicht erst als potenzielle Lieferanten gelistet. Kleinerzeuger*innen haben nur die Möglichkeit auf informelle lokale Märkte auszuweichen, oder aber sich mit vielen anderen landwirtschaftlichen Unternehmen in eine Erzeugergemeinschaft zusammenzutun. So können sie gemeinsam eine größere Charge an Schweinen zum Schlachthof bringen. Wenn sie Glück haben, können sie mit dem Schlachthof verhandeln, aber in der Regel sind sie nicht in der Lage und Position, Forderungen zu stellen. Teilweise sind die Schweinehalterunternehmen selbst aber auch keine Kleinunternehmen mehr, sondern managen die Ferkelerzeugung und Mast als Kapitalgesellschaften. In vereinzelten Fällen – aber zunehmend – mästen die Schlachthauskonzerne außerdem selbst, um sich sicher mit Nachschub zu versorgen.

Auf der anderen Seite der Lieferkette, am Markt, bieten die Schlachthäuser den Rohstoff »Schweinehälften und/oder -viertel« zu Preisen an, die so konkurrenzlos niedrig sind, dass sie auch hier Einfluss nehmen können. Auch hier sind es die großen Mengen, die zählen. Die Abnehmerunternehmen sind ebenfalls gewerblich, wie Fleisch- und Wurstfabriken, Großkantinen, Restaurants, Fachmetzgereien und Exporteure. Immer häufiger gehen die großen Lebensmittelketten des Einzelhandels dazu über, eigene Fabriken der Fleischverarbeitung aufzubauen. Moderne Techniken der Konservierung, Verpackung, Logistik und Zubereitung haben es ermöglicht, dass auch immer mehr Frischfleisch über die Ladentheken der Discounter und Supermarktketten verkauft wird, sehr zum Leidwesen der handwerklichen Fleischverarbeitungsunternehmen (siehe Nachwort). Das Oligopol der Schlachtkonzerne trifft somit zunehmend auf das Oligopol der Supermarktketten. Das Herzstück des globalen Schweins ist also nicht die Tierhaltung selbst, sondern die Konzentrationsprozesse der vor- und nachgelagerten Stufen in der Lieferkette. Wie in den Fabrikanlagen auch, vollzieht sich allerdings ebenfalls in den Schweineställen ein Prozess der Bestandsaufstockung – der Auswirkung auf die Haltungsbedingungen hat –, jedoch auf niedrigerer Stufe: Um im Wettbewerb und gegenüber der Preisdrückerei durch die Konzerne der »abnehmenden Hand« und der Lieferanten bestehen zu können, müssen immer größere Stückzahlen an Schweinen pro Betrieb gemästet werden. Einerseits der Kostendegression wegen (sinkende Stückkosten bei zunehmenden Stückzahlen), anderseits der Vermarktungsauflagen und der Mengenrabatte wegen. Diese Umstellung ist in allen Ländern zu beobachten. Entweder, indem bäuerliche Betriebe ihre Bestände aufstocken (siehe Kapitel 6), oder aber durch das Eindringen von außerlandwirtschaftlichem Kapital in eine bereits bestehende industrialisierte bäuerliche Schweinehaltung. Das geschieht meist in Gestalt von Kapitalgesellschaften, denn die kapitalkräftigen Investoren können in ganz andere Größenordnungen von Mastschweineställen und Sauenställen investieren. Die technologischen Möglichkeiten in den Großanlagen gehen auch dort vielfach mit Vorteilen für größere Betriebe einher, das heißt sinkende Kosten pro Schwein bei wachsenden Beständen. Die enormen Investitionen, die in die Stallanlagen (und Güllelagerung und -ausbringung) notwendig sind, legen eine äußerst enge Stallhaltung mit hohen Tierzahlen nahe.

Trotz einer Überproduktion an Schweinen in Deutschland und unsicherer zukünftiger Exportaussichten werden die Produktionskapazitäten weiter ausgebaut. Agrarindustrielle Investoren und Futtermittelkonzerne bauen immer noch riesigere Ställe. Der niederländische Agrarindustrielle Adrianus Straathof baute beispielsweise in Brandenburg eine Großanlage für 35.000 Sauen. Straathof ist nicht der einzige Niederländer, der hier engagiert ist. Wie kann sich das rechnen? Weshalb kam er nach Deutschland? In den Niederlanden bekommen Schweinehalterunternehmen, die die Schweinehaltung aufgeben, Zuschüsse vom Staat, weil die Regierung in einigen Intensivregionen die Schweinedichte reduzieren will, da die Grundwasserbelastung zu hoch ist. Außerdem erhalten diejenigen Betriebe, die aufgeben, für die Rückgabe beziehungsweise den Verkauf von Ausbringungsrechten an Stickstoff und Phosphor in den Verdichtungsgebieten erhebliche Erlöse. Diese Einnahmen können sie anderswo in einen Neuanfang investieren. In den neuen deutschen Bundesländern etwa winken ihnen Investitionszuschüsse, wenn sie dort in die Landwirtschaft investieren. Die Agrarmanager und -managerinnen des globalen Schweins wissen also nur zu gut, wie sie auch die Staatskassen schröpfen und international agieren können. Nicht jede Großtieranlage ist gewachsen, nur weil sie ökonomisch überlegen ist.

Die Größenordnungen der Ställe beziehungsweise der Schweinehaltungsbetriebe, die man in Europa kennt, sind im internationalen Vergleich immer noch winzig. Das britische Zuchtunternehmen JSR-Hybrid stellt zusammen mit der deutschen Zuchtfirma Genesus jährlich eine Liste der weltweiten »Megasauenhalter« zusammen. Unter den Top Ten dieser Zuchtbetriebe sind sechs chinesische Betriebe, zwei aus den USA (u.a. Smithfield), jeweils eine Firma aus Thailand (C. P.) und Brasilien (Brazil Foods), aber keine einzige aus Europa. Mit Abstand der weltgrößte Zuchtbetrieb ist Muyuan Foodstuff aus China mit 2.624.000 Schweinen. Selbst in den Top Twenty befinden sich nur zwei europäische Betriebe, Cooperl aus Frankreich und Vall aus Spanien, aber weitere drei US-Betriebe und vier chinesische. Auch weiter unten in der Liste bis zur Größenordnung von 100.000 Muttersauen (Platz 40) findet sich nur noch ein weiterer europäischer Betrieb aus Spanien. In den größten vierzig Betrieben gab es von 2019 auf 2020 einen Zuwachs von 4.936.600 Muttersauen, das bedeutet insgesamt einen Bestand von 16.496.800 Stand 2020, was nach Meinung von Genesus ein Beweis für die Profitabilität der Großanlagen ist.[19] Obwohl Deutschland wertmäßig der drittgrößte Exporteur an Schweinefleisch auf der Welt ist, spielen unsere beteiligten Schweinehaltungsfirmen – was ihre Größenordnungen anbelangt – nur in einer unteren Liga mit. Was die wahre Dimension des globalen Schweins wirklich bedeutet, entzieht sich also unserem europäischen Erfahrungsbereich.

Bestimmungsland	2010	2019
EU	1.346.700	1.246.000
VR China	7.200	325.900
Südkorea	8.000	94.600
Drittländer insgesamt	231.500	556.500

Abb. 9: Ausfuhr von Schweinefleisch aus Deutschland, frisch gekühlt und gefroren (in Tonnen). Quelle: BMEL, Statistisches Jahrbuch 2020

Bestimmungsland	2010	2019
EU	1.937.800	1.815.700
VR China	17.100	570.400
Südkorea	152.600	35.000
Drittländer insgesamt	499.600	935.100

Abb. 10: Ausfuhr an Innereien, Zubereitung und Konserven (in Tonnen)
Quelle: BMEL, Statistisches Jahrbuch 2020[20]

Auffallend an der Liste der weltweit größten Zuchtbetriebe ist, dass die großen Konzerne zwar auch auf verschiedenen Gebieten tätig sind, aber kaum sind sie mit Schlacht- und Fleischfabriken verflochten. Von den Top Ten der größten Schlachthäuser (siehe Abb. 17 auf S. 204) finden sich kaum Namen in dieser Liste wieder (bis auf Brazil Food und C.P.). Die Zuchtbetriebe sind eher mit anderen High-Tec Tierhaltungsbereichen verflochten, wie Forschung, Informationstechnik, Futtermittelwerke und außerlandwirtschaftlichen Tätigkeiten. Die weltweiten Unternehmen, die Schweinegenetik, Zucht und Ferkelerzeugung betreiben, scheinen eine eigene, stolze Branche zu sein.

Mit der Industrialisierung der gesamten Schweinewertschöpfungskette wird auch das eine Kettenglied, nämlich die Haltung der Schweine, immer industrieller. Sie geht einher mit einem technischen Fortschritt bei der Stalltechnologie, der Fütterung, der medikamentösen Versorgung und der Genetik (Zucht und Vermehrung). Auch in den Zulieferbereichen vollzieht sich eine Globalisierung und Entstehung von Konzernen mit Marktmacht (siehe auch Kapitel 4).

Da die Länge der Transportwege zum Schlachthof und die Bedingungen der Tiertransporte eine erhebliche Rolle bei der Fleischqualität spielen, bei dem gesellschaftlich akzeptablen Tierwohl und bei den Anlieferungskosten, siedeln sich die Schweinemastanlagen in der Regel in einer gewissen Nähe zu den Schlachthöfen an. Dadurch kommt es zu einer räumlichen Konzentration. Es entstehen Gebiete mit einer hohen Schweinedichte. Das ist ein Prozess, der in Europa, Amerika und Asien zu beobachten ist. Die Abhängigkeit von Importfuttermittel bewirkt, dass diese Schwerpunktgebiete nicht allzu weit von den Überseehäfen entfernt sind, wo die Futtermittel anlanden. Aber auch in Nähe von den Hauptkonsumgebieten von Fleisch, also wie zum Beispiel in Deutschland auf halbem Weg zwischen Rotterdam und Ruhrgebiet, Südoldenburg und südliches Emsland, findet man eine Konzentration an Schweinemastanlagen.

Schon 2009 prognostizierte die FAO diesen Trend zum globalen Schwein und die Auflösung der Hinterhofhaltung. Sie schätzte damals den weltweiten Anteil des industriell erzeugten Schweinfleisches an der gesamten Schweinefleischerzeugung auf 55 Prozent. Allerdings lag der Schätzung eine unklare Definition zugrunde, was »Industrialisierung der Schweinehaltung« überhaupt bedeutet, und in den letzten 10 Jahren hat sich noch einmal eine erhebliche Beschleunigung der Entwicklung vollzogen.[21] Die Schätzung der FAO wurde auch von einer Veröffentlichung des unabhängigen Forschungsinstituts International Livestock Research Institute (ILRI) von 2000 gedeckt, dass zwar das Gros des städtischen Schweinefleischverbrauchs von der industrialisierten Schweinehaltung befriedigt wird, aber die Mehrzahl der Tiere immer noch von gemischten, bäuerlichen Betrieben gehalten wird.[22] Über die tatsächlichen gegenwärtigen Marktanteile liegen weltweit keine Schätzungen vor.

Die höchsten Zuwachsraten der Schweinefleischproduktion finden sich in Niedrig- und Mitteleinkommensländern, besonders in asiatischen Ländern. Schon rund 60 Prozent der weltweiten Schweinefleischproduktion findet hier statt. Gerade hier ist auch der Appetit auf Schweinefleisch besonders groß. In asiatischen Ländern wie Vietnam, China, Philippinen, Taiwan oder Südkorea hat die Hinterhofhaltung von Schweinen eine lange Tradition. Doch allein die Modernisierung der traditionellen Betriebsformen hält dem Wachstum der Nachfrage nach Schweinefleisch nicht stand. Deshalb ist hier der Konkurrenzkampf um die wachsenden Märkte besonders virulent. Wer soll die gewünschten Mengen liefern: die Kleinbauern und -bäuerinnen, die industrialisierte Landwirtschaft oder die Importeure?

Gleichzeitig haben diese Länder aber schwache gesetzliche Hygiene-, Tierwohl- und Umweltauflagen wegen inadäquaten Kontrollsystemen, Monitoring- und Dokumentationskapazitäten.[23] Der Gefährdung der Gesundheit von Tier und Mensch, Qualitätsverlust des Fleisches und die Eutrophierung der Gewässer durch übermäßige Gülleausbringung nehmen auch in den Intensivgebieten in Asien, USA und anderswo rapide zu.

Schon vor dem Ausbruch einer verheerenden Afrikanischen Schweinepest (ASP) in Asien hatten die Hauptkonsum- und Produktionsländer Asiens Versorgungsdefizite. Diese sind 2019/20 durch die ASP stark angewachsen, denn ein Großteil des Tierbestandes – in China ca. 40 Prozent – fiel der Pest zum Opfer. In Europa und den USA sinkt der Konsum von Schweinefleisch pro Kopf seit Jahren, während gleichzeitig die Produktionskapazitäten dort beständig zunahmen. Zum Beispiel war Deutschland immer ein Schweinefleischimporteur; bis 2007, als der Selbstversorgungsgrad von 100 Prozent erreicht wurde. In den letzten Jahren lag dieser bei 121 Prozent. Ähnlich erging es der EU. Seitdem avancierte die EU zum größten Schweinefleischexporteur, angeführt von Spanien und Deutschland. Diese gegenläufigen Entwicklungen in Asien und Europa/Nordamerika kennzeichnen die in den letzten Jahren stark expandierten Welthandelsströme von Schweinefleisch: Vor allem Europa exportiert seine Produktionsüberschüsse zunehmend nach Asien. Die asiatischen Länder versuchen mit der Steigerung der Eigenproduktion gegen den Nachfragezuwachs anzukommen, was sie nur teilweise schaffen. Doch der Ausbruch der ASP war ein schlimmer Rückschlag für Asiens Schweineproduktion, für die europäische Schweinewirtschaft aber eine Goldmine.

Hybridschweine und der internationale Genhandel

Bei moderner Tierhaltung geht es immer zuerst um die Frage nach der Genetik der Champions. Über eine eigene systematische Schweinezüchtung verfügen nur 36 Länder, angeführt fast ausschließlich von europäischen und US-Firmen. Genetische Verbesserungen weltweit basieren hauptsächlich auf dem Import genetischen Materials, primär in Form von Lebendtieren wie Jungsauen oder Ebern. Der heutige Standard aller modernen Zuchtprogramme ist eine Dreirassenkreuzung. Die so gezüchteten Schweine werden als Hybride bezeichnet. Bei der Dreirassenkreuzung werden zwei verbesserte, reine Zuchtrassen gekreuzt; die weiblichen Nachkommen sind dann die Muttersauen der nachfolgenden Zucht. In der zweiten Generation wird dann mit einem Eber einer anderen, dritten Rasse gekreuzt. Die bedeutsamste Vaterrasse heutzutage ist der belgische Píetrain-Eber.

Die fortgeschrittenen Kreuzungsprogramme finden weltweit mit nur einigen wenigen global führenden Rassen statt. Mit dem Fortschreiten der Toprassen verfestigt sich die Abhängigkeit der ganzen Welt von einigen wenigen Zuchtkonzernen, die das genetische Urmaterial in Form der Großeltern- und Urgroßelterngeneration nicht aus der Hand geben und eine eigenständige Weiterzucht und Vermehrung nicht zulassen.

Mastleistungsprüfung

Die Leistungszüchtung ist in Europa hochgradig professionalisiert und in Zuchtverbänden straff organisiert. Ein Zuchtbetrieb, der auf den Vertrieb von Zuchtebern oder -sauen setzt, meldet seine vielversprechende Linie beim Zuchtverband an. Vorher muss er von dem internationalen Zuchtkonzern, der das Geheimnis seiner Hybridlinie nicht verrät und durch den exklusiven Besitz der Großelterngeneration ein quasi-natürliches Patent besitzt, die Lizenz zur Vermehrung erhalten. Von den Zuchtverbänden erhält der Bauer oder die Bäuerin das Schweineleistungsbuch, und es müssen akribisch Daten in einem Schweinekonto festgehalten werden, inklusive den Eigenschaften aller Nachkommen. Sie werden unter standardisierten Bedingungen nach einheitlichen Richtlinien auf Mast- und Schlachtleistung geprüft.

Die rapide Ausbreitung der modernen westlichen Rassen ist eine große Gefahr für das Überleben aller lokalen Rassen, weil sie ökonomisch zunehmend verdrängt werden. Das geschieht, obwohl indigene Rassen wichtige genetische Eigenschaften besitzen können, die sie an bestimmte Umweltfaktoren anpassungsfähiger machen. Insbesondere ihre mögliche Widerstandskraft gegenüber gewissen Krankheiten mag genetisch bedingt sein, aber auch eine natürliche Toleranz gegen Futtermangel, klimatische Erscheinungen oder Stress. Auf Seiten der modernen Züchter*innen ist immer noch die Annahme verbreitet, dass die Hochertragsschweine auch unter anderen Haltungsbedingungen die leistungsstärksten sind. Eine gezielte wissenschaftliche Züchtung oder Zuchtstrategie zur genetischen Verbesserung der traditionellen Rassen, damit sie auch unter den Bedingungen der »Hinterhofhaltung« bessere Ergebnisse erzielen, fehlt weltweit so gut wie überall.[24]

Die moderne Schweinezucht ist inzwischen überwiegend in die Hände von großen Zuchtunternehmen übergegangen. Der Ferkelerzeuger kauft von dort seine Jungsauen, die wie jedes andere

Produkt gewisse zugesicherte Eigenschaften aufweisen. Die Abstammung ist dem Käufer nicht unbedingt bekannt, und die Eigenremontierung ist vertraglich ausgeschlossen.

Die größten Schweinezuchtkonzerne

PIC Genus Group, Großbritannien

PIC Genus wurde 1952 in Oxfordshire gegründet. Die Firma ist in 41 Ländern der Erde durch Niederlassungen vertreten, ist an der Londoner Börse notiert und zählt zu den 350 größten Firmen des Landes. Sie hatte 2019 einen Umsatz von 560,5 Millionen Euro. Sie ist in der Rinder- und Schweinezucht tätig.

JSR Genetics Ltd, Großbritannien

JSR Genetics ist ein Familienunternehmen mit Sitz in East Yorkshire, das international mit dem Export von genetischem Material zum Schwein tätig ist. Das Unternehmen hat seit 2015 auch eine Partnerschaft mit Topigs Norsvin. 2019 betrug der Umsatz 22 Millionen US-Dollar.

Topigs Norsvin, Niederlande

Topigs Norsvin ist ein Privatunternehmen. 2019 betrug der Umsatz 165 Millionen Euro. Im selben Jahr vermarktete das Unternehmen weltweit mehr als 9 Millionen Tuben Sperma und 1,6 Millionen Jungsauen. Topigs Norsvin ist international tätig, mit einer starken Präsenz in den USA.

Choice Genetics Ltd., USA/Frankreich

Choice Genetics ging hervor aus dem Zusammenschluss des US-Züchterkonzerns DEKALB mit dem französischen Counterpart Pen Art Lan. Die Fusion geschah durch die Übernahme des US-Züchters durch Grimaud, der Muttergesellschaft des französischen Züchters in 2013. Grimaud ist in 37 Ländern tätig. Zwischenzeitlich gehört DEKALB der US-Firma Newsham Genetics, die von Monsanto übernommen wurde. In dieser Zeit kam es zum Versuch Monsantos, ein bestimmtes Schweinegen, das in fast allen Schweinerassen vertreten ist, beim Europäischen Patentamt

(EPA) zu patentieren, was zu einer heftigen gesellschaftlichen Auseinandersetzung führte. Es wäre die Aneignung aller Schweinenachkommen gewesen. Der Protest hat das EPA schließlich am 26.04.2010 dazu veranlasst, das erteilte Patent zu widerrufen.[25]

Hypor, Niederlande

Hypor gehört zu Hendrix-Genetics, einem der größten Züchterkonzerne der Welt, auch führend im Geflügelbereich. Hendrix wurde 1960 gegründet, ist ein Privatunternehmen und in über 100 Ländern tätig. Der Umsatz wird auf über eine Milliarde US-Dollar geschätzt. Hendrix ist im Februar 2021 einen langfristigen Kooperationsvertrag mit Cherkizovo eingegangen, dem größten Fleischproduzenten Russlands.[26]

Die selektiven Züchtungsprogramme der modernen Rassen sind allein auf die folgenden Ziele ausgerichtet: mageres Fleisch, einen muskulösen Rumpf und immer schnelleres, futtersparendes Wachstum. Sie richten sich danach, wie man die Tiere besser an den Stress der Massentierhaltung anpassen kann. Aber jede Einseitigkeit rächt sich in der Natur: Die Hochertragszüchtung hat Verhaltensstörungen und Gesundheitsprobleme bei den Tieren ausgelöst. Das Porcine Stress Syndrome (PSS) – auch als maligne Hyperthermie-Syndrom (MHS) bekannt – ist eine der vielen Folgen; es gilt als reale Erkrankung bei Schweinen. Ausgelöst durch Stress kann MHS bei Schweinen den plötzlichen Tod auslösen, häufig nach dem Transport oder bei Rang- und Konkurrenzkämpfen in überfüllten Buchten. Die Hochertragsschweine haben eine spezifische genetische Konditionierung für MHS. Ihr Verhalten führt zu leichter Erregung und Störrigkeit. Seit 1992 konnte MHS erkannt und mittels Gentests bestimmt werden. Erst dadurch wurde es möglich, diese Eigenschaft bei den meisten Mutterrassen züchterisch zu entfernen, weil der Markt stressstabile Tiere verlangte. Das ging auch mit einer Verbesserung der Fleischqualität einher, denn Stress erzeugt PSE-Fleisch (engl.: pale, soft, excudative), also blasses, weiches, wässriges Fleisch.[27] Das lästige Schwanzbeißen, das auch bei Stress auftritt, weil die Tiere zu dicht gedrängt leben und keine andere Beschäftigung möglich ist, konnte züchterisch allerdings nicht beseitigt werden. Es gilt als eines der drängendsten Probleme der modernen Schweinehaltung (siehe Kapitel 9).

Das »gute alte« Bentheimer Landschwein

Das in der Nachkriegszeit sehr beliebte deutsche Bentheimer Landschwein war fast ausgestorben. Es hat Vorteile, die nach heutigen Maßstäben auch gleichzeitig Nachteile sind. Die Bentheimer haben nämlich eine etwas dickere Rückenspeckdichte. Der Speck macht das Schwein robust und ermöglicht, dass es ganzjährig draußen gehalten werden kann. Allerdings wird der Speck von den Verbraucherinnen und Verbrauchern heute nicht mehr geschätzt, obwohl Fett der Geschmacksträger im Fleisch ist. Der Schlachthof bezahlt den Mäster deshalb abhängig vom Magerfleischanteil. Nur ein einziger Züchter kämpfte um die Erhaltung der Bentheimer Landschweine. Im Jahre 1995 wurde das Bentheimer als »besonders gefährdete Nutztierrasse« eingestuft. Im Jahr 2014 gab es wieder 410 Herdbuchsauen und 90 Eber.[28]

Selbst das bäuerliche Schwein ist heutzutage zumeist eine Hybrid-Mischung. Der Bauer arbeitet mit einer Muttersauenrasse, in Deutschland ist das primär das Deutsche Landschwein, und einer Eberrasse, in der Regel das Píetrain. Von der Muttersau erwartet man gute Mutterqualitäten, also viele Ferkel und hohe Fruchtbarkeit. Die Eberrasse soll für die Fleischmenge und -qualität sorgen. Die Kombination der Gene beider hat sich flächendeckend bewährt und lässt sich schwer toppen. Der Samen wird angekauft und die Besamung passiert künstlich. Es mag in dem Betrieb noch einen echten Eber geben, doch dessen Funktion ist nicht der Natursprung, sondern er dient zum Stimulieren der Sauen.

Zu Beginn der wissenschaftlichen Züchtung durch staatliche Grundlagenforschung und private Rassenvermarktung gegen

Ende der 1950er-Jahre war die gesamte Schweinewirtschaft noch eine reine Binnenangelegenheit: Es ging um die Versorgung des Binnenmarktes mit mehr und preiswertem Schweinefleisch. Die Rassen waren lokal. Das blieb auch so bis in die 1990er-Jahre. Erst dann kam der internationale Handel mit genetischem Material auf, sowohl über den Atlantik als auch nach Asien. Gehandelt wurde mit lebenden Zuchtsauen reiner Rassen für die Kreuzungszüchtung anderswo. Dazu wurden Tiere der Großeltern- oder Urgroßelterngeneration eingeführt beziehungsweise exportiert, deren Nachkommen dann in Lizenz vermehrt wurden und im Importland die Grundlage für die Ferkelerzeugung bildeten. Erst später kam dann auch der Handel mit Samen, Embryos und anderem biotechnischem Material auf, wie zum Beispiel Zellen und Genen.[29] In der Nutztierzüchtung werden zwar verschiedene gentechnische Verfahren eingesetzt. Bisher sind jedoch noch keine gentechnisch veränderten Schweine erzeugt worden, die im Lebensmittelbereich praktische Anwendung finden könnten.

Das »kommunistische« Schwein im Niedergang

Im wissenschaftlich-technischen Zentrum (WTZ) Ruhlsdorf bei Teltow entwickelte der DDR-Wissenschaftler Günther Nitsche die Schweinelinie 250, eine in der DDR berühmte Leicoma-Schweinerasse, benannt nach den beteiligten WTZs in Leipzig, Cottbus und Magdeburg. Die Anteile der Ausgangsrassen setzen sich zu 43 Prozent aus der Deutschen Landrasse und der Niederländischen Landrasse, zu 46 Prozent aus Duroc, zu 6 Prozent aus dem Estnischen Speckschwein und zu 5 Prozent aus dem Deutschen Sattelschwein zusammen. Das Leicoma-Schwein zeichnete sich aus durch seine fruchtbare Mutterlinie, Sauen mit guter Milch- und Ferkelproduktion, sorgsames Mutterverhalten und einen günstigen intramuskulären Fettgehalt. Man sagt dem Tier eine besondere Sanftmut und Gelassenheit nach. Ferkelverluste gibt es kaum.

Nach der Wiedervereinigung geriet die Rasse ins Abseits. Glücklicherweise hatte das Institut für Nutztiergenetik in Mariensee noch einige Portionen tiefgefrorenen Spermas vorrätig. Sieben Züchter blieben dem Leicoma-Schwein treu und belegten verbliebene Zuchtsauen mit dem Samen. Trotz allem setzte die Bundesanstalt für Landwirtschaft und Ernährung (BLE) das Leicoma-Schwein 2015 auf die Liste der bedrohten Schweinerassen. Auch in Westdeutschland arbeiteten einige biologisch-dynamische Landwirte mit Leicoma-Schweinen.

Nach den Gründen des Niedergangs der Rasse befragt, gibt Dr. Frank Münch (Amt für Landwirtschaft, Flurneuordnung und Forsten in Anhalt, Dessau) an, dass die Maske Leicoma-blütiger Mastschweine nicht dem Standard entsprach, den die deutschen Schlachthöfe nach der Wende forderten. »Viele Schweinehalter stiegen darum auf große Zuchtunternehmen, sogenannte «Global Player», um, weil die einfach mehr Geld erbrachten.«[30]

Obwohl es auch leistungsfähige Zuchtunternehmen in Asien gibt, wie zum Beispiel in Thailand, auf den Philippinen und in China, die auf den heimischen Märkten eine große Bedeutung erlangten, sind es vor allem europäische und nordamerikanische Zuchtkonzerne, die heutzutage den internationalen Handel der züchterischen Genetik beherrschen. Interessant ist also die Tatsache, dass nicht die historischen Ursprungsländer heute die Hauptexporteure der modernen genetischen Ressourcen sind, sondern Europa und die USA. Alle modernen Zuchttiere, die heute auch von Europa nach China exportiert werden, tragen gewisse Gene einer chinesischen Schweinerasse in sich, die Mitte des 19. Jahrhunderts nach Europa eingeführt wurde und dann Grundlage aller weiteren gezüchteten Haustierrassen wurde. Obwohl heute die meisten Schweine in Asien gehalten werden, ist also keine der gewerblichen Top-21-Rassen, direkten asiatischen Ursprungs. Asiatische Gene haben zwar historisch zu den dominierenden Rassen mächtig beigetragen, spielen aber aktuell in der modernen Züchtung keine wichtige Rolle.

Die weltweit am meisten genutzten Rassen, deren Vermehrung auf internationalem Zuchthandel basiert, sind nur fünf: Large

White (verbreitet in 117 Länder), Duroc (in 93 Ländern), Landrasse (in 91 Ländern), Hampshire (in 54 Ländern) und Píetrain (in 35 Ländern).[31] Die Zuchtunternehmen, die international agieren, benötigen unbedingt Kooperationen mit nationalen Firmen, die in ihrem Auftrag im Importland die Vermehrung vornehmen und vertreiben. Damit die Ferkelerzeuger an die Zuchtunternehmen gebunden sind, wird ihnen die Vermehrung der reinen Rasse vertraglich untersagt. Der Export der Reinrassen erfolgt deshalb meist auch mit einem Betreuungsvertrag, der die Supervision des Kreuzungsprozesses durch die Firma des Exporteurs regelt. Der Besitzer der Rasse behält sich dabei das Recht vor, die Bücher über die Kreuzungserfolge zu überprüfen und verlangt eine Patentgebühr (Royalty) für die Nutzung des Genmaterials.[32] Wie beim Huhn setzte sich auch beim Schwein die Hybridzüchtung durch. Im Gegensatz zum Huhn allerdings basieren Hybridschweine nicht auf dem Heterosiseffekt[33], also nicht auf der Kreuzung zweier Inzuchtlinien.

Inzuchtlinien werden in der Schweinezucht jedoch nicht verwendet, da das Schwein nicht ausreichend tolerant gegen Inzuchtschäden ist. Die genetische Distanz zwischen den Rassen ist aber ausreichend groß, um durch Kreuzung verschiedener Rassen erhebliche ökonomische Vorteile zu erzielen. Der Nachteil davon ist allerdings, dass die züchterische Leistung des Zuchtunternehmens von anderen Firmen kopiert oder von Landwirten und Landwirtinnen heimlich reproduziert werden könnte, ohne für die Weiterverwendung der genetischen Eigenschaften Lizenzgebühren zu zahlen. Um dies zu verhindern, müssen Landwirte und Landwirtinnen von Generation zu Generation der Hybridsauen für das Recht, ihre eigene Nachzucht zu verwenden, Lizenzgebühren zahlen. Deshalb ist bei Hybridsauen eine aufwendige vertragliche Regelung mit Betriebsüberprüfung durch die Vertretung des internationalen Zuchtunternehmens notwendig.

Noch gibt es viele mittelständische Schweinezuchtfirmen in Europa und Asien, aber ihre Zahl sinkt beständig. Es werden nur zwei bis drei große übrig bleiben.[34]

Moderne Schweinebehausung: The same procedure as everywhere

Der technologische Wandel in der Schweinewirtschaft war atemberaubend. Noch vor 20 Jahren zählte in Deutschland ein Maststall mit 400 Schweinen und ein Ferkelerzeuger mit 80 Muttersauen als solider Haupterwerbsbetrieb. Heute wäre das eher ein kleiner Betrieb, der allenfalls im Neben- oder Zuerwerb in Mitteleuropa existieren könnte. Die Zahlen für die Muttersauenhaltung gehen heutzutage in die Hunderte, für die Mastschweinehaltung sogar in die Tausende. Diese Entwicklung wurde möglich, weil der Fortschritt beim Bau von Stallanlagen mit ihrer dazugehörigen Technik – beispielsweise die Kontrolle des Stallklimas, Hygiene, die automatische Fütterung, die Wasserversorgung, die Güllewirtschaft, das Herdenmanagement und die Logistik – es zulassen, dass wenige Personen mit einem Riesenbestand an Schweinen zurechtkommen können. Solche gemanagten Prozesse sind nur möglich durch uniforme Verfahren und Methoden, homogenes[35] Tiermaterial, genormte Technik und bezahlbaren Zugang zu ihr, das bedeutet Massenanfertigung, ein globaler Vertrieb und einheitliche Produktionsstandards.

Die technische Entwicklung in der Tierhaltung nimmt einen geradlinigen Verlauf: Die Betriebsführung wandelt sich von einer Hinterhofhaltung (die in einem Mischbetrieb mit Ackerbau und Viehhaltung stattfindet, fast ausschließlich auf Familienarbeitskräften beruht und nur betriebseigenes Futter füttert) zu einem Unternehmen, das spezialisiert und durchkommerzialisiert ist, das sich total am Markt orientiert, Lohnarbeit einsetzt, mit Krediten wirtschaftet, fast alle Betriebsmittel zukauft und uniforme Produkte mit vorgegebenen Qualitätseigenschaften herstellt. Da die Märkte für Technologien, Managementsysteme, Betriebsmittel, Zuchtmaterial, tierpharmazeutische Präparate und Fleischprodukte globalisiert sind, funktioniert auch die internationale Beschaffung in dem großbetrieblichen Segment mehr oder weniger reibungslos. Für Kleinerzeuger allerdings entstehen erhebliche sogenannte Transaktionskosten in Form von Zugangsbarrieren zu Informationen und Wissen, Hemmnisse durch Marktmacht, Auflagen, unerfüllbare Standards und Finanzierungschwierigkeit von Anschaffungen.

Um mitzuhalten, müssen Landwirte und Landwirtinnen viel Kapital in die Anlagen (Gebäude, Technik), die Herde und die Abläufe stecken. Für eine Arbeitskraft in einer modernen Schweinehaltung muss rund eine Million US-Dollar investiert werden. Die gewählte Schweinerasse ist mit dem ganzen Ablauf abzustimmen, um den Prozess störungsfrei in Gang zu halten und die nötige Produktivität zu erzielen. Um die Vorgänge zu automatisieren, wie beispielsweise die Rausche zeitlich zu planen, die künstliche Befruchtung vorzunehmen oder den Geburtsvorgang zu überwachen, müssen die Rassen homogene Eigenschaften aufweisen. Die gleiche Anforderung an die Rassenhomogenität des Tierkörpers wird dann auch für den Schlachtvorgang in den Fabriken verlangt. Das Tier muss also an die automatisierten Vorgänge angepasst sein.

Eine wichtige Innovation, um automatisierte Prozesse zu erreichen, war die separate Haltung der Tiere in den unterschiedlichen Phasen der Entwicklung, quasi der Fleischwerdung. Die verschiedenen Abläufe im Stall werden dabei in getrennten Bereichen beziehungsweise Betrieben vorgenommen: es gibt zum Beispiel die Sauenhaltung mit Deckzentrum, den Abferkelstall, die Kleinferkelstation, das Zentrum der Jungtiere, den Anmaststall für die jüngeren Masttiere, das Endmastzentrum und die Verladeeinrichtungen. Diese Stufenseparierung hat eine enorme Bedeutung für die Kontrolle von Krankheiten und Seuchen durch Impfung, medikamentöse Behandlung oder kontinuierliche Desinfektion der unterschiedlichen Sektionen. Gleichzeitig können Betriebsgrößenvorteile durch die Automatisierung der Fütterung ausgenutzt werden. Gezielt altersgerechte Futterrationen in einer abgestimmten Menge lassen sich so außerdem leichter verabreichen. Der ganze Betriebsablauf wird dabei elektronisch überwacht und gesteuert.

Dieses Modell des Betriebsmanagements, der Technik und des Anlagenbaus sieht bei der modernen Schweinehaltung in zum Beispiel Thailand, China oder Vietnam nicht anders aus als in Europa oder den USA. Die Anlagentechnologie wird – wie bei den Zuchtrassen – global übertragen, auch wenn die orchestrierenden Firmen selbst nicht unbedingt global operieren, sondern durch nationale Unternehmen agieren. Je marktgängiger eine Innovation ist, das heißt, wenn die Technologie von der Privatwirtschaft betrieben und besessen wird, und wenn die Technik sich gewinnbringend verkaufen lässt, desto schneller wird sie sich international verbreiten.

Die Technik des Systems moderner Stallanlagen kann leicht kopiert werden und ist global leicht von Land zu Land zu übertragen, technisch gut durchdacht und deshalb lokalen Lösungen überlegen. Die industriellen Schweinehaltungsanlagen werden überall auf der Welt voneinander kopiert und gleichen sich weitgehend. Vielleicht verlangen die unterschiedlichen klimatischen Bedingungen in den Tropen und die in den gemäßigten Klimazonen besondere Dachabdeckungen. Oder die einzelnen Stallelemente werden ein wenig anders arrangiert. Doch hierfür gibt es einfache Lösungen, die den Technologietransfer anpassungsfähig machen.

Ein besonderes Gewicht kommt der internationalen Übertragung von digitaler Stallüberwachung, Datenerfassung und -verarbeitung zu. Je größer die Schweinebestände werden, desto wichtiger wird die elektronische Stalltechnologie. Die Tiere mit ihrem Fressverhalten, Stressanzeichen, Schmerzsymptomen und ihrer sozialen Interaktion werden 24 Stunden am Tag von Sensoren beobachtet und jede Abweichung vom Normalverhalten wird angezeigt. Diese Daten dienen der Stallaufsicht dazu, das Herdenmanagement zu optimieren, um frühzeitig auf aufkommende Probleme aufmerksam zu werden. Voraussetzung ist eine elektronische Einzeltierkennzeichnung, programmierte elektronische Ohrmarken und eine webbasierte Nutzung von IT-Funktionen.

Die Anwendung von KI (Künstliche Intelligenz) in der Stallhaltung ist allerdings noch nicht weit gediehen. Die großen Firmen, die in diesem Bereich tätig sind, sind vor allem die Stallbauunternehmen Big Dutchman, AlfaLaval, Roxell und Texas Instruments. Die Protagonisten kommen aus dem Bereich Tieridentifikation mit Transpondertechnik und bieten hiervon abgeleitet ganze Managementsysteme an. Gemein ist allen der Big-Data-Ansatz im Stall, dass die Daten in der Cloud des jeweiligen Anbieters gespeichert werden und die Lieferunternehmen der Technik sich das Recht vorbehalten, darauf zuzugreifen. Natürlich wird immer in den Vordergrund gestellt, dass damit das Tierwohl verbessert werden kann, weil man dem individuellen Tier selbst in der Massentierhaltung gerecht werden kann. Diese Technik ist aber nur in großen (und immer noch größeren) Beständen bei gleichzeitiger Reduzierung der direkten Mensch-Tier-Interaktion interessant und wirtschaftlich, worunter das Tierwohl meistens eher leidet.

Allerdings weichen die Umwelt- und Tierhaltungsstandards zwischen Ländern erheblich voneinander ab (siehe Kapitel 9). Da Massentierhaltung notwendigerweise zu den gleichen Umwelt- und Tierwohlproblemen führt, egal wo auf der Erde, und auch die Enge der Ställe die gleichen physischen und psychischen Stresssymptome verursacht, haben unterschiedlich hohe Standards in allen Ländern erhebliche Auswirkungen auf die Art der Haltung. So ist in Europa die Genehmigung für den Bau von gigantischen mehrstöckigen Schweinehochhäusern kaum denkbar, anders als in China, wo sich viele entsprechende Anlagen im Bau und Einsatz befinden. Eines dieser Stallhochhäuser, das später noch näher beschrieben wird (siehe Kapitel 8), ist beispielsweise für eine Kapazität von 150.000 Mastschweinen jährlich ausgelegt. Diese Anlage wird von dem zweitgrößten Tier-Anlagenbauer der Welt gebaut, der US-Firma Hog Slat aus Georgia. Eine solche Anlage mit so laxen Umweltauflagen wäre selbst in den USA nicht denkbar. Es zeigt sich allerdings auch, dass sich ansonsten die Bedingungen der Unterbringung von Schweinen in modernen Ställen in den Niedrig- und Mitteleinkommensländer kaum von denen in den Industrieländern unterscheiden, besonders in Bezug auf die Bestandsdichte.[36]

Der Technologietransfer beschränkt sich nicht nur auf den engen Bereich der Schweinehaltung rund um die Anlagen. Das ganze Wirtschaftssystem »Fleisch« nähert sich einander an. Es geht um große Stückzahlen, vertikal integrierte Prozesse (enge Koordination über verschiedene Fertigungsstufen hinaus), die Einbindung in Liefer- und Wertschöpfungsketten, effiziente Abläufe, global funktionierende Zulieferungen, internationalen Austausch von Wissen über Technik und Produkte oder um Massenproduktion für Massenmärkte. Ob Entwicklungsland, Schwellenland oder Industrieland macht da keinen Unterschied. Es gibt nur noch ein »globales Schwein«. Auch die industrielle Schlachttechnologie unterscheidet sich kaum voneinander: die Betäubungsmethode, die fließbandartige Aufhängung der Körper am Schlachthaken, das Ausbluten, die Zerlegung des Schlachtkörpers mithilfe exakter Lasertechnik, die automatische Zerteilung in Zerlegelinien oder die separate Behandlung der Innereien, Fleischnebenprodukte und anderer spezieller Fleisch- und Speckteile; das passiert zumeist in der Horizontale am Fließband. Danach gehen die Schweinehälften oder -viertel in die Fleischverarbeitung. Das kann entweder noch innerhalb des Schlachtbetriebs passieren, in speziellen Fleisch- und Wurstwerken oder in handwerklichen Metzgereien.

Die weltgrößten Anlagenbauer für Schweineställe

Der größte Konzern für Schweinestalltechnik ist die **Big Dutchman** AG aus Vechta/Calveslage, Niedersachsen. Ihr Jahresumsatz beträgt eine Milliarde US-Dollar. Die Firma beschäftigt weltweit 3.500 Mitarbeiter und ist in mehr als 100 Ländern vertreten. Sie wurde 1938 gegründet. Neben Fütterungsanlagen und Stalleinrichtungen gehören auch Software, Klimasysteme sowie Lösungen zur Abluftreinigung und Reststoffverwertung zum Produktangebot. Das Unternehmen bietet Dienstleistungen zur Erstellung vollintegrierter Agrarbetriebe.

Das US-Familienunternehmen **Hog Slat Inc.** aus Georgia wurde 1962 gegründet. Es stellt alle denkbaren Ausrüstungsgegenstände für die Schweinehaltung her, jede nur verfügbare Stalltechnik, vertreibt sie international, plant Anlagenbau und führt schlüsselfertige Stallbauten mit den dazugehörigen Installationen durch. Die produzierten Stalleinrichtungen haben Kapazität für 900.000 Sauen pro Jahr. Außerdem hält die Firma selbst 500.000 Schweine pro Jahr in den USA. Sie operiert in vielen Ländern von Zentral- und Südamerika, in Europa, Korea, Japan, China und Kanada. Sie beschäftigt 1.200 Mitarbeiter und erzielt einen Jahresumsatz von 750 Millionen US-Dollar.

Das Unternehmen **CTB Inc.** hat einen Jahresumsatz von einer Milliarde US-Dollar. Sie wurde 1952 gegründet und besitzt 46 Produktionsstätten, verteilt über die ganze Welt. Sie stellt sich vor mit dem Satz: »Helping to feed a hungry World«. Die Firma Roxell aus Belgien wurde von ihr übernommen. Roxell ist führend in digitalen Lösungen des Stallmanagements, vor allem RFID-Techniken (Transponder- und Identifizierungstechnik).

Erst bei den Fleischprodukten setzen regionale Unterschiede ein: Welche Fleischteile die Konsumenten und Konsumentinnen bevorzugen, welche Produkte mit welchen Rezepten der Markt verlangt, ob ein funktionierendes Metzgerhandwerk überhaupt existiert oder was frisch oder weiterverarbeitet, verpackt, mariniert, angebraten oder konserviert angeboten wird. Jede Wertschöpfungskette wird durch die dominante Rolle einer oder mehrerer Firmen zusammengehalten (der sogenannte Integrator). Unterschiedlich ist allerdings, welche Branche beziehungsweise Firma die Rolle des Integrators einnimmt. Davon können Spezifika einer Wertschöpfungskette beeinflusst werden, etwa Zeitvorgaben und Prozedere der Anlieferung. In einigen Ländern war es die Futtermittelindustrie, in anderen waren es die Züchterfirmen, die Schlachthäuser oder die verarbeitenden Fleischfabriken. In den USA beispielsweise spielen die Fast-Food-Konzerne eine große Rolle, die oft mit dem Fleischkomplex zusammenwirken, wie zum Beispiel im Fall von Tyson Foods und McDonald's. In so einem Fall liegt der Schwerpunkt der Kette auf der Erzeugung von billigem Massenfleisch, weil das meiste sowieso nur zu Gehacktem verarbeitet wird. Das bestimmt dann die Kette aufwärts bis hin zur Zucht und Fütterung. Der Integrator wird sicherstellen, dass seine Produkte in der Wertschöpfungskette eine strategische Rolle spielen und Technologien zum Einsatz kommen, die sich den Anforderungen des Integrators anpassen, etwa dass er die Anwendung von Maschinen einer Schwesterfirma erzwingt.

Auch die tierpharmazeutische Industrie kann als Integrator tätig sein, denn je größer die Bestände in den Ställen, desto heikler wird das Hygienekonzept. Hier spielen biologische Präparate, Futterzusatzstoffe, Desinfektionsmittel, Tiermedizin, Antibiotika und Infektionsschutzmittel gegen Parasiten eine zentrale Rolle (siehe Kapitel 10). Tierarzneimittel werden entwickelt und vertrieben von großen internationalen pharmazeutischen Konzernen, oft zur systematischen Korrektur bekannter genetischer Schwächen einer Rasse. Dann werden Rasse und eine medikamentöse Unterstützung zum Beispiel des Kreislaufes als Paketlösung vermarktet. Die Arzneimittelkonzerne haben meist ein exklusives Recht ihre Produkte zu verkaufen, weil die Mittel unter Patentrechtsschutz stehen. Es sei denn, das Patent ist nach 20 Jahren ausgelaufen. Dann gibt es meist auch billigere Generika am Markt und die globale Abhängigkeit lässt nach.

Mit der zunehmenden Globalisierung der Produktion, der Betriebsmittel und dem Zugang zu neuen und effizienteren Technologien wächst auch in den asiatischen Ländern die industrialisierte Schweinehaltung. Die Effizienz der Produktion nimmt also zu, aber gleichzeitig wächst mit der Globalisierung auch die Konkurrenz zwischen den inländischen Produkten und Importen. Die Chancen, die einheimische Schweinewirtschaft vor Billigimporten durch Zölle und Handelshemmnisse zu schützen, schwindet ebenfalls mit dem zunehmenden Grad der Globalisierung; bilaterale Freihandelsverträge und das multilaterale Regelwerk der WTO setzen der Ernährungssouveränität Grenzen (siehe Kapitel 5).

Der Zugang zu neuen und verbesserten Technologien – in der Regel importierten, die unter starkem Einfluss des Integrators stehen und mit massiver Unterstützung durch den Nationalstaat eingeführt werden –, führt dazu, dass mehr und mehr Bauern und Bäuerinnen ihre Produktionsmethoden ändern. Außerlandwirtschaftliches Kapital dringt damit in die Wertschöpfungsketten ein.

Die Hinterhofhaltung und integrierte agronomische und agroökologische Agrarsysteme kommen so unter Änderungsdruck. Die wichtige Rolle der Familienarbeitskräfte und die betriebseigene Futterproduktion werden weitgehend aufgegeben zugunsten einer spezialisierten, marktorientierten Agrarbetriebswirtschaft, in der Lohnarbeit eingesetzt wird, Kredite aufgenommen und nur noch zugekaufte Betriebs- und Futtermittel verwendet werden. Es wird fertig gemischtes Kraftfutter eingesetzt, mit Herkunft vom Weltmarkt.

Eine eigenständige, nationale Schweinewirtschaft wird es kaum noch geben. Nationale Forschungs- und Entwicklungsprogramme verlieren ihre Bedeutung, denn es kommt sowieso alles von außen und der globale technische Fortschritt verbreitet sich automatisch und in Windeseile. Das passiert besonders in Ländern, die ihre Agrarmärkte weitgehend liberalisiert haben und auf einen freien internationalen Agrarhandel setzen. Die technischen Neuerungen werden durch nationale, vertraglich gebundene Kooperationspartnerfirmen multinationaler Konzerne vertrieben. Die technische Hilfe und der Wissenstransfer geschehen mit dem Absatz der kommerziellen Betriebsmittel am Markt. Beratung und Schulung der Bauern und Bäuerinnen passiert dann durch die Futtermittelfirmen, die Zuchtverbände, die Schlachthäuser, die Veterinäre, alle primär daran interessiert ihren Produkten Absatz zu beschaffen.

Eine Verbesserung der Tierhaltung in ökologisch schwierigen Regionen und unter Armutsbedingungen ist eine wissensintensive Anstrengung und interveniert tief in die gesellschaftlichen und kulturellen Grundlagen einer Gesellschaft. Die Techniken, die der modernen Schweinehaltung zur Verfügung stehen, sind für arme Gesellschaften nicht gut geeignet. Nach Einschätzung des großen Assessments zur Weltagarfrage IAASTD[37] waren die einzigen Bemühungen, die für die Hinterhofhaltung gut funktioniert haben, internationale Impfkampagnen. Auch das tropische Standardwerk zur Tierhaltung in den Tropen bestätigt, »dass die künstliche Stimulation von aktiver Immunität gegenüber infektiösen Erkrankungen (also die Impfung) eine der mächtigsten Waffen sei um die Gesundheit von Herden zu erhalten«.[38] Rinderpest und Newcastle (bei Geflügel) konnten zum Beispiel fast völlig eliminiert werden. Bei den Schweinen hat sich die PCV2-Impfung zur Immunisierung der Ferkel und Sauen gegen den Porcine Circovirus Typ 2 sehr bewährt.[39] Der Erfolg hängt stark mit den Bemühungen der Kampagnen und dem hohen gesellschaftlichen Verständnis für die Belange der Betroffenen zusammen. Andere groß angelegte Modernisierungskampagnen wurden einfach zu sehr von oben herab durchgeführt. Dabei wurde nicht genug Rücksicht auf die Verhältnisse der armen Leute genommen, denn die meisten Modernisierungsansätze hatten einen zu starken technischen Ansatz.

Das Schwein frisst Welten

Der renommierte Agrarwissenschaftler Lester Brown, ehemaliger Direktor des angesehenen Worldwatch Instituts in Washington, veröffentlichte 1995 ein kleines Büchlein mit dem Titel *Who will Feed China – Wake-up Call for a Small Planet.* Das Buch machte Furore, denn es versuchte zu bestimmen, was in der Weltagrarwirtschaft in 20 Jahren passieren würde, wenn sich ein Gigant wie China mit 1,4 Milliarden Einwohner*innen wirtschaftlich im berechneten Maß weiterentwickeln würde. Die Prognose berechnete dabei den Nahrungsmittelbedarf, wenn die chinesische Bevölkerung mit steigendem Wohlstand auch nur ansatzweise die westlichen Ernährungsgewohnheiten übernehmen würde. Brown prognostizierte allein bei Futtergetreide riesige Importmengen, wenn die Chinesen und Chinesinnen ihren Konsum an Schweine-, Geflügelfleisch und Milchprodukten steigern würden. Die chinesische Eigenproduktion an Futtermitteln dagegen würde kaum steigen, weil die notwendige Industrialisierung viel Ackerland schlucken würde, was besonders im dicht besiedelten Osten des Landes der Fall wäre. Der steigende Ernährungsbedarf Chinas würde die Weltmärkte leerfegen, die internationalen Getreide- und Futtermittelpreise hochtreiben und in Konkurrenz zum Importbedarf vieler anderer Teilnehmer auf den Weltagrarmärkte treten.[40] Was ist jetzt, 27 Jahre nach der Prognose, davon eingetreten? Die phänomenale Wirtschaftsentwicklung Chinas ist Realität geworden, der Heißhunger der Chinesen hat sich bewahrheitet und der enorme Importbedarf der Chinesen an Tierfutter und Nahrungsmitteln entspricht in etwa Browns Berechnung. Die vorausgesagte Verknappung auf den Weltmärkten hat sich allerdings nicht eingestellt. Das ist wohl hauptsächlich der Tatsache geschuldet, dass in Lateinamerika riesige Flächen der Cerrado-Savanne und des Amazonas-Regenwalds in neu angelegte Ackerkulturen für Sojaexporte an China umgewandelt wurden. Aber auch der weltgrößte Sojaproduzent, die USA, sind an dem Soja- und Futtermittelgetreidehandel mit China beteiligt, jedoch weit weniger als Brasilien.

Strategisch ist beim globalen Schwein die Fütterung – neben der Genetik – das wichtigste Element im Maßnahmenbündel, das zur Ertragssteigerung führt. Das ergibt sich schon allein daraus, dass die Futtermittelkosten je nach Land rund 40 bis 70 Prozent der Gesamtkosten in der Schweinehaltung ausmachen. Aber es geht auch um weitaus mehr: Das Futter bestimmt die Gewichtszunahme, die Gesundheit der Tiere und die Fleischqualität. Die Zeiten des lokalen Schweins, dem alles Mögliche, was essbar erschien und für den menschlichen Konsum nicht geeignet war, als Futter vorgeworfen wurde, sind bei kommerziellen Schweinen vorbei. Die Hochleistungsrassen entwickeln nur dann ihre Fruchtbarkeit und den gewünschten Fleischertrag, wenn sie nach wissenschaftlichen Methoden gefüttert werden, und zwar differenziert je nach Wachstumsphase der Tiere (Ferkelaufzucht, Jungschweine, Muttersauen, Mastschweine), Futterration und Futterzeitpunkt.

Ein gemischter Landwirtschaftsbetrieb, der Ackerbau und Viehzucht betreibt, könnte sein eigenes Futter selber auf dem Hof nach vorgegebener Rezeptur mischen. Doch das erfordert erhebliche Investitionen in die Mischtechnik, Qualitätskontrolle und verlangt Managementwissen. Nur zu leicht weichen die Inhaltsstoffe von der Qualitätsnorm ab, kommen Unverträglichkeiten auf oder werden sogar über Komponenten Krankheiten eingeschleppt. Einige fortschrittliche Agrarbetriebe gehen deshalb den Weg des Eigenmischens (siehe Kapitel 6). Die industrielle Haltung des globalen

Schweins aber verlässt sich ganz auf fertig gemischtes Zukauffutter. Hier kommt natürlich die mächtige Futtermittelindustrie ins Spiel, dominiert von den Top Vier der multinationalen Getreidehändler: Bunge, Cargill, Archer Daniels Midland (ADM) und Louis Dreyfus.

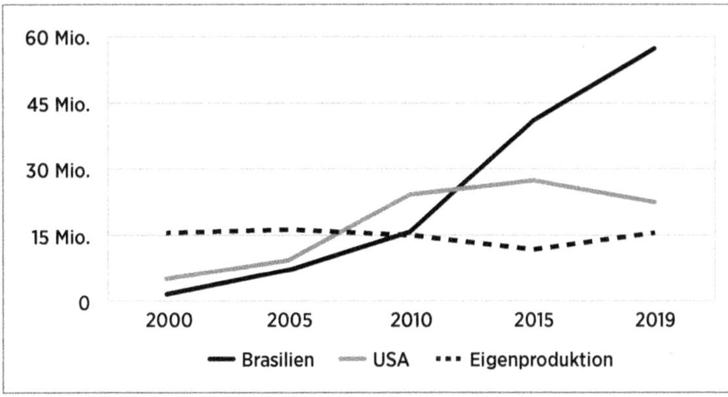

Abb. 11: Eigenproduktion und Sojaimporte Chinas nach Herkunftsländern (in Tonnen). Quelle: FAO, Faostat[41]

Auf einer Fläche ungefähr so groß wie Deutschland, wächst in Brasilien die Sojabohne, so gut wie gänzlich für den Export nach Südostasien und Europa bestimmt. Allein Chinas Sojaimporte entsprechen mit 98,1 Millionen Tonnen bei einem Durchschnittsertrag von rund 3,1 Tonnen pro Hektar in Brasilien einer Fläche, die doppelt so groß ist wie die gesamte Ackerbaufläche Deutschlands. Erst in den letzten 10 Jahren ist China in diesen Größenordnungen in eine Importabhängigkeit hineingewachsen (siehe Abb. 12). Die Ausdehnung der Produktion von Schweine- und Geflügelfleisch war seitdem nicht mehr mit eigenen Futtermittelressourcen Chinas zu bewerkstelligen. Die gigantischen, ackerbaulich angeblich »ungenutzten« Flächen Brasiliens, das Management und die Logistik multinationaler Getreidehandelsfirmen boten sich an, um in die Lücke zu springen. China aber überließ seine Versorgung nicht allein den westlichen Konzernen, sondern gründete seinen eigenen multinationalen Futtermittel-Handelskonzern COFCO.

2013 schloss COFCO zu den vier größten Futtermittelkonzernen auf und löste die Nummer vier als Hauptaufkäufer von brasilianischem Mais und Soja ab. Auf COFCO entfallen allein 45 Prozent aller brasilianischen Futtermittelexporte. Der Konzern macht einen Jahresumsatz von 64,6 Milliarden US-Dollar, ungefähr gleich viel wie drei der vier großen Firmen (bis auf Cargill, dessen Umsatz beträgt 120,4 Milliarden US-Dollar).War bisher die europäische Tierhaltung der Hauptkunde des brasilianischen Sojabooms und der sehr viel älteren US-Sojawirtschaft, mit rund 20 Millionen Tonnen jährlichem Importbedarf, stagnierte dieser Bedarf Europas über mehrere Dekaden hinweg. Schon 2003 überholte China die EU mit ihren benötigten Importmengen.[42]

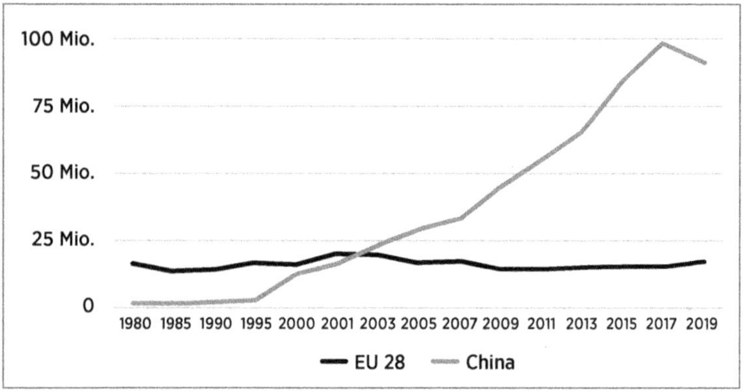

Abb. 12: Sojaimporte der EU und Chinas im Vergleich (in Tonnen)
Quelle: FAO, Faostat[43]

Das globale Schwein weidet in Mato Grosso

Der brasilianische Bundesstaat Mato Grosso umfasst rund 900.000 Quadratkilometer und ist damit 2,6-mal so groß wie die komplette Fläche Deutschlands. In dem Staat wohnen aber nur 3,2 Millionen Menschen, er ist sehr dünn besiedelt. Der größte Teil des Landes besteht aus der Cerrado-Savanne, aber der nördliche Teil geht über in die Wälder des Amazonas. Immer tiefer in den Wald frisst sich die Anbaufläche, während die Savanne längst unter Sojafeldern (Hauptanbaufrucht) verschwunden ist, teilweise im Fruchtwechsel mit Mais, Baumwolle und Reis. Vier der fünf größten Anbau-Produzenten von Soja in Brasilien haben hier ihre Betriebe.

Das größte davon ist das Unternehmen Bom Futuro im Besitz von Erai Maggi. Seine Unternehmensgruppe bewirtschaftet rund 530.000 Hektar. Neben Sojaanbau betreibt sie auch eine intensive Viehhaltung und Saatgutproduktion. Auf dem zweiten Platz liegt die SLC Agricola mit 448.500 Hektar. Danach kommt die Amaggi-Gruppe (258.000 Hektar), die der Familie Blairo Maggi, einem Cousin von Erai Maggi, gehört. Blairo Maggi war von 2003 bis 2010 Gouverneur von Mato Grosso und ab 2016 Agrarminister auf Bundesebene unter dem Präsidenten Michel Temer. Danach folgt die Scheffer-Gruppe mit 224.000 Hektar, die mit Soja und Mais groß geworden ist, doch dann auch in die Vieh- und Schweinezucht einstieg. An vierter Stelle folgt die Terra-Santa-Gruppe mit 133.300 Hektar Anbaufläche, die auch in anderen Bundesstaaten viel Land bewirtschaftet und mit 1,5 Millionen Hektar der größte Getreideanbauer des Landes ist.[44]

Ein gerade vom WWF veröffentlichter Bericht über die Abholzung des Tropenwaldes in Brasilien macht die EU-Importe zwischen 2005 und 2017 zu 16 Prozent dafür verantwortlich. Die Sojaimporte sind dabei die Hauptverursacher. Die chinesischen Importe überbieten die EU noch bezüglich ihrer waldzerstörenden Effekte, sie werden auf 24 Prozent geschätzt.[45]

Die strategisch wichtige Rolle, die die Sojabohne für die Fütterung des globalen Schweins spielt, ergibt sich aus dem hochwertigen Eiweißanteil der Sojabohne. Mit 40 Prozent gut verdaubarem Eiweißanteil der Trockenmasse besitzt sie damit in etwa die doppelte Menge wie andere Hülsenfrüchte, etwa Linsen oder Erbsen. Die Sojabohne wird entweder als Sojakuchen in der Tierhaltung eingesetzt, mit einem Restanteil an Öl, oder als Sojaschrot, das heißt in trockener, mehliger Form, wobei das Sojaöl gänzlich extrahiert ist. Da die Sojapflanze zum Gedeihen höhere Durchschnittstemperaturen braucht, viel Wasser in der Wachstumsperiode und völlige Trockenheit in der Reifezeit, ist sie eine ideale Frucht für subtropische, savannenartige Verhältnisse. Erst seit wenigen Jahren existieren auch Neuzüchtungen der Sojabohne, die Sojapflanzungen auch in einigen Regionen Europas zulassen, vor allem auf dem Balkan (die Sojapflanze wird von hier durch die Firma Donau-Soja vermarktet). Da brasilianische Soja einen politischen Beigeschmack für viele Verbraucher und Verbraucherinnen in Europa hat (Waldzerstörung, Gentechnikeinsatz, Menschenrechtsverletzungen auf den Plantagen, klimakritische Food-Milage), erscheint das Versprechen, dass einige Tiere nur mit Donau-Soja gefüttert wurden, als gute Alternative.

Mit Soja stößt man – ähnlich wie bei der Schweinezüchtung – auf ein Paradox: Die Sojapflanze kommt ursprünglich aus China und spielte dort traditionell eine große Rolle bei der Ernährung der Menschen. Heute allerdings kann der Eigenanbau nicht mehr mit der Nachfrage in China mithalten, und es müssen große Mengen an Soja aus Südamerika importiert werden, wo die Pflanze eigentlich gar nicht zu Hause ist. Ursprünglich war China selbst Sojaexporteur, wurde dann aber zum weltgrößten Importeur. Die chinesische Liberalisierung der Importe für Soja und Getreide ab den 1990er-Jahren (seit Eintritt Chinas in die Welthandelsorganisation) machte dies möglich. Doch nicht nur Soja wird von China als Futtermittel importiert. Auch 20 Prozent der weltweiten Fischfangmengen gehen als Fischmehl in die chinesische Schweinewirtschaft. Ebenso Futtermittelgetreide, besonders Mais.

Es ist keinesfalls gesagt, dass die riesigen Sojakulturen für den chinesischen Markt in Brasilien, Argentinien und Uruguay unhinterfragt bleiben. In Brasilien wurde diesbezüglich eine Debatte entfacht, die sich vor allem auf die ökologischen Folgen der Monokultur Soja bezieht: die Waldrodung, den Verlust an Biodiversität und Bodenfruchtbarkeit. Auch menschenrechtliche Fragen kommen zur Sprache, beispielsweise die Art der Landnahme, die mit der Verdrängung der indigenen Völker einherging. Besonders die Pestizidverseuchung der ansässigen Bevölkerung und Landarbeiter durch Agrarflieger und unfaire Praktiken der Landverdrängung sind in der Kritik.[46]

Doch China begnügt sich nicht nur mit Importen aus »zufällig« am Weltmarkt verfügbaren Futtermitteln. Offensiv sind die chinesischen Fleischkonzerne – die sogenannten »Drachenkopffirmen« (siehe Kapitel 8) – von der Politik aufgefordert, selbst im Ausland tätig zu werden und dort Land aufzutreiben, auf dem die künftige Versorgung Chinas mit Futter- und Nahrungsmitteln sichergestellt werden kann.

Farmlandgrab

Im November 2014 verkündete die chinesische Presse, dass das Investmentunternehmen CITIC rund 5 Milliarden US-Dollar in einen 500.000 Hektar Landankauf in Angola investieren wird und auf diesem Land Futtermittel für den chinesischen Bedarf anbauen will. Der Konzern betrieb schon vorher in Angola zwei 10.000 Hektar große Agrarunternehmen. Verhandlungen mit der Regierung von Angola über einen dritten Agrarbetrieb von 30.000 Hektar sind weit fortgeschritten. Die Ankündigung erfolgte zeitgleich mit dem Bekanntwerden der Nachricht, dass die zwei größten Agrarkonzerne Asiens, Itochu aus Japan und Charoen Pokphand (C.P.) aus Thailand, 20 Prozent der Anteile von CITIC für 10 Milliarden US-Dollar übernehmen.[47]

Nach der Dokumentation aller großen Landaneignungen, zusammengestellt von der spanischen Nichtregierungsorganisation GRAIN, sind zehn Fälle bis 2015 dokumentiert, in denen chinesische Firmen im Ausland große Flächen Ackerland aufgekauft oder langfristig gepachtet haben und auf denen Soja, Weizen oder Mais angebaut wird, zum überwiegenden Teil als Futtermittel. Die

Gesamtfläche dieser Auslandsprojekte beträgt rund eine Million Hektar. Viele dieser und anderer Landübernahmen befinden sich in Entwicklungsländern, insgesamt verteilt auf 23 Länder, darunter auch eine Reihe LDCs (Least Developed Countries), die selbst Probleme mit der Ernährungssicherung haben.[48] Die größten chinesischen Firmen des Agrobusiness sind an diesen Auslandsaktivitäten beteiligt, wie beispielsweise COFCO, WH-Group (Aufkäufer von Smithfield), New Hope Group (größter Futtermittelhersteller), Bright Foods oder CITIC.[49]

Auf diese Art und Weise wird sich der Heißhunger des erwachten Tierhaltungsriesen China noch lange unmittelbar auf die Agrarentwicklung und Ernährungssicherung anderer Länder auswirken. So hat der Weckruf von Lester Brown am Ende doch noch einen aktuellen Bezug.

Schweinefleisch auf Weltreise

Die Nachfrage nach Schweinefleisch in den Mittel- und Niedrigeinkommensländern wächst mit steigenden Einkommen – wie nach tierischen Produkten insgesamt. Während die Eigenproduktion in den meisten Ländern zwar auch wächst, kann sie dennoch kaum mit dem Nachfragenzuwachs mithalten. Gleichzeitig ist der Schweinefleischverbrauch in Europa leicht rückläufig, während dort durch den technischen Wandel die Produktion von Schweinefleisch und seine Verarbeitung stetig wächst. Die EU hat den Selbstversorgungsgrad von 100 Prozent also schon lange überwunden und produziert nun Überschüsse an Schweinefleisch, die exportiert werden müssen. Das setzt einen globalen »Fluss« an Fleischprodukten in Gang, der von West nach Ost geht, von Europa vor allem nach Ost- und Südostasien und nach Russland, es gibt aber auch kleinere Ströme nach Afrika; neuerdings mischen auch Brasilien[50], Mexiko, die USA, Kanada und sogar Russland als Schweineexporteure in diesem Handel mit.[51] Bis 2019 war Deutschland der größte Exporteur nach China mit 500.000 Tonnen Schweinefleisch, wurde dann aber 2019 überraschend von den USA mit

775.000 Tonnen überholt. 2020 überholte Spanien Deutschland als Chinaexporteur, nach dem Ausbruch der Afrikanischen Schweinepest in Ostdeutschland 2019.

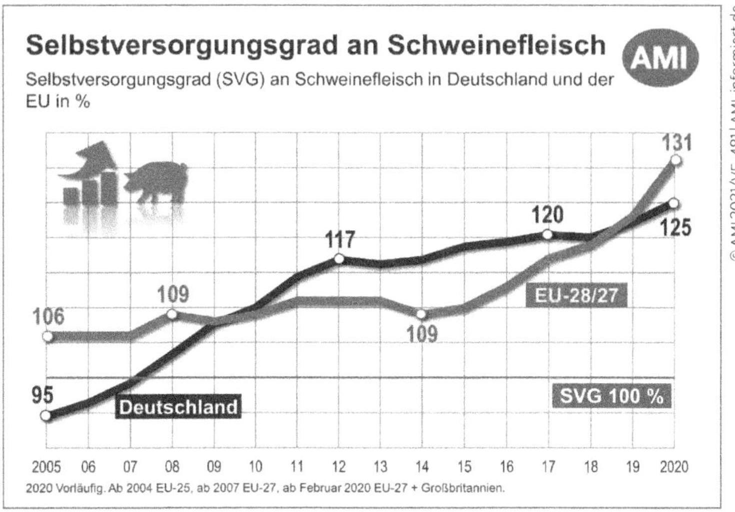

Abb. 13: Selbstversorgungsgrad an Schweinefleisch
Quelle: AMI nach LWK Niedersachsen

Russland fiel als Importeur von deutschem Schweinefleisch nach dem Boykott durch die EU wegen der Krim-Invasion praktisch aus. Die gestiegenen Importe der vier asiatischen Länder China, Vietnam, Japan und Hongkong haben diese Importausfälle in etwa ausgeglichen. Sie nehmen jetzt 62 Prozent aller Schweinefleischexporte der Welt auf, China allein 45 Prozent. Als neues Importland für EU-Schweinefleisch sind die Philippinen hinzugekommen. Von allen EU-Ländern war Deutschland bis 2017 auch der EU-Exportmeister in Bezug auf Exporte in Nicht-EU-Länder, mit 25,2 Prozent aller EU-Schweinefleischexporte.[52] Begünstigt wurde diese Entwicklung durch den Ausbruch der Afrikanischen Schweinepest (ASP) in China, Vietnam und den Philippinen in den Jahren 2019/20. Die Pest führte zu einer mächtigen Verstärkung des Warenflusses, denn eine riesige Anzahl von Schweinen starb in den Ländern entweder an der Pest selbst oder sie mussten zur Eindämmung der Pest »gekeult«[53] werden. In China ging die eigene Schweinefleischproduktion daraufhin um 40 Prozent innerhalb eines Jahres zurück. Für die westlichen Schweinewirtschaften war ein »Goldrausch« ausgebrochen. Die gesamten Fleischimporte Chinas stiegen in dem einen Jahr um 44 Prozent.

Doch die Freude ließ bald nach, als die ersten verendeten Wildschweine an der deutsch-polnischen Grenze gefunden wurden und Deutschland selbst unter ASP-Verdacht geriet. China stoppte alle Schweinefleischimporte aus Deutschland, sehr zur Freude der spanischen Schweinewirtschaft, die gerne in die Bresche sprang und das Exportgeschäft übernahm. Dann begann Mitte 2020 das Wiederaufbauprogramm der Schweinehaltung in China. Rigoros wurden neue Ställe aus dem Boden gestampft. Ein gigantischer Bedarf Chinas nach Zuchtmaterial und Ferkeln setzte ein, ein Segen für die westlichen Schweinezuchtkonzerne. Doch es wurde schnell klar, dass diese Absatzfreude nicht lange anhalten konnte, denn die chinesische Schweinewirtschaft wird innerhalb weniger Jahre die Schweineverluste wieder aufgeholt haben – eine fast unvorstellbare Kraftleistung, die natürlich auch mit einem Rückgang der Importe verbunden sein wird. Mehr noch: China setzt jetzt auf eine hundertprozentige Selbstversorgung bis 2023, das heißt, der bisherige Warenstrom von rund 500.000 Tonnen deutschen Schweinefleisches nach China ist wahrscheinlich bald Geschichte. Auf den internationalen Märkten sanken auf diese Ankündigung hin die Preise von 2019 auf 2020 um 13,7 Prozent und näherten sich einem nie dagewesenen Tief.[54] Die europäische Fleischwirtschaft versucht sich nun mit der Hoffnung zu trösten, dass die zukünftigen Märkte in Vietnam, Philippinen, Korea, Indonesien (obwohl mehrheitlich muslimisch) und anderswo liegen werden (z. B. Afrika).

Betrachtet man den Markt für Schweinefleisch differenzierter, fällt auf, dass die europäische Binnennachfrage – und damit auch die Verkaufspreise – nach den verschiedenen Fleischteilen des Schweins sehr unterschiedlich ausfällt. Zahlten die deutschen Schlachthöfe beispielsweise 2018 durchschnittlich 1,30 Euro pro Kilogramm Schlachtkörper an die Erzeuger, erzielen sie beim Verkauf für die besseren Fleischteile wie Rückensteak, Lende/Filet oder Nacken einen etwa fünffach höheren Preis am Markt. Für andere Körperteile dagegen, die von den anspruchsvollen Europäern weniger geschätzt werden, liegen die Preise weit darunter, wie zum Beispiel für Bein (Haxe), Bauch, Rückenpartie, Backe, Schwanz, Innereien oder Leber (siehe Kapitel 4).

Die Nachfrage nach den besseren Partien ist so groß, dass die Fleischwirtschaft eine übermäßige Anzahl von Schweinen abnehmen könnte. Doch dann gibt es große Mengen an weniger wertvollen Fleischpartien und Schlachtnebenprodukten, die man nicht oder nur dann wieder loswird, wenn die Schlachthäuser die Preise erheblich senken würden. So hat Deutschland in kürzester Zeit einen Selbstversorgungsgrad an Schweinefleisch von insgesamt 120 Prozent erreicht, obwohl dieser noch 1995 bei nur 77 Prozent lag. Viele Teile des Schweins müssen exportiert werden, weil für sie der Inlandsbedarf fehlt. Die Nachfrage nach den wertvollsten Fleischteilen kann das Jahr über aber nur zu 70 Prozent befriedigt werden. Die Konsummuster der Deutschen (und anderer europäischer Staaten) hat die Schweinewirtschaft quasi in den Export hineingetrieben, so die Version der Fleischwirtschaft. Obwohl Deutschland ein großer Schweinefleischexporteur geworden ist, weist die Schweinewirtschaft die Aussage, sie sei exportorientiert, zurück. Allerdings kann nicht bestritten werden, dass es wegen des Ungleichgewichts von Produktion und Binnennachfrage einen Exportzwang aus Europa gibt. Doch darüber hinaus haben einige der Mitgliedsstaaten der EU ihre Schweinewirtschaft voll auf den Export gegründet, wie Dänemark (vor allem von Ferkeln), Spanien, die Niederlande oder Polen.

Nun fügt es sich zufällig, dass die bei uns nicht so geschätzten Teile des Schweins in China, Vietnam und den Philippinen – aber auch in Teilen Afrikas – hochgeschätzt sind, wie beispielsweise die Beine, Ohren, Schwänze, Speck oder Kopf, und dort erhebliche Verkaufspreise erzielen. Diese Schlachtnebenprodukte gehen zu

60 Prozent in sogenannte Drittländer, also Länder außerhalb der EU; 620.000 Tonnen machte das aus, davon allein 175.000 Tonnen Schlachtnebenproduktexporte nach China. Der Export von Wurstwaren in Drittländer ist unbedeutend.[55] Würde allerdings diese Nachfrage wegfallen, verlöre die europäische Fleischwirtschaft einen strategisch wichtigen und höchst lukrativen komplementären Markt, der für die europäischen Erzeuger und vor allem die Schlachthauskonzerne zu empfindlichen Einkommenseinbußen führen würde. Die auf Überschussproduktion getrimmte europäische Schweinewirtschaft würde ins Schlingern geraten.

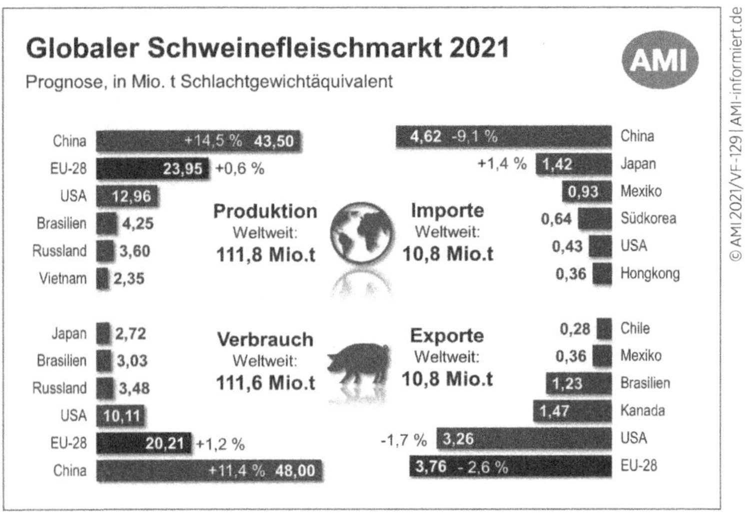

Abb. 14: Prognose des globalen Schweinefleischmarktes 2021. Quelle: AMI nach FAO; EU-Kommission; USDA

Absolut betrachtet ist die Welthandelsquote bei Schweinefleisch nicht beachtenswert hoch: 2019 lag sie bei lediglich 9,5 Prozent. Doch strategisch gesehen kann das für die Exportländer viel sein, denn über den Welthandelsanteil werden für die Import- und Exportländer auch die Binnenmarktpreise bestimmt. Das erscheint auf den ersten Blick nicht schlüssig, weil Frischfleisch von Natur aus eigentlich ein regionales Produkt ist. Doch mit modernen Konservierungs- und Verpackungstechniken ist Fleisch mehr und mehr ein Welthandelsprodukt geworden. Von dem kleinen Weltmarktsektor geht die Notwendigkeit aus, internationale Standards zu setzen. Die exportierenden Schlachthöfe müssen vom Importland anerkannt sein, das heißt sie durchlaufen ein aufwändiges »Akkreditierungsverfahren«. Das Exportland muss ein klares Qualitätskontrollsystem installiert haben (siehe Kapitel 5). Diese anspruchsvollen internationalen Standards werden auch von den Einrichtungen der Fleischwirtschaft für den Binnenmarktabsatz übernommen, denn die einheimischen Firmen und Agrarbetriebe müssen sich den internationalen Anforderungen stellen, wenn das Land überhaupt Fleisch exportieren will. Auch die Regierungen wollen dafür sorgen, dass ihre Fleischwirtschaft international anschlussfähig ist.

Vor allem die Regierungen der Mittleren- und Niedrigeinkommensländer haben bei den multilateralen Handelsverhandlungen den internationalen Fleischhandel in seiner konkurrierenden und preisbestimmenden Bedeutung unterschätzt. Das war vor 10 bis 20 Jahren kein Problem, denn der internationale Fleischhandel hatte noch kaum eine Bedeutung. Die Länder konnten sich leicht dem multilateralen Zwang zum Abbau von Handelsbeschränkungen bei Fleisch beugen (siehe Kapitel 5). Doch dann wurden sie von der Dynamik der Weltmärkte und ihrer eigenen Binnenmarktnachfrage überrollt. Es war jedoch zu spät, die eigene Schweinewirtschaft vor den konkurrierenden Billigimporten zu schützen. Die Importe aller möglichen, bisher kaum bekannten Fleischprodukte und billigen Schlachtnebenprodukte kamen fast zollfrei ins Land und unterliefen leicht den Absatz der eigenen Schweinewirtschaft. In weniger entwickelten Ländern wie beispielsweise in Afrika, deren Schweinewirtschaft am Anfang einer Entwicklung stand, wurde ein vielversprechender Wirtschaftszweig schon in seinen Anfängen stark behindert.

Mit insgesamt 130.000 Tonnen Schweinefleischexporten in arme Länder kann man dort nicht von einer Importflut reden. Doch nachweislich haben auch diese, aus europäischer Sicht marginalen Mengen von etwa 15.000 Tonnen Schweinefleisch nach der Elfenbeinküste, 36.310 Tonnen nach Angola, 33.026 Tonnen nach Honduras, 31.036 Tonnen in die Dominikanische Republik oder 22.707 Tonnen in den Kongo für die dortige, winzige Schweinewirtschaft erhebliche Auswirkungen.[56] Hinzu kommt, dass das meiste davon Schlachtnebenprodukte sind, die zu Dumpingpreisen angeboten werden. Beispiel Liberia: Das Land erzeugt selbst 12.895 Tonnen Schweinefleisch, importiert zusätzlich noch die Hälfte der Menge davon; allein 4.237 Tonnen davon stammen aus der EU.[57] Eigene Forschung belegt, dass die europäischen Schweinefleischlieferungen nach Liberia ausschlaggebend waren für mangelhafte Entwicklungsmöglichkeiten von Liberias Schweinewirtschaft.[58]

Besonders kleine Agrarbetriebe haben Schwierigkeiten sich der Importkonkurrenz zu stellen. Das globale Schwein kommt auf die Binnenmärkte mit einer großen Anzahl neuer Fleischprodukte, die zu international niedrigsten Herstellungskosten erzeugt wurden, weil auf allen Stufen der internationalen Wertschöpfungskette die Kostendegression bei großen Mengen ausgeschöpft wird. Auf den formalen Märkten haben die Welthandelskonzerne damit unübertroffene Vorteile, besonders was die Einhaltung internationaler Hygienestandards anbelangt. Schließlich haben sie selbst dafür gesorgt, dass die Standards so gesetzt werden, dass sie für die Konzerne leicht zu erfüllen sind, nicht aber für kleine, nationale Schlachtbetriebe und Fleischfabriken. Nur eine Agrarpolitik, die große Anstrengungen unternimmt, damit die eigenen Familienbetriebe auch von den wachsenden nationalen Fleischmärkten profitieren, kann deren Beteiligung verwirklichen.

Wieviel Schwein kann sich die Welt noch leisten?

Im Vergleich zur Pflanzenproduktion ist die internationale Tierproduktion ein weniger beachtetes Thema, wenn es um Fragen nach der Zukunft der Welternährung und der Agrarökologie geht. Das ist schon deshalb verwunderlich, weil die Tierhaltungsrevolution und damit die Produkte Fleisch, Eier und Milch zwischen 1980 und 2010 einen wertmäßigen Zuwachs erfahren haben, der doppelt so hoch war wie der der Grünen Revolution, die ihren Ausgangspunkt bei Mais, Reis und anderen Getreidearten fand und wodurch ebenfalls große Ertragssprünge möglich waren.[59] Während die Grüne Revolution durch neue Züchtungen in Gang gesetzt wurde (technology-driven), ging die Revolution bei der Tierhaltung von der Dynamik der Nachfrage nach tierischen Produkten aus; die Produktivitätssteigerungen mithilfe technischer Innovationen folgten den Anreizen (market-driven).

Den größten Zuwachs am Konsum tierischer Produkte hatte China mit seinem Schweine- und Geflügelfleischverzehr zu verzeichnen. Schon Anfang der 1990er-Jahre hatte China Europa und die USA bezüglich der Fleischproduktion und des Fleischverbrauchs überholt. Allerdings war die Umwelteffizienz der chinesischen Tierhaltung in Bezug auf Emission pro Kilogramm Output »Fleisch« bei Treibhausgasen und der Nährstoffverwertung gering. Allen Prognosen zum zukünftigen Wachstum des Konsums tierischer Produkte zufolge hält die Steigerung in den nächsten 20 bis 30 Jahren an. Sie findet vor allem bei den Mittel- und Niedrigeinkommensländern statt. Der Heißhunger nach Fleisch und Milch eilt der Einkommensentwicklung voraus.

Die Auswirkungen auf die Weltwarenströme werden gravierend sein: bei den Futtermitteln und den Produkten selbst, beim Lebendtierhandel, aber auch bei den weltweiten Umweltemissionen. Schweine, Geflügel und Milchprodukte sind am stärksten betroffen. So hat in den letzten 20 Jahren allein die Nachfrage nach Futtermittelimporten um das 4,9-Fache zugenommen.

Der »Vater« der Grünen Revolution, der US-Agrarwissenschaftler Norman Borlaug, hat für seine Zuchterfolge bei den Hochertragssorten von Mais und Weizen nicht etwa einen Preis für seine naturwissenschaftliche Forschung erhalten, sondern 1970 den Friedensnobelpreis. Man versprach sich mit der Steigerung der Getreideerträge einen Sieg im Kampf gegen den Hunger auf der Welt, was wiederum als Beitrag zum Weltfrieden aufgefasst wurde. Schließlich handelte es sich bei Getreide um das wichtigste Grundnahrungsmittel der Menschen, und es geht um Anbaukulturen, die überall auf der Erde zu Hause sind und auch von den armen Leuten angebaut und gegessen werden. Selbst wenn die Leistungssteigerungen bei der tierischen Produktion noch spektakulärer waren, wurde ihnen nicht annähernd eine ähnliche Wertschätzung entgegengebracht. Warum das?

In den 1970er- und 1980er-Jahren machte zwar eine Weile der Begriff der »Weißen Revolution« die Runde, dabei ging es jedoch nur um die großen Fortschritte bei der Steigerung der Milchproduktion in Teilen von Indien, vor allem dem indischen Bundesstaat Gujarat.[60] Von einer »Fleischrevolution« hat man jedoch nichts vernommen. Auch bei der Weißen Revolution stand, wie bei der Grünen, nicht nur der Produktionsaspekt im Vordergrund, sondern auch die armutsreduzierende Wirkung der Technologie, weil Millionen von armen Kleinstproduzenten in eine nationale Milch- und Getreidewirtschaft eingegliedert werden konnten. Bei allen Betrachtungen zur Hungerbekämpfung standen immer beide Aspekte zur Diskussion: die Produktivitätssteigerung und der soziale Aspekt. Dabei geht es um die Frage: Hat die Produktionssteigerung auch zur Verbesserung der Lebenssituation der armen Leute beigetragen? Denn bei den Armen muss der Wachstumsimpuls ankommen, schließlich sind es ja sie, die einer Verbesserung ihrer Lage am meisten bedürfen. Außerdem ist es nach wie vor die Hinterhofhaltung, die die meisten Schweine auf der Welt hält. Da der Wert von tierischen Produkten viel höher ist als der von pflanzlichen Produkten, gehen weltweit rund 47 Prozent des landwirtschaftlichen Bruttosozialprodukts auf die Tierhaltung zurück. Schweine sind immer noch eine außerordentlich wertvolle Quelle für den Lebensunterhalt vieler armer Menschen auf dem Land.

Selbst wenn sich multinationale Konzerne der Tierfabriken, wie beispielsweise Roxell, mit dem Slogan rühmen »We help to feed the world«, kann sich die Fachöffentlichkeit einem solchen Anspruch nicht so unbefangen anschließen. Jedenfalls weiß man, dass man die Hungernden nicht mit Fleisch satt bekommt. Fleisch ist und bleibt ein Luxusnahrungsmittel, einfach aufgrund der Tatsache, dass die Konversion von Energie in Form von getreidehaltigen Futtermitteln zu tierischen Produkten einer teilweisen Vernichtung gleichkommt: Wie erwähnt, erreicht man selbst mit dem allerbesten Futter in dem wachstumsfreudigsten Stadium der Schweine mit 3 Kilogramm Futter (äquivalent zum Getreide) maximal 1 Kilogramm Fleischzuwachs. Leicht vereinfacht lässt sich sagen, mit dem gleichen Aufwand an Getreide könnte man die dreifache Menge Menschen ernähren, als über den Umweg durch den Schweinemagen. Diesen Vorwurf macht man vor allem den Omnivoren, dem Schwein und dem Geflügel, weil sie direkte Nahrungskonkurrenten zum Menschen sind. Tierische Produkte tragen 13 Prozent zur Energiezufuhr der menschlichen Ernährung bei, aber zur Herstellung wird 50 Prozent der Weltgetreideproduktion aufgewandt, ein deutliches Zeichen der Konversionsverluste.

Doch es gibt noch weitere Vorbehalte gegen die Tierertragsrevolution als angebliches Mittel zur Rettung der Welt. Der UNO-Bericht »Livestock's Long Shadow«, herausgegeben von der FAO 2006[61], bringt einiges davon ans Licht. Es sind die vielfältigen Umweltfolgewirkungen der Tierhaltung, die die Weltenplaner erschreckten, zusammengefasst in einem einzigen Indikator: anthropogene Treibhausgas-Emissionen. Der Bericht führte aus, dass 18 Prozent der weltweiten Treibhausgase aus der Tierhaltung stammen. Gerade die hier verursachten Emissionen von Methan und Lachgas haben einen vielfach höheren Treibhausgaseffekt als CO_2. Ein Großteil der Emissionen stammen aus dem Futtermittelanbau, den Landnutzungsänderungen und den Futtermitteltransporten. Zwar wurde diese Zahl später durch eine Folgestudie der FAO auf 14,5 Prozent korrigiert,[62] wobei auch diese neue Berechnung nicht ohne Widerspruch hingenommen wurde, aber der Vorwurf war nun einmal höchst offiziell: Der Tierhaltungssektor ist einer der Topverursacher von den ernsthaftesten Klima- und Umweltproblemen der Welt. Der Bericht legt der Welt nahe, dass ein grundlegender Wechsel in der Tierhaltungspolitik erfolgen solle, wenn man die Probleme der Bodendegradation, des Klimawandels, der

Luftverschmutzung, der Wasserverknappung und -verschmutzung und des Verlusts an Biodiversität angehen wolle.

Die Klimabilanz der Tierhaltung wird also zum bestimmenden Agrar-Umweltthema. Allein aufgrund des Bevölkerungswachstums würden unter heutigen Gegebenheiten die weltweiten Treibhausgasemissionen der Tierhaltung bis zum Jahr 2055 um fast zwei Drittel zunehmen. Berücksichtigt man einen mit steigendem Einkommen zunehmenden Verzehr von Fleisch- und Milchprodukten, könnte dies zu einer Verdreifachung der landwirtschaftlichen Treibhausgasemissionen im Vergleich zu heute führen. Umgekehrt wäre aber auch das Potenzial zur Einsparung von Treibhausgasemissionen durch Verzicht auf Fleisch- und Milchprodukte enorm. Würde man hier bis 2055 um zwei Drittel reduzieren, würden die Emissionen 2055 um ein Fünftel unter dem Niveau von 1995 liegen.

In neuerer Zeit ist auch die Debatte über mögliche Seuchengefahren, die von der Tierhaltung – insbesondere der intensiven Tierhaltung – für den Menschen ausgehen könnten, voll entfacht. Die Erfahrung mit der Pandemie durch das Virus COVID-19 spielt dabei eine zentrale Rolle. Aber auch vorher schon hat die BSE-Krise (Rinderwahn) mit ihrer für den Menschen so gefährlichen Creutzfeldt-Jakob-Krankheit für Aufsehen gesorgt, ebenso kurz darauf die Vogelgrippe mit der aviären Influenza des hochpathogenen Typs H5N1. Der Verdacht steht im Raum, dass all diese Epidemien inklusive SARS, HIV (bzw. AIDS) und Ebola, zwar ursprünglich aus Wildtierbeständen stammten, die Erreger dann aber unter verwandten Nutztieren in den Intensivhaltungen mutierten und schließlich in neuen Varianten auch für den Menschen gefährlich werden konnten. Massentierhaltung als Zwischenwirt ist deswegen eine logische Schleuse für Zoonosen aller Art, nicht nur wegen der hohen Umschlaggeschwindigkeit der Stallbelegung und der genetischen Homogenität der modernen Nutztierbestände, sondern auch wegen der permanenten Anwesenheit von Menschen in Großställen. Diese globalen Risiken haben bisher aber noch nicht dazu geführt, dass sich etwas Wesentliches an der Intensivtierhaltung auf der Welt geändert hätte (siehe Kapitel 10).

Eine weitere Bedrohung der Gesundheit von Menschen und Tieren erwächst aus dem globalen Übergebrauch von Antibiotika in der massenhaften Tierhaltung, die wesentlich zu der Entstehung von resistenten Erregern beiträgt und damit die Bekämpfung von Infektionskrankheiten erschwert. Dabei ist der Beitrag, der auf die Schweinehaltung zurückgeht, gewiss erheblich, auch wenn eine Quantifizierung kaum machbar ist.

Die Frage nach dem möglichen Beitrag von tierischen Produkten zur Ernährungssicherheit ist nicht einfach zu beantworten, denn Tiere können auch einen wertvollen Beitrag zur Lösung von Fehl- und Mangelernährung leisten. Doch in Ergänzung zur Matrix der reinen Produktionsziffern muss auch der ökologische Fußabdruck der Erzeugung bei der Beurteilung zur Welthungerbekämpfung hinzukommen, sowie Fragen der Verteilung und Partizipation. So wie wir den Blick geöffnet haben für die Dualität des lokalen Schweins mit der des globalen Schweins, stellt sich die Kernfrage: Inwieweit wird es möglich, dass die Kleinsterzeuger mit ihrem Produktionssystem an dem rasanten Wachstum der Märkte für tierische Produkte teilhaben können, ohne in fatale Abhängigkeitsfallen zu geraten?

Es ist keinesfalls ausgemacht, dass es nicht auch eine kleinbäuerliche Schweineerzeugungsstrategie geben kann, wie sie ja auch erfolgreich in einigen Ländern praktiziert wird (siehe Kapitel 2). Was die Versorgungsfrage anbelangt, stellt sich die Frage, wie die zunehmende Verfügbarkeit tierischer Produkte – insbesondere Eiweiß – am besten dahingehend genutzt werden kann, dass sie auch hungergefährdeten Gruppen der Bevölkerung zugutekommt, wie beispielsweise Kindern, die unter chronischem Eiweißmangel leiden. Der ökologische Fußabdruck schließlich entscheidet darüber, ob die Beiträge zur Ernährungssicherung auch langfristig erhalten werden können, angesichts der prekären Lage der natürlichen Ressourcenverfügbarkeit und der ökologischen Gleichgewichte.[63]

Den Argumenten des Autorenteams unter Leitung des verstorbenen hervorragenden Kenners der globalen Tierhaltungsdiskussion, Mario Herrero, zufolge[64], gibt es rund 17 Milliarden Nutztiere auf der Welt, die meisten davon in Entwicklungsländern; 59 Prozent der weltweiten Schweine werden in Entwicklungsländern und China gehalten. Ihre intensive Haltung ist eine besonders kritische Herausforderung für die Welternährung. Gleichzeitig stammen 33 Prozent der landwirtschaftlichen Einkommen in Gemischtbetrieben aus der Tierhaltung, das heißt sie hat einen wichtigen Beschäftigungseffekt. Ein großer Prozentsatz der Armen auf der Welt hält Tiere. Der meiste Handel mit Tierprodukten geschieht auf lokalen, informellen Märkten. Die Händler sind selbst arm. Es sind zumeist Frauen, die die Zubereitung und den Handel auf den Straßenmärkten in der Hand haben. Bezüglich des Ernährungsbeitrags stehen arme Tierhalter vor der Entscheidung, das hochwertige tierische Eiweiß eher zu verkaufen und dafür lieber mehr pflanzliches Eiweiß einzukaufen (zum Beispiel in Form von Leguminosen), obwohl sie die sehr konzentrierten Nährstoffe der tierischen Produkte angesichts ihres »versteckten Hungers« selbst bestens brauchen könnten.

Die Globalisierung ist in der Schweinewirtschaft in fast allen Bereichen weit fortgeschritten. Besonders bei der Zucht, der Futtermittelversorgung und im technischen Bereich operieren große Konzerne, meist westliche Firmen; sie sind dominant, haben aber keine monopolistische Marktmacht. Doch die chinesischen Konzerne holen nicht nur auf, sondern sie haben westliche Firmen größenordnungsmäßig zum Teil überholt: bei der Haltung, der Zucht, der globalen Futtermittelakquise und den Fleischwerken. Der Technologietransfer gleicht die Produktionstechniken weltweit an. Von der Konzentration im industriellen Bereich gehen auch Zwänge auf die anderen Glieder der Lieferkette »Schwein« aus, sich zu größeren Einheiten zusammenzuschließen. Doch die Frage bleibt offen: Wer soll die großen Zuwachsmengen an Fleischnachfrage auf der Welt bedienen: die Kleinbauern, die modernisierten Familienbetriebe, der Weltmarkt oder das nationale Agrobusiness?

Kapitel 5

Das weltgehandelte Schwein
Ein handelspolitisches Gerangel

»Handel ist das größte aller politischen Interessen.«[1]
Houston Stewart Chamberlain

Freihandel ist ein hohes Ziel, doch nur solange es den eigenen Geschäften nutzt. Mit dem Hineinwachsen von Schweinefleisch in weltmarktfähige Produkte, dem Entstehen weltmarktorientierter Konzerne der Schweinewirtschaft und der Expansion des internationalen Handels nahm auch die Handelspolitik an Bedeutung zu. Als Exporteure hatte die Schweinewirtschaft derjenigen Länder die Nase vorn, die ihre eigene Landwirtschaft am meisten unterstützten. Es geht um ein Arsenal von politischen Maßnahmen zum Schutz der eigenen Produzenten und zum Öffnen der Märkte anderer. Je stärker die Konkurrenz auf dem internationalen Fleischmarkt, desto wichtiger die handelspolitischen Maßnahmen. Jedes der beteiligten Export-/Importländer steckt in dem Dilemma zwischen offensiven und defensiven Interessen im Schweinebereich. Oftmals wird der Marktzugang beim Schwein eingetauscht für einen Marktzugang in anderen Bereichen.

Marktöffnung

»Die Reichen haben Märkte und Technologie, für die Armen gibt es nur Ermahnungen«, so fasst es William Easterly in seinem Buch *The Tyranny of Experts* zusammen.[2] In der Tat, was die FAO in ihrem Handbuch zur Schweinehaltung den Bauern und Bäuerinnen in Entwicklungsländern zu bieten hat, kommt dem sehr nah. Die Konkurrenz mit importiertem Fleisch wird als Bedrohung an die Wand gemalt. Es geht vor allem um die Standards zu Schlachtung, Fleischqualität und Hygiene, Biosicherheit und Fleischverpackung, Tierschutz und Tierwohl. Wollen die kleinbäuerlichen Schweineproduzenten am Markt bestehen, müssen sie sich anpassen, meint Dietze in einem Handbuch geschrieben für die FAO.[3] Dabei sind die Maßnahmen selbst vielleicht halb so schwer zu erfüllen, aber der Nachweis der »Compliance«, also die Einhaltung von Regeln, ist das eigentliche Handelshemmnis.

Wie kann man die Möglichkeiten der Armen verbessern, an dem starken globalen Wachstum der Märkte für tierische Produkte teilzuhaben? Das ist die Ausgangsfrage des FAO-Handbuches. Auf der Angebotsseite lobt die FAO die einmaligen Chancen durch neue Technologien, neue Organisationsmodelle für Produktion und Herdenmanagement, effiziente Vermarktung, Verarbeitung und Erzeugerzusammenschlüsse. Die Armen müssten lernen, mit den neuen Standards für Hygiene, Qualität und Sicherheit umzugehen und die Regeln und Abläufe staatlicher Vorgaben für den Handel zu verstehen. Die Kleinbauern und -bäuerinnen müssten starke Verbindungen mit den Marktkräften eingehen, um die Chancen auszunutzen.[4]

Die Standards für die Märkte werden in der Tat mehr und mehr international vorgegeben. Nicht nur durch die importierte Ware und die Aufkaufpolitik der Konzerne des Fleischhandels, sondern auch durch politische Vorgaben im Rahmen der Liberalisierung der Märkte, internationale Freihandels-, Veterinär- und Investitionsabkommen. Doch nur der kleinste Teil des lokalen Schweins will sich auf den internationalen Märkten behaupten, der Großteil ist auf den lokalen Markt ausgerichtet. Regelausnahmen für Kleinerzeuger und Hausschlachtungen gibt es kaum. Dahinter verbirgt sich die Annahme, es gäbe nur einen Markt, in den früher oder später alle Produzenten hineinwachsen werden; eine Dualität der Schweinewirtschaft wird nicht wahrgenommen.

So sieht es auch die internationale Fleischwirtschaft. An die Politik hat zum Beispiel die deutsche Fleischwarenindustrie den klaren Appell: Es braucht mehr Unterstützung bei der Öffnung von Exportmärkten.[5] Egal in welcher angeblichen Krise die deutschen

Unternehmer stecken, ob Schweinepest oder Schweinestau (wegen Schlachthofschließungen): Zusätzliche Drittlandsmärkte sind jederzeit willkommen. Allein darum geht es in den internationalen Schweinefleischbeziehungen: Wir haben Überschüsse und die müssen auf den Weltmärkten gewinnbringend abgesetzt werden. Zielländer sind die schnell wachsenden Volkswirtschaften Südostasiens, also Korea, Japan und – allen weit voran – China. Selbst die »Petitesse«, die die – aus unserer Kommerzsicht – winzigen Importmengen Afrikas ausmachen, sind noch gerne gesehen. Aus entwicklungspolitischer Sicht aber können selbst diese geringen Mengen, die die EU nach der Elfenbeinküste, in den Kongo, nach Liberia, Ghana oder Kenia verkauft, die dortige Produktion ganz erheblich stören oder gar zum Erliegen bringen.

Vordinglich ist unserer Fleischwirtschaft also, dass Märkte geöffnet werden. Das passiert durch den Abbau von Handelshemmnissen; erst dann schließt sich die Frage des wettbewerbsfähigen Verkaufspreises und des Marketings an. Das traditionellste aller handelspolitischen Instrumente, um die eigene Schweinewirtschaft vor billigen Importen zu schützen, sind Zölle. Schweinefleischzölle waren weit verbreitet. Das politische Ziel aller Exporteure und ihrer Regierungen ist, andere zum Abbau ihrer Zölle zu bewegen, aber selbst so wenig wie möglich abzubauen, um die eigene Produktion nicht zu gefährden. Die anderen sind aber nur zum Zollabbau bereit, wenn sie im Gegenzug mit möglichen Vorteilen belohnt werden. Wie erreicht man das?

Zölle

Beim Grenzübergang werden Produkte nach Zolllinien eingeordnet. Die Zollkennziffern für Schweinefleisch sind je nach Fleischpartie recht differenziert. Der Überbegriff wird immer in vierstelligen Ziffern ausgedrückt, für Teile des Schweins ist es die Ziffer 0203. Dann folgen die Zolllinien unterer Kategorien 020311, …312, …319, …321, …322 und …329. Interessant ist, dass die Schlachtnebenprodukte ganz woanders eingeordnet sind, nämlich bei 0206, den verzehrfähigen Innereien (aller Nutztiere), und bei 0209, den tierischen Fetten. Diese Trennung ist für die Exporteure der reichen Länder wichtig, weil ihre Interessen bei Fleisch und bei den Nebenprodukten unterschiedlich sind, während für die Verbraucher der armen Importländer alles einigermaßen gleichwertig als »Fleisch« durchlief. Die Zollfreiheit der Nebenprodukte des Schweins (und der anderen Nutztiere) ist für sie entscheidender als die für die echten Fleischpartien (siehe Kapitel 4).

Das WTO-Agrarabkommen von 1995 war ein Meilenstein für den multilateralen Abbau von Schutzmaßnahmen, wie beispielsweise den Zöllen. Alle Regierungen verpflichteten sich simultan, ihre Zölle in bestimmten Schritten, Zeiträumen und Abbauraten zu reduzieren. Während die EU (damals 15 Länder) zu der Zeit im Durchschnitt 19,5 Prozent Importzölle bei Agrargütern aufwies, lagen die Importzölle in Südostasien (etwa Korea) weitaus höher, nämlich bei 62,2 Prozent. Das waren Schutzmauern, die im internationalen Wettbewerb durch unsere Exporteure nicht zu überwinden waren. Das WTO-Agrarabkommen von 1995 verpflichtete alle Vertragsländer zu einem Abbau von 36 Prozent im Durchschnitt über alle Zolllinien, mindestens aber um 15 Prozent bei jeder individuellen Zolllinie. Damit kam die Landwirtschaft Asiens auf rund 40 Prozent Zoll im Endergebnis, was einem effektiven Abbau um 22 Prozent gleichkam, während die EU nur um 7 Prozent beim Schweinefleisch abbauen musste; Schlachtnebenprodukte gingen unverzollt durch. Während der asiatische Markt für die Schlachtnebenprodukte fast unbegrenzt aufnahmefähig war, war die Überschwemmung des afrikanischen Marktes mit ihnen ein Desaster für die einheimischen Schweineerzeuger.

Die Komplexität des europäischen Zollsystem von gemischten Zöllen (Kombination von Gewicht und Wert), Zollkontingenten und dem Speziellen Safeguard Mechanismus[6] erlaubt genügend Umgehungsmöglichkeiten für die EU. Abbauschritte für Zollkontingente sind kompliziert zu errechnen, denn eine vorgegebene Menge an Fleischimporten erreicht den EU-Markt fast zollfrei, aber bei Überschreitung der Menge ziehen die Zölle sukzessiv an.[7]

Die Lockerung der Importzölle durch Freihandelsabkommen und/ oder WTO-Übereinkommen wäre eine ernsthafte Bedrohung der gesamten Schweinefleischkette in der EU.

Die mathematische Formel, um die protektionistische Wirkung der Zölle zu errechnen, ist umstritten. Das komplizierte Schutzarsenal von tarifären und technischen Handelshemmnissen der EU erlaubte es der EU, sich ab 2007 von einem Schweinefleischimporteur in einen Schweinefleischexporteur zu verwandeln. Selbst Protektionist, tritt die EU anderen gegenüber als Protagonist des Freihandels auf und avancierte zu dem größten Schweinefleischexporteur. Das ist die Geheimformel für Marktöffnungen.

Ein weiteres Marktöffnungsinstrument bot sich an, als einige Länder, die beim Abschluss des Agrarvertrags noch nicht WTO-Mitglieder waren, verspätet Mitglied werden wollten. Ihnen konnte man zum Eintritt in die WTO alle möglichen Auflagen abverlangen. So verlangte man beispielsweise von China beim WTO-Eintritt, seine Zölle auf Schweinefleisch bis 2004 von 20 Prozent auf 12 Prozent zu senken. Weitere Senkungsschritte waren eingeplant. Beim WTO-Zutritt Russlands erging es dem russischem Schweinefleischmarkt ähnlich.

China, als der größte und mächtigste Akteur in der Weltschweinewirtschaft, war stark genug, später die Zölle vertragswidrig wieder auf 45 Prozent zu erhöhen, was ihm in den Wirren der Handelskonflikte speziell mit den USA auch gelang. China war ja selbst auch auf Schweinefleischimporte angewiesen, um Mengendefizite auf dem eigenen Markt auszugleichen, trotz der gigantischen Ausdehnung der Eigenproduktion innerhalb von zwei Dekaden. Nur sollten die Importe die Anstrengungen der eigenen Produktionssteigerung nicht unterlaufen, sondern die Importe sollten in Ergänzung zur mangelnden Selbstversorgung bei gewissen Schweineteilen erfolgen. China wollte gleichzeitig verhindern, dass Importfluten die internen hohen Preise für Schweinefleisch untergraben.

Nun ist die EU in der glücklichen Lage, dass die Chines*inn en auch andere Teile des Schweins zu essen schätzen als das, was die Europäer bevorzugen, die sich auf die Edelteile des Schweins kaprizieren. Solche ohne Weiteres noch verzehrsfähigen Teile, die sich früher alle einmal auch auf dem deutschen Speiseplan befanden, sind heute auf den Inlandsmärkten nicht mehr absetzbar, denn wer isst heute noch Schweinskopfsülze oder Saumagen (siehe Kapitel 12). So ergab sich, sehr zur Freude der europäischen Fleischindustrie, eine wunderbare Symbiose zwischen dem chinesischen und dem deutschen Esser: Was der eine nicht mag, mag der andere, und bekommt es auch gerne geliefert.

Freihandelsabkommen

Vietnam und Japan kamen im Vergleich zu China nicht so elegant davon. Die Regierung Vietnams zum Beispiel zeichnete mit der EU einen bilateralen Freihandelsvertrag, in dem sich Vietnam verpflichtete, bei allen Zolllinien des Schweinekörpers die Zölle innerhalb eines Zeitrahmens von 7 bis 11 Jahren stufenweise gänzlich abzubauen.[8] Die Praxis, mithilfe von bilateralen Freihandelsabkommen Märkte für europäische Ware aufzubrechen, hat für die EU Methode. Das Freihandels- und Investitionsschutzabkommen der EU mit Japan (JEFTA) verpflichtet Japan zu einem erheblichen, allerdings nicht gänzlichen Abbau der Zölle auf Schweinefleischprodukte. Da im internationalen Vergleich die Kosten zur Herstellung von 1 Kilogramm industriell erzeugtem Schweinefleisch von Land zu Land wegen dem internationalen Technologietransfer nur geringfügig voneinander abweichen, können auch kleinste Zollsenkungen zu erheblichen zusätzlichen Warenströmen führen. Die Aggressivität, mit der europäische (und auch brasilianische und US-amerikanische) Schweinefleischteile auf den asiatischen Markt drängen, lässt für die Zukunftsaussichten der vietnamesischen und japanischen Kleinproduzenten nichts Gutes erwarten.

Was den Freihandelsvertrag mit Vietnam anbelangt, rühmt sich die EU, dass er Vietnam zur Einhaltung der ILO-Kernarbeitsnormen verpflichten konnte. Der internationale Wettbewerb der Schlachthöfe findet in der Regel sehr stark auf der Grundlage von billigen Arbeitskräften statt. Die ILO-Kernarbeitsnormen sollen die Arbeitsbedingungen verbessern, indem beispielsweise Zwangsarbeit und Diskriminierung ausgeschlossen oder ein Mindestalter für Beschäftigte einführt wird. Dass die Arbeitsbedingungen auch in deutschen (und europäischen) Schlachthöfen unterirdisch sind, wird nicht bedacht. Deutschland (und die EU) haben zwar die ILO-Normen ratifiziert, aber es gibt auch hier Lücken bei der Umsetzung. Regierung und Schlachthofkonzerne behaupten, die Ausbeutung der Wanderarbeiter*innen habe angeblich nichts mit den Praktiken der Unternehmen zu tun, sondern mit illegalen Methoden der zwischengeschalteten Arbeitsvermittlungs- und Schleusungsfirmen im europäischen Wanderarbeitersystem. Wenn zum Beispiel den Immigranten im Schlachthof nicht der ganze Lohn zugutekommt, dann weil die Arbeitsvermittler abkassieren. Wenn zum Beispiel die Verhältnisse bei der Unterbringung katastrophal sind, dann weil die Arbeiter angeblich selber es so wollen, um Geld für zu Hause zu sparen.

So sehr die europäische Wirtschaft auf Freihandel schwört, so sehr ist ihre gesamte Wertschöpfungskette bei Fleisch von möglichen Lockerungen ihrer eigenen Importzölle durch Freihandelsabkommen bedroht. Der Druck auf den EU-Agrarprotektionismus ist gewaltig, vor allem durch die Länder Lateinamerikas, die seit Jahren mit der EU das Mercosur-Freihandelsabkommen verhandeln. Das gilt vornehmlich für die offensiven Fleischexportinteressen Brasiliens. Aber ähnlich auch für die Verhandlungen mit Mexiko, neuerdings ebenfalls ein Schweinefleischexporteur. Beide Länder können Schweinefleisch kostengünstiger herstellen als die EU. Es geht um Zollhandelskontingente, die die EU den Mercosur-Ländern einräumen musste, allerdings mehr bei Geflügel- und Rindfleisch als bei Schweinefleisch.[9]

Standards

Das effektivste Mittel, sich vor lästiger Auslandskonkurrenz zu schützen, sind heutzutage die Errichtung technischer Handelshemmnisse mittels gewisser Standards. Am besten sind solche, die wenig für die einheimischen Produzenten kosten, weil sie sowieso fast erfüllt werden, aber für die ausländischen Konkurrenten sehr schwer einzuhalten sind. Oft ist es schwieriger den Nachweis über ihre Einhaltung zu erbringen, als die Standards selbst zu erfüllen. Doch Standards sind ein zweischneidiges Schwert. So gerne man sie als Schutzinstrument gegenüber Importen einsetzt, so belastend sind sie jedoch, wenn hohe Standards von der Regierung verpflichtend für den Binnenmarkt erlassen werden, die Konkurrenten im Ausland aber nicht davon erfasst werden. Dann hat die Eigenproduktion einen massiven Wettbewerbsnachteil gegenüber den möglichen Importen oder als Exporteur auf Drittlandsmärkten. Eine solche Situation wird von den Vertreter*innen der Fleischwirtschaft immer als Horrorszenario gebrandmarkt: Wir selbst sind die Guten, aber die Märkte werden dann vom Ausland her beliefert mit billigen Niedrigstandardprodukten, die ins Land kommen (siehe Kapitel 9). Klassisches Beispiel dafür war der Kampf um die EU-Kennzeichnungsverordnung nach Güteklassen aus dem Jahr 2004.

Das reiche China hat sich in den letzten Dekaden bei dem gigantischen Wachstum seiner Schweinewirtschaft große Mühe gegeben, die eigenen Betriebe an das Weltmarktniveau der Standards bei Schlachtung, Fleischqualität, Hygiene, Biosicherheit und Verpackung heranzuführen. So ist China Mitglied geworden und arbeitet mit bei den ISO-Normen (internationale Standards zu Produktbeschreibung, Qualitätssicherung und -management,), OIE-Codizes (internationale Tierwohl- und Tierschutzprinzipien) (siehe Kapitel 9) und das HACCP- System (internationale Vorgehensweise zur Risikominimierung in Sachen Biosicherheit) (siehe Kapitel 10). Diese Standards sind notwendige geworden bei der internationalen Öffnung der chinesischen Märkte und als Zutrittsvoraussetzung in Märkte anderer. Selbst die eigenen Verbraucher*innen fühlen sich durch internationale Standards sicherer hinsichtlich der Nahrungssicherheit auf eigenem Markt. China will auf jeden Fall verhindern, dass europäische oder nordamerikanische Fleischprodukte ein höheres Ansehen bezüglich Sicherheit genießen als die chinesischen.[10] Die chinesischen Fleischfabriken, die beispielsweise auch den japanischen Markt im Visier haben, müssen ebenfalls die japanischen Spezifikationen einhalten. Das macht sie zu Betrieben im Lande, die den höchsten Ansprüchen genügen. Die chinesischen Konsument*innen wissen es zu schätzen.

Unterstützung

Eine weitere Maßnahme, um sich innerhalb der geltenden Regeln der Welthandelsordnung unberechtigt Wettbewerbsvorteile gegenüber ausländischen Konkurrenten zu verschaffen, sind Subventionen und andere gesetzliche Fördermaßnahmen für die inländischen Produzenten. Die OECD misst die handelsverzerrenden Wirkungen der verschiedenen Agrarpolitiken ihrer Mitgliedsländer mithilfe der Berechnung einer Maßzahl, der sogenannten PSE (Producer Support Equivalent). In diese Berechnung gehen nicht nur die direkten und indirekten Subventionen ein, sondern auch alle quantifizierten Vorteile (und Nachteile), die den Unternehmen der Agrarwertschöpfungskette aufgrund eines staatlichen Handelns zugutekommen.

Das Unterstützungsniveau der EU betrug 1986/88 noch 38,4 Prozent, sank aber aufgrund der Liberalisierungsschritte durch den WTO-Agrarvertrag auf 19 Prozent im Jahr 2018.[11] Das heißt, dass immer noch 19 Prozent der Agrareinkommen auf schützende und fördernde Tätigkeiten des Staates zurückgehen; 89 Prozent davon gehen direkt an die landwirtschaftlichen Erzeuger, und 41 Prozent der Unterstützung setzen keine Produktion voraus, sie sind reine Transferleistungen per Hektar zur Stützung der Landwirte; 60 Prozent der Unterstützung sind an ökologische Auflagen gebunden. Zwar geht der langfristige Trend deutlich hin zu einem langsamen Abbau der Unterstützungsmaßnahmen, aber konkret verbergen sich hinter einem solchen Unterstützungsniveau der EU 104 Milliarden Euro Transferleistungen.

Verglichen etwa mit China haben wir es dort mit 7 Prozent PSE im Jahr 2018 zu tun, und einer absoluten Transferleistung von 34 Milliarden Euro. Bei Vietnam ist die Unterstützung mit 2 Prozent, für seinen gesamten Agrarsektor sogar negativ, das heißt, das Land besteuert seine Landwirtschaft eher, als dass es sie unterstützt. Das schweinefleischspezifische Unterstützungsniveau SCT (Specific Commodity Transfer) ist 2017 bis 2019 mit 7,1 Prozent ebenfalls negativ, denn die vietnamesischen Erzeugerpreise lagen dort um durchschnittlich 7 Prozent niedriger als die Weltmarktpreise für Schweinefleisch. Die USA im Vergleich, als der größte Schweinefleischexporteur der Welt, unterstützen ihre Landwirtschaft mit 6 Prozent. Es zeigt sich mithin, dass ein Teil der Wettbewerbsfähigkeit der beiden größten Fleischexporteure, USA und EU, auf staatliche Unterstützungsmaßnahmen zurückgeht, während die großen Importstaaten von Schweinefleisch ihre Schweinewirtschaft einem nicht ganz fairen internationalen Handel ausgeliefert haben.[12]

Es bleibt nicht aus, dass sogar das gesamte komplizierte Konzept der Ermittlung des Unterstützungsniveaus höchst umstritten ist, nämlich welche Summen dort als eine handelsverzerrende Unterstützung berechnet werden, wie die Handelsverzerrung konzeptionell gemessen wird und welche Sachverhalte nach politischen Vorgaben einfach ausgeklammert werden. Besonders umstritten sind dabei die sogenannten Direktzahlungen der EU an ihre Landwirt*innen in Form einer Flächenprämie. Diese gilt als nicht handelsverzerrend, weil sie keine Produktion einer bestimmten Anbaukultur voraussetzt. Doch am meisten davon profitieren beispielsweise die Getreidebäuer*innen, und damit indirekt die Schweinemäster, soweit sie einheimisches Getreide verfüttern. Das ist der Grund, dass gewisse Kritiker des Systems der Meinung sind, dass beispielsweise rund 3,6 Milliarden Euro an diesen Flächenprämien den Tierhalter*innen als Unterstützung zugerechnet werden müssten, das meiste davon dann den schweinehaltenden Betrieben, weil sie am meisten Futtergetreide einsetzen.

In die Berechnungen gehen auch nicht die ganzen staatlichen Unterstützungen ein, die indirekt an die nachgelagerten Stufen der Wertschöpfungskette fließen, etwa die riesigen Summen, die die Schlachthauskonzerne sowohl in Ostdeutschland als auch in China kassiert haben zum Bau neuer Fabriken aus Mitteln der Regionalförderung, Industrieansiedlung oder spezielle Fördermaßnahmen für umwelttechnische Anlagen.

In der EU haben die PSE für Schweine von 1986 bis 2001 unheimlich geschwankt – zwischen 8 und 30 Prozent.[13] Das widerspricht dem allgemeinen Trend, denn überall sonst bei anderen Agrarprodukten sank der PSE-Wert in der EU, bei Schweinefleisch stieg er aber bis 2001 an. Im Vergleich etwa zu den hoch protektionistischen Agrarländern Island, Japan, Norwegen und Schweiz, wo die Steuerzahler und Verbraucher 1,40 US-Dollar pro Kilogramm Fleisch an die Produzenten transferieren, beträgt dieser Transfer in der EU nur 0,32 US-Dollar. Doch diese anderen hochsubventionierten Agrarwirtschaften sind nicht gleichzeitig aggressive Fleischexporteure wie die EU. Der Fleischhandel ist immer noch verzerrt und beschränkt durch Zölle und Zollquoten, in der OECD zwischen 27 Prozent (Nord Pazifik), 42 Prozent (Ozeanien) und 60 Prozent (EU). Der Durchschnitt 1997 in OECD lag bei 44 Prozent. Interessant ist, dass in der EU, wo die Nitratbelastung am höchsten ist, die Unterstützungsmaßnahmen für Schweine auch am höchsten sind. Die Branche weiß also ihre Pfründe zu sichern und von ihren Problemen abzulenken.

Handelskonflikte

Zu guter Letzt seien noch die Handelskonflikte zwischen Staaten erwähnt, die – soweit sie sich auf Schweinefleischprodukte beziehen – ebenfalls der Marktöffnung anderer oder der Protektion der eigenen Schweinewirtschaft dienen. Ein offizielles Schiedsverfahren bei dem WTO-Dispute Settlement Procedure (DSP) aufgrund einer Klage eines Mitgliedslandes fand zu Schweinefleisch bisher nur einmal statt. 1997 beklagten sich die USA, dass die Philippinen sich bei der Vergabe der Importquoten ihrer Zollkontingente nicht an die internationalen Abmachungen halten würden. Sehr viel Streit gab es außerdem im Zusammenhang mit den internationalen Vorgaben zur Prävention des Rinderwahnsinns, was 30 Prozent aller Streitbeilegungsfälle der WTO ausmachte.[14]

Dass Schweinefleisch so wenig im WTO-Streitbeilegungsverfahren vorkommt, hat damit zu tun, dass sich die meisten Streitereien im internationalen Fleischhandel auf die spezifischen Bedingungen in einzelnen ausländischen Schlachthöfen beziehen. So hat sich eingebürgert, dass nur Fleischprodukte importiert werden dürfen, die von Fabriken stammen, die vorher von Fachleuten aus dem Importland inspiziert und freigegeben worden sind. Sie untersuchen vor Ort die Biosicherheits- und Hygienemaßnahmen der Fabriken, die Fleischprodukte exportieren wollen. Immer wieder sind solche Inspektionen zu umstrittenen Urteilen gekommen, die nicht selten einen diplomatischen Streit ausgelöst haben. Das passiert auf rein bilateraler Ebene, wobei die Nichtzulassung eines ausländischen Schlachthofes schnell zu Gegenreaktionen führt. Deshalb gibt es mehr und mehr bilaterale Veterinärabkommen zwischen Staaten, wobei die Praxis gezeigt hat, wie kompliziert die Aushandlung solcher Abkommen ist. Allein das Veterinärabkommen zwischen den USA und der EU, die über sehr ähnliche Schlachthofstandards verfügen, hat mehr als 5 Jahre gedauert und stand oft vor dem Kollaps.

Sehr zum Leidwesen der Fleischwirtschaft war der Boykott von Lieferungen von Schweinefleischteilen und Futtermitteln immer wieder Teil von politischen Maßnahmen des Westens gegen Russlands militärische Offensiven oder Chinas Menschenrechtsverletzungen. So waren Schweinefleisch- und Sojaexporte der USA nach China Teil einer Liste von 1.700 Waren, die unter den Exportboykott von Präsident Trump 2018 gegen China fiel. Allerdings waren sie dann auch die ersten Produkte, deren Boykott nach zähen Regierungsverhandlungen wieder rückgängig gemacht wurden – ein Beweis für die Wichtigkeit, die China der ausreichenden Versorgung seiner Bevölkerung mit Schweinefleisch einräumt, und dem politischen Einfluss der Schweinebauernlobby Iowas. Immerhin ging es um einen US-Exportumsatz für die amerikanische Schweinewirtschaft von 2,37 Milliarden US-Dollar. Gleichwohl wurden immer noch Einfuhrabgaben zwischen 33 und 45 Prozent für US-Schweinefleisch an Chinas Grenze erhoben, erklärte die US Meat Export Federation MEF.

Handelspolitik ist eine heuchlerische Angelegenheit. Jeder will verkaufen, durch Exporte Gewinn machen, Märkte sollen für den eigenen Warenabsatz aufgebrochen werden. Jeder fühlt sich im internationalen Handel benachteiligt, aber alle wenden auch ein ganzes Arsenal protektionistischer Instrumente an; ein Vergleich ihrer Wirkung ist schwierig. Das ganze Gerede um Freihandel im Fleischhandel ist eine Schmierenkomödie. Schweinefleischprodukte sind zu Weltmarktprodukten geworden und Spielball politischer Interessen, auf einem Markt, wo der Konkurrenzkampf zwischen den verschiedenen Exporteuren hart ist. Die Offensive tobt sich innerhalb des globalen Schweins aus; das lokale Schwein dagegen sieht zu, wie sein Überlebensraum schrumpft.

Kapitel 6

Das bäuerliche Schwein
Zwischen Industrie und Bauernhof

»Ein Schwein ist fein;
viele Schweine schafft man nicht alleine!«[1]

Zwischen dem globalen und dem lokalen Schwein hat sich das bäuerliche Schwein etabliert. Das gilt zumindest für Europa. Es ist irgendwann aus dem lokalen Schwein hervorgegangen und ist eine modernisierte und kommerzialisierte Weiterentwicklung der ehemaligen Hinterhofhaltung geworden. Der Übergang zur nächsten Stufe der Entwicklung, dem globalen Schwein, ist nicht naturwüchsig. Beim globalen Schwein kommt viel von außen: andere Gesellschaftsform (meist Kapitalgesellschaften), angeheuertes Management oder externe Eigentümer. Beim bäuerlichen Schwein dagegen sind Arbeitskraft, Kapital und Betriebsführung noch weitgehend ortsgebunden, im Wesentlichen handelt es sich hierbei noch um einen echten Familienbetrieb mit nur gelegentlichen Fremdarbeitskräften. Die Bezugsgrößen sind aber der lokalen Gemeinschaft längst entwachsen: das Wissen, die Technologie, die Zucht, die Absatzmärkte, das Futter; die sind von irgendwoher, vielleicht ganz weit weg. Die Zukunft des bäuerlichen Familienbetriebs beim Schwein ist ungewiss. Ständig unter Wachstumszwang wirtschaften diese Betriebe in einem wirtschaftlich wenig feinfühligen Umfeld immer am Rand der Existenz. Sie versuchen verzweifelt den Kopf über Wasser zu halten, indem sie immer weiterwachsen, immer hinter den neuesten technischen Errungenschaften her sind, bis ihnen die Puste ausgeht. Der Bauer, inzwischen definitiv Betriebsführer, ist an der Schwelle zum Agrarmanager; dann wäre er beim globalen Schwein angekommen.

Immer mehr Schweine auf der Farm

Noch vor 10 bis 20 Jahren hieß die Devise für die moderne Landwirtschaft »Wachsen oder Weichen«. Das bedeutete, alle paar Jahre den Tierbestand zu verdoppeln, den Mutterschweine- und/oder Mastschweinebestand aufzustocken und alle 10 Jahre einen neuen Stall zu bauen. Doch heute hat sich die Szene weiterentwickelt. Es geht nicht mehr nur um ein paar zusätzliche Säue. Heute heißt »Intensivierung der Schweinehaltung« mit dem internationalen Pig Business mitzuhalten, dem Wettbewerb mit dem Niedrigkostenangebot und dem ständigen Preisdruck standzuhalten. Natürlich spielt dabei auch die Kostendegression durch Bestandsvergrößerung eine Rolle. Aber auch das moderne Management des Unternehmens gehört dazu, die beständige Innovation und Übernahme neuester Techniken und dabei an der Spitze des technischen Fortschritts mitzuschwimmen sowie die gewiefte Beobachtung der Märkte, des Bestandes, der politischen Rahmenbedingungen und der Überprüfung der Betriebswirtschaft.

Eine Typisierung von Betrieben nach Bestandsgrößen ist im internationalen Vergleich höchst irreführend. Während in einem Land ein Mastschweinebestand von 50 Tieren pro Jahr noch als Kleinbetrieb durchgeht, wie etwa in Deutschland oder den meisten anderen EU-Ländern, ist ein Betrieb dieser Größe in einem anderen Land schon ein »Großgrundbesitz« – zum Beispiel auf den Philippinen.

In einer vergleichenden Studie der Schweinehaltung in 10 Ländern wurde 2019 der generelle Trend festgestellt, dass größere, kommerzielle Unternehmen auf dem Vormarsch sind, und die kleinbäuerliche Tierhaltung mit Subsistenz schwindet.[2] Der industrielle Sektor ist zwar schon überall existent und wächst, hat aber in den einzelnen Ländern eine sehr unterschiedliche Bedeutung und liegt meist nur noch unter 10 Prozent. Immerhin zählen in Deutschland schon 1.400 Betriebe mehr als 20.000 Schweine zu ihrem Bestand, und in ganz Europa sind es 7.000 Betriebe.

Das Grundmerkmal der bäuerlichen Wirtschaftsweise ist der Familienbetrieb, das heißt Eigentum und Leitung befinden sich in der Hand eines Betriebsleiters oder einer Leiterin, und der Betrieb wird überwiegend durch unbezahlte Familienarbeitskräfte bewirtschaftet. Meist besteht die Familie aus einem Ehepaar, wobei die Arbeitskraft der Frau häufig nur als Teil-Arbeitskraft berechnet wird, weil sie oft noch nach konventioneller Art den Haushalt führt und Kinder oder Elternteile versorgt. Man rechnet grob, dass eine Vollzeit-Arbeitskraft (beim augenblicklichen Stand der Automatisierung) bis zu 1.700 Mastschweine betreuen kann. Das Grundschema der Familienarbeitsverfassung wird auch dadurch nicht infrage gestellt, wenn der Familienbetrieb ein oder zwei Hilfs- oder mehrere Saisonarbeitskräfte beschäftigt.

Allerdings kommt die Entwicklung des bäuerlichen Schweins zunehmend an einen Übergang zum globalen Schwein: Die Beschäftigung von billigeren Migranten wird für größere Familienbetriebe zunehmend konstitutiv und sprengt das Konzept des Familienbetriebes. Das enorme Wachstum der Schweinehaltung in Spanien in den letzten Jahren war beispielsweise nur denkbar durch die Beschäftigung günstiger Arbeitskräfte aus Afrika, vornehmlich Marokkaner, und illegal eingewanderten Flüchtlingen. In den USA sind es die illegalen Immigrant*innen aus Lateinamerika, und in Deutschland funktioniert der Einsatz von Lohnarbeiter*innen nur mit Arbeitskräften aus Osteuropa. Viele davon sind als Scheinselbstständige beschäftigt oder wurden über private Vermittlungsbüros weitergereicht. Die harte und gesundheitsgefährdende Arbeit in der Massentierhaltung mögen kaum noch regulär Beschäftigte übernehmen, und der harte internationale Konkurrenzkampf erzwingt die Ausbeutung der Arbeiter*innen.

Nach dem russischen Agrarökonom Tschajanov zeichnet sich der bäuerliche Betrieb durch die Bereitschaft zur Selbstausbeutung der Familienarbeitskraft aus, das heißt, der Betrieb führt auch dann seine Tätigkeit weiter, wenn die (monetäre) Produktivität der Arbeit unter den Lohnansatz der Gesellschaft fällt.[3] Das erklärt zum Teil, warum Familienbetriebe in der Landwirtschaft noch weiterwirtschaften, obwohl sie schon buchhalterisch Verluste machen. Ebenfalls macht das auch plausibel, warum Familienbetriebe meist dann aufgegeben werden, wenn es niemanden in der Familie gibt, der/die den Hof übernimmt.

Das bäuerliche Schwein als Formation ist schlecht zu fassen, weil es eine breite Varianz an konkreten Betriebstypen umfasst. Auf der einen Seite sind es noch kleine, einfache aber schon recht kommerzialisierte Verhältnisse, auf der anderen aber schon Betriebe mit erheblichen Bestandsgrößen, mit einem rein ökonomischen Management und voll marktorientiert. Sie können weitgehend in moderne Wertschöpfungsketten integriert sein, halten die marktgängigen Standards ein und sind abhängig von Zulieferern und Abnehmern. Ihre Produktion von Ferkeln oder Mastschweinen ist teilweise schon recht spezialisiert, und die Rassen gehören definitiv zu den Top Ten.

Diese Art des bäuerlichen Schweins ist weit verbreitet im westlichen und südlichen Europa, wo eine starke Nachfrage nach Schweinefleisch auf eine Agrarstruktur der kleinen und mittleren Familienbetriebe traf, die historisch gewachsen ist und immer schon stark marktorientiert war. In Entwicklungsländern, in denen das lokale Schwein vorherrschend war, ergibt sich der fließende Übergang zum bäuerlichen Schwein nicht zwangsläufig, weil die historisch gewachsene Marktstruktur für Schweinefleisch fehlt und die Hinterhofschweinehalter*innen keine kommerzielle Ausrichtung haben. Außerdem setzt die Politik weitverbreitet auf eine industrielle Fleischwirtschaft.

Mit der Verfütterung des eigenen Getreides bei gemischten Betrieben, wo Ackerbau und Schweinehaltung zusammengehört, ist eine qualifizierte Futterversorgung im Vergleich zu der Verfütterung von Fertigfutter wesentlich komplizierter. Trocknung, Mahl- und Mischtechnik muss auf dem Hof präsent sein, entweder hofeigen oder mobil angeheuert. Die Mengen und Qualität der eigenen Feldfrüchte müssen kontrollierbar und verlässlich sein, was oft schwierig ist. Man kann gegebenenfalls gegenüber der Verfütterung von Fertigfutter des Weltmarktes einen kleinen Gewinn herausschlagen, aber der Aufwand muss sich lohnen.

Statistiken darüber, wie viel hofeigenes Futter in die Schweinetröge wandert im Vergleich zu angekauftem Fertigfutter, sind kaum verfügbar. Oft wird das selbsterzeugte Getreide verkauft und fertig gemischtes Futter gekauft. Je größer der Tierbestand, desto eher ist das die Regel. Im kleinstrukturierten Baden-Württemberg dagegen ist beispielsweise der Anbau von Futtergetreide (Winterweizen, Gerste, Körnermais) als typisches Schweinefutter gang und gebe. Die Auslagerung der Rationsbereitung (schroten, dosieren, mischen) an einen externen Dienstleister ist eher für kleine und mittlere Schweinehaltungsbetriebe gebräuchlich; die großen haben ihr eigenes Mischfutterwerk. Der Mischwagen kommt auf den Hof, bringt gleich eine Ladung Sojaschrot mit, malt vor Ort die Körner und mischt sie zusammen mit den anderen Komponenten zum Fertigfutter, das dann direkt in das Sacksilo geblasen wird. Von da aus transportieren sogenannte Schnecken das Futter in die Tröge der einzelnen Buchten.

Wenn der arithmetische Eigenfutteranteil einmal unter die 10-Prozent-Grenze rutscht, spricht man von einer »bodenlosen Veredelung«. Nach deutschem Recht wird eine Grenzmarke überschritten, wenn mehr Tiere pro Hektar gehalten werden, sodass eine Futterversorgung mit eigener Ernte und eine fachmännische Düngung mit den anfallenden Fäkalien nicht mehr gewährleistet ist. Dann gilt der Landwirtschaftsbetrieb als »gewerblich«, was zu erheblichen Steuernachteilen für die Betriebe führt.[4]

Um nicht zum Gewerbebetrieb abzurutschen, bemühen sich auch Großbetriebe der Tierhaltung um eine hinreichende Futterfläche. Diese muss mindestens auf dem Papier erscheinen. Es sind auch Umgehungstatbestände möglich, beispielsweise durch die Gründung einer speziellen »Viehhaltungsgesellschaft«, auf die verschiedene Landwirt*innen ihre Flächen rechnerisch übertragen können.[5] Auch Gülleausbringungsverträge mit viehlosen Ackerbaubetrieben sind gebräuchlich. Die Flächenbindung der Tierhaltung treibt die Pachtpreise für Ackerland in Gebieten mit hoher Tierbestandsdichte in die Höhe. In Deutschland haben sich die großen Schweinebetriebe deshalb vornehmlich in Ostdeutschland angesiedelt, weil dort die Pachtpreise noch niedrig und Flächen von viehlosen Betrieben verfügbar sind. Je stärker die Tierhaltungsdichte einer Region, desto höher die Pachtpreise; sie werden getrieben von der Notwendigkeit des Flächennachweises zur Gülleverwertung. Die höheren Pachtpreise für Ackerland treiben die Kosten der Verfütterung von eigenem Getreide in die Höhe und legen die ausschließliche Verfütterung von angekauftem Fertigfutter nahe.

Innerhalb des Segments des bäuerlichen Schweins tut sich viel, wie am Beispiel Deutschlands zu sehen ist. Die Entwicklung ist durch eine zunehmende Konzentration in der Tierhaltung gekennzeichnet. Zum einen heißt das, die Schweinehaltungsbetriebe werden – gemessen an der Anzahl der gehaltenen Tiere – immer größer. Gleichzeitig ist ein starker Rückgang der Anzahl der schweinehaltenden Betriebe in den letzten 20 Jahren zu erkennen. Im letzten Jahrzehnt hat sich die Zahl der Betriebe mit Schweinehaltung um 47 Prozent reduziert, in den letzten 20 Jahren sogar um 80 Prozent. Der Schweinebestand insgesamt nahm hingegen lediglich um 4 Prozent ab. Während 2010 jeder Betrieb im Schnitt rund 459 Schweine im Jahr erzeugte, waren es 2020 rund 827 Schweine pro Betrieb.[6]

Schweinehaltung in Deutschland

Im Vergleich mit den EU-Newcomern Spanien und Polen auf dem Schweinemarkt haben wir es in Deutschland, dem in absoluten Zahlen größten europäischen Schweineproduzenten (bis 2019, als Spanien Deutschland überholte) noch mit relativ moderaten Konzentrationstendenzen in der Schweinehaltung zu tun; sowohl bei Muttersauen als auch bei Mastschweinen.

Trotzdem ist die Kommerzialisierung schon so weit fortgeschritten, dass 2016 bereits 94,1 Prozent aller Mastschweine aus Betrieben stammen, die 1.000 Schweine und mehr pro Jahr erzeugen. Die in der Statistik erfasste oberste Größenklasse mit über 2.000 Tieren pro Jahr, machten 2016 nur 2,8 Prozent der Bertriebe aus, sie erzeugten aber 42,4 Prozent aller Schweine in Deutschland. Bei den Muttersauen gibt es eine noch stärkere Konzentration: 2,9 Prozent aller Agrarbetriebe mit Zuchtsauen, die über 200 Sauen betrieben, hielten 75,1 Prozent aller Sauen in der Bundesrepublik. Das ist insofern verwunderlich, galt doch noch bis vor Kurzem die Ferkelerzeugung als ein eher handwerkliches Metier, weil im tierischen Reproduktionsbereich viel Hand- und Betreuungsarbeit zu leisten ist. Der starke deutsche Rückgang der Ferkelproduktion hat bewirkt, dass die zur Mast benötigten Ferkel 2018 schon zu 20 Prozent importiert werden mussten, hauptsächlich aus Dänemark.[7]

Auch die Spezialisierung der verbleibenden Betriebe mit Tierhaltung schreitet voran. In den rund 14.200 Betrieben, die ausschließlich Schweine halten, werden 72 Prozent des Gesamtbestandes gehalten. Der Anteil der Ställe mit Spaltenboden stieg, und zwar von 67 auf 79 Prozent im Jahr 2020. Dabei stehen die Tiere im Stall auf Böden mit Spalten, durch die Kot durchgetreten wird und Urin in den Güllekanal abfließen kann. Diese Technik ist aus Tierschutzgründen umstritten. Andere Haltungsverfahren, wie beispielsweise Haltungsplätze mit Einstreu (Stroh) waren mit nur 4 Prozent kaum verbreitet.

Besonders extrem wirkt eine Arbeitsteilung, die erst kürzlich aufkam. Danach gliedern sich Betriebe in getrennte Unternehmen auf, die nur auf eine Funktion spezialisiert sind: Deckbetriebe, Abferkelbetriebe, Zuchtbetriebe (Jungsauen, Zuchteber), Ferkelaufzuchtbetriebe, Mastbetriebe. Das ist in Deutschland begünstigt durch unterschiedliche Mehrwertsteuersätze.

Das bäuerliche Schwein heute ist ein anderes als das von früher. Dass auch die Schweinehaltung in Deutschland vor noch nicht allzu langer Zeit aus Verhältnissen der Hinterhofhaltung erwachsen ist, verdeutlicht eine Betriebsbeschreibung aus dem Jahr 1954 eines Vollerwerbsbetriebs im Kreis Mergentheim (Baden-Württemberg). Dort wird als Betriebsziel formuliert, dass der Schweinebestand drei Muttersauen erreichen soll, sechs Mastschweine und zwei Läufer. Vorgesehen ist der Bau eines Schweineauslaufs und eines Kartoffelsilos von drei Kubikmetern für die Fütterung (gekochte Kartoffeln werden als Schweinefutter schon sehr lange nicht mehr verwendet).[8] Der Betrieb existiert heute noch. Er hält jetzt 200 Muttersauen und bewirtschaftet 100 Hektar landwirtschaftliche Nutzfläche, was für diese Örtlichkeit inzwischen eine Betriebsgröße ist, die an der Schwelle eines entwicklungsfähigen Vollerwerbsbetriebs liegt.

Ein recht hohes technisches Niveau ist heute bei den europäischen Bauernbetrieben fast schon Standard. Es gab eine Reihe entscheidender technischer Fortschritte. Bei der Technisierung der Ställe kamen die Kastenstände, Fütterungsautomaten, Spaltenböden, Lüftungstechnik, hermetisch abgesicherte Ställe zur Biosicherheit und Ferkelschutzkörbe auf. Bei der Reproduktion wurde fast flächendeckend die künstliche Besamung und Brunstsynchronisation eingeführt. Bei der Zucht sei die Vergrößerung der Schinkenpartien, die Reduktion des Fettansatzes und der Wegfall von PSS (Porcine Stress Syndrom, also Schweinestress-Syndrom) angeführt. Allerdings, was die Güllebehandlung zur Behebung der Geruchsbelastung anbelangt, wurde technisch nicht wirklich viel gelöst (außer der künstlichen Belüftung der Güllesilos).

Besamung

Früher erfolgte die Besamung mithilfe des »Natursprungs«: Ein Eber aus dem eigenen Bestand oder der Nachbarschaft wird zur rauschenden Sau geführt und deckt diese. Diese Art der Reproduktion kommt schnell an die biologischen Grenzen des Ebers, denn er kann nicht mehr als drei Sauen in der Woche befruchten. Nicht jeder Sprung führt zum Befruchtungserfolg. Das ist unbefriedigend, vor allem wenn es sich um einen gekörten, leistungsgeprüften Stammeber handelt. Die Eberhaltungskosten sind hoch, das natürliche Deckgeschäft ist arbeitsaufwendig und mit dem Natursprung geht die Gefahr der Ausbreitung von Deckseuchen einher.

Nach dem Zweiten Weltkrieg hat sich deshalb schnell die künstliche Besamung durchgesetzt, die heute bei uns die ausschließliche Form der Befruchtung im Schweinestall ist. Sie geht bei Schweinen auf den russischen Agrarwissenschaftler E. I. Ivanov zurück, der 1926/27 den Beweis lieferte, dass künstliche Besamung bei Schweinen möglich ist.[9] Dem Zuchteber wird dabei mithilfe einer künstlichen Vagina der Samen entnommen. Von seinem Ejakulat lassen sich gut 10 Portionen separieren, die zur Befruchtung von 10 Sauen reichen. Die Qualität der Spermien wird zuvor unter dem Mikroskop geprüft. Die Eber mit den besten Eigenschaften können so optimal zur Fortpflanzung genutzt werden. Zum größten Teil werden die Samenportionen in speziellen Zuchtstationen entnommen und kommerziell zur Deckung an die Sauenhalter verkauft. Ein Eber wird in den Ställen allenfalls noch dazu gehalten, die weiblichen Tiere zur »Rausche« zu stimulieren.

Dasjenige Stallmanagement, das immer größere Verbreitung findet, ist das System der Brunst- und Abferkelsynchronisation. Hierbei geht es um eine Rationalisierung der Abläufe, basierend auf der Zuverlässigkeit des Fruchtbarkeitsgeschehens der Sauen. Eine Sau ist regelmäßig alle drei Wochen in der Rausche und kann gedeckt werden. Darauf lässt sich ein betrieblicher Rhythmus aufbauen, denn die Betriebsleiter*innen wissen, dass die Ferkel nach genau 115 Tagen zur Welt kommen und 21 Tage gesäugt werden, bevor sie als Läufer herangezogen und schließlich an die Mast und die Schlachtung abgegeben werden. Wenn man größere Gruppen von Sauen zur gleichen Zeit durch eine orale Gabe des Hormons Regumate® brünstig bekommt und dann besamt, werden alle Ferkel zur fast gleichen Zeit geboren, notfalls auch mithilfe einer weiteren hormonellen Geburtssynchronisation. Die große Ferkelgruppe kann dann gemeinsam die anderen Stationen durchwandern. Fünf Tage nach dem Ferkeln sind die Muttersauen wieder brünstig und können als Gruppe erneut besamt werden. Alle Vorgänge können terminlich fixiert, arbeitswirtschaftlich eingeplant und mit den Marktpartnern koordiniert werden. Man weiß genau, wann man welches Futter braucht, wann die Mastschweine beim Schlachthaus abgeliefert werden können, wann man den Tierarzt für produktionsbegleitende Maßnahmen benötigt, aber auch wann Arbeitsspitzen anfallen, die man durch Gelegenheitsarbeiter*innen brechen kann. Für die Biosicherheit hat das System den Vorteil, dass nach der »Rein-Raus-Methode« die Zwischenzeit, wenn die Buchten frei sind, genutzt werden kann, um den Stall zu desinfizieren. Der größte Vorteil dieses Managements besteht allerdings darin, dass höhere Verkaufserlöse für eine größere, ausgeglichene Verkaufspartie möglich sind. Selbst bezüglich der Stallbaukosten lassen sich Einsparungen erzielen.[10]

Dieses System hat sich durchgesetzt, weil es höchst effizient ist und den Betriebsablauf industriell planbar macht. Es ist aber an der Schwelle zum globalen Schwein angesiedelt, denn es hat die Voraussetzung für eine industrielle Schweinezucht geliefert, von der Großbetriebe am meisten profitieren.

Das bäuerliche Schwein in Europa ist gut organisiert. Nur im Konzert der vielen staatlichen und halbstaatlichen Organisationen sowie privat organisierten Selbsthilfeinitiativen hat sich die Schweinehaltung in Familienbetrieben bei uns eine Chance erstritten, im Wettbewerb um Effizienz und auf den Märkten mitzuhalten. Dabei ist es Standard für jeden professionellen Schweinezucht- und Mastbetrieb, Mitglied im Schweinegesundheitsdienst, in der Tierseuchenkasse[11] und in einem selbstorganisierten regionalen Beratungsdienst, dem Schweinehaltung e. V., zu sein. Wer sich selbst hilft, dem hilft der Staat; die privaten Beratungsdienste werden staatlich bezuschusst. Sie tragen auf nationaler Ebene den Bundesverband der Beraterdienste, in dem alle Stakeholder des Agrobusiness ebenfalls Mitglied sind.[12] Dieser Verband nimmt auch – neben dem Deutschen Bauernverband und vor allem der Interessengemeinschaft der Schweinehalter Deutschlands (ISN) – eine politische Interessensvertretung der Schweinehalter*innen vor. Viele Betriebe sind auch Mitglied in einem Schweinezuchtverband, wie beispielsweise für Hybride[13]; der bayerische und württembergische Zuchtverband etwa haben dadurch eine bundesweite Bedeutung erhalten. Leider haben sich immer noch nicht genug Betriebe in regionalen

Erzeugergemeinschaften zusammengefunden, um gemeinsam als Marktpartner aufzutreten und ihre Tiere gemeinsam zu vermarkten Die verschiedenen Erzeugergemeinschaften haben sich zu einer Vereinigung der Erzeugergemeinschaften für Vieh und Fleisch e. V. (VEZG) zusammengefunden, die für eine optimale Markttransparenz sorgt und ihre Mitglieder bei der Preisbildung beraten darf.[14]

Die Deutsche Landwirtschaftsgesellschaft (DLG) bereitet durch ihre »Kommission Schwein« aktuelles technisches Wissen zum »guten Produktionsstandard« auf. Durch überregionale Fachzeitschriften und andere Veröffentlichungen verbreitet sie ihre Informationen. Das Magazin SUS für Schweinehalter (Schweinezucht und Schweinemast)[15] etwa fehlt auf keinem Schweinehof. Landwirtschaftskammern und -ämter klären die Bauern und Bäuerinnen durch Broschüren und Veranstaltungen über die staatlichen Programme auf. Dazu kommt noch eine Vielzahl und Vielfalt an Bildungsinstitutionen auf dem Lande, Fachakademien, landwirtschaftliche Fachschulen, Hochschulen und allerlei Fortbildungsangebote für Schweinebauern und -bäuerinnen. Man kann getrost behaupten, dass diese nicht an einem Informationsmangel, sondern eher im Gegenteil an einem Informationsoverkill leiden.

Ein ähnlich gut organisierter institutioneller Rahmen fehlt in den meisten Entwicklungsländern. Das mag auch ein Grund sein, weshalb dort die Zukunft des schweinehaltenden Familienbetriebs weniger vielversprechend ist als in den Industrieländern. Eher wird dort die Weiterentwicklung der bäuerlichen Schweinehaltung behindert als gefördert (siehe Kapitel 2).

Die stolzen Schweinebauern im Hamsterrad

So wie es immer weniger Bauern und Bäuerinnen gibt – besonders Schweinehalter*innen, so kommen auch so manche alten Bauernweisheiten unter die Räder. »Haste Schweine, haste Scheine«, ist eine solche. Schweine zu halten ist heute bei dem ständigen Auf und Ab der Preise für Ferkel und Schlachttiere eine nervenaufreibende, risikoreiche Tätigkeit und selten lukrativ. Die Weisheit des Schweinezyklus[16] lernt jeder Ökonomiestudierende im ersten Semester. Hervorgerufen wird dieser durch eine verzögerte Anpassung des Angebots an den Marktpreis. Ein hoher Preis für Schweinefleisch führt zu einer gesteigerten Aufzucht; das größere Angebot erscheint nach etwa 18 Monaten auf dem Markt, kann aber bei gering variierender Nachfrage nur zu niedrigeren Preisen abgesetzt werden. Darauf sinkt das Angebot, und die Preise steigen, bis ein neuer Schweinezyklus beginnt.

Diese Berg- und Talfahrt der Preise für Schlachtschweine und Ferkel war gerade in den letzten Jahren extrem. Die deutschen Fleischexporte nach China boomten und die Preise waren gut. Als in China 2019 die Afrikanische Schweinepest ausbrach und 40 Prozent des Bestandes gekeult werden musste, stiegen die Weltmarktpreise für Schweine in eine kaum dagewesene Höhe auf 190 Euro pro Schlachtkörper. Doch dann fand man an der deutsch-polnischen Grenze verelendete Wildschweine, die – wie sich herausstellte – an ebenjener Schweinepest gestorben waren, und China erließ ein Einfuhrstopp für deutsches Schweinefleisch, ein Desaster für die deutschen Schweinepreise. Für die EU übernahm daraufhin Spanien die lukrativen Chinafleischexporte.

2020, ein knappes Jahr später, erholten sich die Preise für Schlachtschweine wieder langsam, doch mit Maßen, denn die chinesische Regierung setzt alles dran, um die alten Bestände wieder aufzubauen und zukünftig eine Selbstversorgung zu erreichen. Ein wahrer Wettlauf nach Ferkel auf dem Weltmarkt begleitet das chinesische Wiederaufbauprogramm. Entsprechend stiegen die Ferkelpreise, was die Gewinne der europäischen Mastbetriebe dahinschmelzen ließ. Chinesische Selbstversorgung ist für die exportabhängige deutsche Schweinefleischwirtschaft eine schlechte Nachricht. Man hofft, dass das nicht eintritt, aber man denkt insgeheim: China ist alles zuzutrauen.

Spricht man mit Bauern oder Bäuerinnen, die heutzutage meist für mehr als 1.000 Schweine Verantwortung tragen, taucht unweigerlich das Bild vom »Hamsterrad« auf. Es kennzeichnet die subjektiv gefühlte Situation der Landwirt*innen, die unter hohem

Leistungsdruck stehen und keine Aussichten auf Erfolg oder baldiges Ende ihrer Stresssituation haben. Es ist – wie auch die Situation des Hamsters in seinem Käfig – eine Art Gefangenschaft: Man weiß keinen Ausweg mehr, weil einmal getätigte Entscheidungen über Investitionen, Technologien, Betriebskonzept, Ausbildung und Kreditaufnahmen ein Ausbrechen unmöglich machen. Die meisten sehen nur einen Ausweg: den Betrieb aufzustocken, das heißt durch größere Stückzahlen billiger zu produzieren, bessere Verkaufskonditionen herauszuschlagen, das Management zu professionalisieren und mithilfe von digitalen Komponenten den Überblick zu bewahren. Alle Hochglanzmagazine und Beratungsorganisationen haben nur die eine Botschaft: rationalisiere, wachse, oder weiche! Was als Befreiung aus dem Rad erscheint (das Hamsterrad sieht von innen aus wie eine Karriereleiter), mag sich in Wirklichkeit nur als eine Beschleunigung der Umdrehungszahl herausstellen. Das Überleben des Betriebs könnte mit dem nächsten Wachstumsschritt vorerst gerettet sein, aber die Verantwortung nimmt zu und der Stress auch. Besonders wenn die einzelbetriebliche Aufstockung auf begrenzte Märkte trifft und die Mehrproduktion nur bei sinkenden Preisen abzusetzen ist, erweist sich die »logische« Betriebsstrategie als Schuss nach hinten.

Wie sehr die Kosten und die Erzeugerpreise großen Schwankungen unterliegen, sei an den jüngsten Zahlen verdeutlicht. Beispielsweise waren die Schlachtpreise im Dezember 2019 netto bei 190 Euro pro Schlachtkörper (rund 99 Kilogramm), die Kosten lagen im Durchschnitt bei 179 Euro, das heißt der Haltungsbetrieb konnte 11 Euro Gewinn pro Schlachtschwein einstreichen, mit denen er auch die Kapitalkosten und -tilgung decken musste. Der Preis von 190 Euro war der absolute Rekordpreis. Ein Jahr später lagen die Kosten bei 144 Euro, vor allem weil die Ferkel 38 Euro billiger waren, aber für den Schlachtkörper netto hat der Betrieb nur 146 Euro erzielt. Das heißt die Erzeugerbetriebe mussten mit einem Gewinn von nur 2 Euro pro Schwein leben, der für die Arbeitsleistung der Familie übrigbleibt. Den Ferkelerzeugern ging es in der Zeit auch nicht besser.

Unternehmer*innen, die unter dermaßen prekären Verhältnissen wirtschaften, stehen notgedrungen unter extremem Stress. Die bäuerlichen Produzenten können langfristig nur überleben, wenn sie in der Lage sind ein finanzielles Polster aufzubauen, um die Krisenzeiten zu überbrücken. Bauer Heinrich B.[17], der mit seiner Frau zusammen einen Schweinehof von 800 Sauen, 6.000 Ferkeln und 4.000 Mastschweinen pro Jahr betreibt, klagt sein Leid: »Wir können aus diesem System nicht mehr raus. Wenn die Sauen mal besamt sind, kommen unweigerlich die Ferkel. Die älteren Ferkel müssen in den Maststall, und die Mastschweine müssen raus zum Schlachthof, um Platz für die Nachrücker zu schaffen. Es ist eine Kette, die beständig rundläuft, die nicht unterbrochen werden darf, ein Just-in-Time Prozess: Ferkel, Mast, Schlachtung. Bei dem Getriebe greift jedes Zahnrad in das nächste Kettenglied. Wenn zum Beispiel der Schlachthof die Tiere nicht mehr abnimmt, wie im Sommer 2020 bei der Tönnies Krise[18], dann staut sich alles rückwärts in der ganzen Kette.» Ein anderer Bauer erzählt: «Der Ferkelerzeuger hat ein Problem, wenn die schlachtreifen Tiere nicht raus sind. Wenn ich nicht weiß, wohin mit meinen mastreifen Ferkeln, weiß ich auch nicht, wohin mit den Aufzuchtferkeln und den trächtigen Sauen, die zwei Tage später ferkeln. Da komm ich nachts nicht mehr in den Schlaf.«

Sehr leiden die Schweinebauern auch unter dem Druck der Gesellschaft und der geringen Anerkennung, die den konventionellen Landwirt*innen und ihrer Arbeit entgegengebracht wird. Die Gesellschaft verlangt Tierwohl, Umwelt- und Klimafreundlichkeit, aber die Realität auf dem Markt ist, dass der Großteil der Verbraucher*innen diese besonders ausgezeichneten Produkte nicht kauft und anscheinend dafür nicht wirklich mehr zu zahlen bereit ist. »Kein Bauer weiß, was er machen soll. Er steckt in der Klemme. Eine andere Produktion mit geringerer Tierzahl und mehr Nachhaltigkeit verlangt eine revolutionäre Umstellung des gesamten Betriebs und der Abläufe, umfangreiche Umbaumaßnahmen und ein totales Umdenken. Das erfordert enorme Neuinvestitionen. Aber was machen, wenn die alten Kredite noch nicht abbezahlt sind, die früheren Investitionen noch nicht abgeschrieben sind? Außerdem braucht jede Umstellung viel Zeit.« Ein anderer Bauer berichtet: »Wir Landwirte haben uns immer am Markt orientiert und haben gedacht, damit sind wir auf der sicheren Seite. Und jetzt stellen wir fest: Markt und Gesellschaft sind zwei unterschiedliche Dinge.«

Beschleunigt wird das Hamsterrad des bäuerlichen Schweins noch dazu von den hohen staatlichen Auflagen und den gesetzlichen Kontrollen. Die Verpflichtungen zur Güllebehandlung und -ausbringung, Biosicherheit der Ställe, Ventilation und Reduktion der Stallemission haben sich so verschärft, dass die Landwirt*innen für die hohen Standards viel investieren mussten. »Jetzt soll das Ruder wieder herumgerissen werden und wieder neue Kredite aufgenommen werden, obwohl die alten Schulden noch drücken und die Gewinnaussichten einer anderen Bewirtschaftung unsicher sind. Wie sollten sie auch, denn alle Erwartungen laufen ja daraufhin, weniger Tiere bei höherem Aufwand und neuen Investitionen zu halten«.

Koexistenz der drei Systeme in Brasilien

Paulo Alfredo Schönardie

Die brasilianische Schweinewirtschaft wird zurzeit immer tiefer in die Exportwirtschaft Brasiliens integriert. Der Schweinefleischexport trägt dazu bei, dass das Land zirka eine Milliarde Menschen international mit Proteinen versorgt. Vor Ort aber hungern gegenwärtig rund 19 Millionen Menschen und die Hälfte der 210 Millionen Einwohner*innen Brasiliens leiden unter Proteinmangel.

Die Geschichte des brasilianischen Schweins ist vielfältig und reicht weit zurück. Die Haltung einer großen Zahl unterschiedlichster Schweinerassen war gängige Praxis der Millionen von europäischen Einwanderern, die sich im Süden des Landes ansiedelten und bäuerliche Betriebe errichteten (siehe Familiengeschichte Silvio Meincke ab S. 81). Die Haltungsmerkmale entsprachen dem **lokalen Schwein** (Hinterhofhaltung). Diese Haltung war auf die Selbstversorgung der bäuerlichen Familien ausgerichtet. Dazu gehörte auch der Verkauf eines ungeplanten Überschusses, aber auch der Verkauf von Schweinen zu bestimmten Anlässen. Das Futter wurde auf dem Hof selbst hergestellt. Der Verkauf der Schweine bekam einen ersten Rückschlang mit dem Sojaboom in den 1970er-Jahren, denn danach wurde das Schweinefett durch das damalige Abfallprodukt der Sojabohne, nämlich das Sojaöl, ersetzt; das Hauptprodukt, der Sojaschrot, wurde als Futter für die Nutztiere in die ganze Welt verschifft. Traditionell zählte ein Schwein, das möglichst viel Speck aufzuweisen hatte, als besonders wertvoll.

Seit der 1990er-Jahren entwickelt sich in Brasilien ein moderner bäuerlicher Sektor, der der Haltung des **bäuerlichen Schweins** folgt. Das Bevölkerungswachstum und die Migration in die Städte führten zu einer starken Nachfrage nach Fleisch. Deshalb importierten die Schweineschlachthäuser Technologien und begannen gleichzeitig mit der Integration ausgewählter bäuerlicher Betriebe. Dabei wurden die Bauern und Bäuerinnen dazu überredet, Kredite aufzunehmen und Schweineställe zu bauen. Die Industrie lieferte die Ferkel, die Medikamente und das gesamte Futter, wohingegen die Bauern und Bäuerinnen dafür zuständig waren, für die Unterbringung der Tiere, die Arbeitskraft, das benötigte Wasser und die Energie zu sorgen. Die Bezahlung lief und läuft auch heute noch über klar definierte Qualitätskriterien des Schweins. Die wirtschaftlichen Gewinne der Bauern und Bäuerinnen sind dabei minimal, oft gibt es auch Verluste. Um die aufgenommenen Kredite zurückzahlen zu können, müssen sie weitermachen. Wachsen oder weichen ist die Devise. Durch die Eingliederung in eine vertikale Wertschöpungskette verloren die Bauern und Bäuerinnen komplett ihre Autonomie. Oft bleiben ihnen am Ende nur die Gülle und der Mist. Da sie hiervon nun aber zu viel haben im Vergleich zur Ackerfläche, kommt es infolge immer häufiger zu Nitrat- und Phosphatproblemen im Grundwasser und in der Natur.

In den letzten Jahren entwickelte sich zusätzlich ein ganz neues Segment: das **globale Schwein**. Diese Schweinehaltung ist eine ganz andere, und mit ihr wuchsen große Schlachthofkonzerne zu internationalen Playern. Zu dem System gehört die gigantische Ausdehnung der Produktion von Soja und Mais, die international explodierende Nachfrage nach Fleisch und nicht zuletzt die billigen Arbeitskräfte auf dem Land Brasiliens.

Dieses Agrobusiness siedelte sich in der neuen Kornkammer im mittleren Westen des Landes an, zum Beispiel im Bundesstaat Mato Grosso. Es geht dabei nicht mehr um das klassische Model der vertikalen Integrierung bäuerlicher Betriebe, sondern die Konzerne selbst betreiben Landwirtschaft auf Tausenden von Hektar Land, oft in enger Partnerschaft mit dem historischen Großgrundbesitz. Es entstehen riesige Stallanlage mit bis zu mehr als hunderttausend Schweinen. Die Futtermittel kommen von den Feldern ringsherum, in denen die Anlagen stehen. Dadurch wird brasilianisches Schweinefleisch konkurrenzlos billig auf den Weltmärkten. Die brasilianische Wirtschaft ist schon historisch auf Agrarexporte ausgerichtet. Neu ist, dass jetzt nicht mehr nur Soja und Mais exportiert werden, sondern die Bohnen und Körner werden vor Ort in Fleisch »umgewandelt« und exportiert. Der Staat unterstützt dieses Wirtschaftsmodell mit Subventionen, und gesetzlichen Vorgaben.

Die hochtechnisierte und automatisierte Schweinewirtschaft basiert auf einem System der Billiglöhne und der Zerstörung der Natur durch die Art und Weise, wie das Tierfutter produziert wird, und durch die Emissionen der Schweinehaltung. Die Exportorientierung des industriellen Schweins hat keinen Einfluss auf den Hunger und die Armut von Millionen von Menschen in Brasilien.

Nach Daten der Brazilian Animal Protein Association ABPA produzierte das Land im Jahr 2020 4,44 Millionen Tonnen Schweinefleisch, davon wurden eine Million Tonnen exportiert. Die internationale Handelskammer Camex des brasilianischen Wirtschaftsministeriums berichtet, dass eine halbe Million Tonnen brasilianischen Schweinefleisches im Jahr 2020 allein nach

China geliefert wurden. Der Export des Fleisches ist dabei fest in den Händen einiger weniger Konzerne, darunter BRF, Aurora, JBS, Seara, Marfrig, Minerva und Alibem.

Das lokale Schwein ist in Brasilien aber nie ausgestorben. Die Schweinehaltung in kleinstbäuerlichen Betrieben, obwohl mehrmals infrage gestellt, ist weiter eine der wichtigsten Fleischquellen für Millionen Brasilianer und Brasilianerinnen zur Selbstversorgung und Vermarktung auf lokalen Märkten. In Krisenzeiten erfährt das lokale Schwein sogar wieder einen Aufschwung. Im Bewusstsein der Konsument*innen ist inzwischen die Qualität von Schweinespeck gegenüber Sojaöl rehabilitiert. In Siedlungen der Landreform und durch eine Rückmigration von Städter*innen aufs Land bekommt das lokale Schwein gegenwärtig einen weiteren Anschub. Sicher ist aber, dass auch das globale Schwein in Brasilien eine rasante Weiterentwicklung erfährt.

Entscheidend ist, was hinten rauskommt

Es lässt sich nicht leugnen, dass alle guten Vorsätze nicht viel wert sind, wenn unter dem Strich ökonomisch nichts dabei herauskommt. Genauso ist es auch mit den Urin- und Kotausscheidungen der Schweine. Diese sind die größten Herausforderungen für die Stellung der Schweinehaltung in der Gesellschaft. Mit der Flächenbindung ab 2007, die besagt, dass ein Betrieb nur eine gewisse maximale Anzahl an Tieren (Großvieheinheiten = GVE) pro Hektar Betriebsfläche halten darf; hat er einen höheren Viehbesatz, muss er Ausbringungsverträge mit Agrarbetrieben vorweisen, die ihre Güllequote nicht ausschöpfen. Der durchschnittliche Tierbesatz in Deutschland liegt bei 0,7 GVE, aber in den Hotspots der Schweinehaltung, in Teilen von Niedersachsen und NRW, liegt der Besatz bei über 3 GVE. 50 Prozent der Grundfläche in Deutschland überschreitet 50 Milligramm Nitrat pro Liter. Das ist viel mehr als die EU erlaubt, erst recht als das, was sie empfiehlt, nämlich 10 Milligramm pro Liter.

Die Umweltauflagen in anderen EU-Staaten sind niedriger, beispielsweise werden in Frankreich zumeist die Güllegrenzwerte eingehalten.

Die Emissionen von Stickstoff und Methan haben zwar pro Kilogramm Schweinefleisch abgenommen, weil Verbesserungen in der Produktivität und Stalltechnologie zu Einsparungen geführt haben. Allerdings ist die Schweinehaltung immer noch einer der klimaschädlichsten Betriebszweige der deutschen Landwirtschaft.

Bei der Güllefrage geht es nicht nur um den Nitrateintrag, sondern auch um Abbauprodukte und Rückstände von Antibiotika, Schwermetallen, Hormonen und Pharmazeutika, die über das Futter in das Fleisch und in die Ausscheidungen der Tiere gelangen. Schließlich findet man die Pollutanten im Grundwasser oder über den Bodeneintrag in den Feldfrüchten wieder.[19]

Auch in China ist erkannt worden, dass die Schweinehaltung die Hauptursache für die Wasserverschmutzung ist. In dem Land, das 50 Prozent der Schweine weltweit produziert, werden jedes Jahr 5 Milliarden Tonnen Gülle ausgebracht. Ein Fünftel des chinesischen Süßwassers wird als kontaminiert bezeichnet und 300 Millionen Menschen sind von ihrem Trinkwasser abgeschnitten.[20] Man weiß, dass eine Tonne Schwein, die den landwirtschaftlichen Betrieb in China verlässt, 2,95 Tonnen CO_2-Äquivalent (in Kohlendioxid gemessene Treibhauswirkung) erzeugt, das sind 27-mal mehr als in Nordamerika. Dies geht auf die schlechtere Klimabilanz der importierten Futtermittel zurück, aber auch zu 50 Prozent auf die Treibhausgase (THG) des elektrischen Energieverbrauchs in der chinesischen Schweinehaltung.[21] Die Treibhausgase Lachgas und Methan, die unter anderem in den Schweineställen entstehen, sind sehr klimawirksam. Sie machen zwar nur rund 5 Prozent des Gewichts aller landwirtschaftlichen Treibhausgase aus, aber beispielsweise trägt ein Gramm Methan in 100 Jahren 28-mal mehr zum Treibhauseffekt bei als 1 Gramm CO_2, und das CO_2-Äquivalent für Lachgas beträgt 265 für 100 Jahre.

Die Umweltprobleme konzentrieren sich genau auf diese Grundwasserproblematik, hauptsächlich auf Stickstoff und die Treibhausgas-Emissionen durch die Ausscheidungen der Schweine in die Luft. Die europäischen Politikinstrumente zum Wasser-, Klima- und Luftschutz bei der Tierhaltung sind regulativ und zunehmend einschneidend und kompliziert. Ökonomische Instrumente, wie Umweltsteuern auf die verursachenden Stoffe oder Subventionen für deren Vermeidung, werden kaum angewandt.[22] Umwelt- und Klimaschutz haben einen wesentlichen Anteil an den gesellschaftlichen Nöten der bäuerlichen Schweinehaltung im Hamsterrad.

Erstens führen höhere staatliche Auflagen bezüglich der Gülleproblematik zur direkten Verteuerung der Produktion. Zweitens verstärken höhere Standards die Konkurrenz mit billigeren Importen, weil sie die Inlandsproduktion verteuern. Drittens bedeutet Emissionsreduktion immer Umbaumaßnahmen, Prozessumstellungen und einen zusätzlichen Investitionsbedarf. Viertens sind die meisten Investitionen zur Umweltverbesserung in der Schweinehaltung nicht betriebsgrößenneutral, das heißt, sie rentieren sich für Betriebe mit großen Stückzahlen mehr und verschärfen dadurch den Wachstumszwang. Fünftens erleben die Bauern und Bäuerinnen die staatlichen Auflagen oft als bürokratische Zumutung, weil die pauschalen Vorschriften als »unpraktisch« empfunden werden. Sechstens sind es gerade die Emissionen (neben Tierschutz und Tierwohl), die für das schlechte Ansehen der Bauern und Bäuerinnen in der Bevölkerung sorgen.[23]

Zum ersten Punkt: Eine Modellberechnung der DLG zu den Kosten der drei staatlichen Tierwohlkennzeichen (Basis: heutiger gesetzlicher Standard; siehe Kapitel 11) ergibt, dass der Sprung von der Basis zur ersten Stufe 8,5 Prozent Verteuerung mit sich bringt, von der Basis zur zweiten Stufe 14 Prozent und von der Basis zur dritten Stufe 29,7 Prozent. Das liegt hauptsächlich daran, dass eine geringere Besatzdichte in den Buchten zu höheren Gebäudekosten, Direktkosten (Futter, Ferkel, Energie, Tierarzt) und einem größeren Arbeitsaufwand führt.[24] Immer noch weit entfernt von idealen Verhältnissen wie Einstreu, Auslauf und Antibiotikaverzicht, müsste der Bauer für das Schlachtschwein der dritten Stufe 218 Euro erhalten, wenn er seine Kosten decken will, und ein Kilogramm Schnitzel müsste an der Ladentheke für 20,55 Euro verkauft werden, also 37 Prozent über dem jetzigen Durchschnittspreis von 15 Euro. Die Gülle- und Klimaprobleme wären auch mit der Dritten Stufe nicht gelöst.

Zum zweiten Punkt: Die Kosten der Standards verschiedener Länder sind nur schwer miteinander zu vergleichen, schon allein deshalb, weil die geografischen Bedingungen von Ländern stark voneinander abweichen; nationale gesetzliche Standards sind eine Folge. So lässt sich Schweinefleisch in Brasilien und den USA um rund ein Drittel billiger produzieren als in Deutschland, unter anderem wegen der lascheren Standards zur Gülleausbringung. Diese sind dort deshalb möglich, weil ihre Landwirtschaft wesentlich flächenstärker ist und die Bevölkerungsdichte auf dem Lande geringer ist. Die Gülle kann dort theoretisch breiter ausgebracht werden und die Geruchsbelästigung der Anwohner*innen und die Wasserverschmutzung ist geringer. Ob eine solche unschädlichere Ausbringung auch wirklich passiert, ist kaum zu kontrollieren. Tatsächlich haben auch diese Länder in den Gebieten mit hoher Schweinedichte Probleme mit der Nitratverseuchung des Grundwassers.[25]

Automatisch entsteht eine starke räumliche Verdichtung der Schweinehaltung in sogenannten Veredelungszentren (Schweinehotspots), in denen sich eine hochspezialisierte Infrastruktur für die Fleischwirtschaft entwickelt. Hier sind alle vor- und nachgelagerten Stufen der Erzeugung und Verarbeitung von Schweinefleisch konzentriert. Entsprechend belastet ist die Umwelt durch die Intensivhaltung in diesen Gebieten.

Was die Klimabilanz anbelangt, haben die USA und Brasilien Vorteile gegenüber den Schweinehalter*innen anderer Länder, weil die Transportkosten von Soja- und Maisfuttermittel gering ausfallen, denn gerade die großen Schweinefleischkonkurrenten sind auch die großen Sojaanbaugebiete. Europa und Südostasien als dicht besiedelte Gebiete fast ohne Sojaanbau weisen dagegen ökologisch gesehen kaum komparative Kostenvorteile für die Schweinehaltung auf. Ihr Vorteil besteht in der Nähe zu den großen Verbrauchermärkten und dem Zugriff auf eine gute physische, kommunikative und institutionelle Infrastruktur. Außerdem erhalten die europäischen Bauern und Bäuerinnen erhebliche Investitionsbeihilfen durch die Politik, die so in anderen Ländern nicht gegeben sind. Unter ansonsten gleichen Bedingungen stellen ungleiche Umweltauflagen im internationalen Handel unweigerlich einen Wettbewerbsnachteil dar.[26] Die OECD bewertet die Handelsverzerrung durch unterschiedliche Gülleauflagen allerdings für wenig relevant.[27]

Zum dritten Punkt: Wenn etwa in Deutschland erst ab Februar Gülle auf den Feldern ausgebracht werden darf, um das Grundwasser zu schonen, heißt das für Betriebe, sie müssen Güllelagerraum schaffen, der genug Urin und Kot aller ihrer Tiere für drei Monate speichern kann.[28] Hier fallen enorme Baukosten für riesige Silos an. Auch die Ausbringungstechnik mit bodennaher Düngung erfordert teure Tank- und Spritztechnik. Per Düngeverordnung ist der Bauer oder die Bäuerin in der Bundesrepublik – wie weitgehend überall in der EU – verpflichtet, die »gute fachliche Praxis« bei der Güllebehandlung und -ausbringung anzuwenden.[29] So müssen sie auch die Gülle belüften, um genug Sauerstoff in die Silos zu leiten, damit sich keine schädlichen Stoffe bilden. Das erfordert alles hohe Investitionen. Auch der »Gülletourismus« in Deutschland nimmt langsam ungeheure Ausmaße an. Um die Belastung des Grundwassers mit Nitraten in den Intensivmastgebieten zu begrenzen, wird Gülle in Regionen verkauft, die nur wenige Tiere pro Flächeneinheit halten. Eine Studie von Greenpeace hat Gülletransporte nachverfolgt. Die 86 nachverfolgten Transporte lieferten im Durchschnitt über eine Distanz von 220 Kilometern, häufig Ländergrenzen übergreifend.[30]

Zum vierten Punkt: Die umweltfreundlichen Techniken, wie zum Beispiel Güllelagerung, Güllebehandlung, Stallbauten, Gülleausbringung, gehen mit erheblichen Betriebsgrößenvorteilen einher. Ein 20 Prozent größeres Güllesilo bei einem 20 Prozent größeren Bestand an Schweinen ist keine 20 Prozent teurer, sodass die Stückkosten pro Schwein sinken. Ähnliches trifft auch für andere

Umweltauflagen zu, wie beispielsweise die Stallventilation, Brandschutz in den Ställen und Biosicherheit. Wie gesehen kommt es in der Schweinehaltung auf jeden Cent Kostenersparnis bei den niedrigen Weltmarktpreisen und den geringen Gewinnspannen pro Schwein an.

Während es in Deutschland eine große Klientel gibt, die auf Kleinbauern und -bäuerinnen als die besseren Umweltschützer*innen schwört, glauben dagegen die chinesische Bevölkerung und die kommunistische Partei Chinas, dass die Großbetriebe der Schweinehaltung die Sicherheit der Nahrung und die Umweltprobleme besser im Griff haben; ihnen traut man die nötige Einsicht zu, vertraut auf ihre technologische Überlegenheit und ihre Umsetzungskapazitäten.

Das bäuerliche Schwein ist aus dem lokalen Schwein hervorgegangen und lebt als eigenständige Formation weiter. In Europa und dort, wo der Familienbetrieb in der Landwirtschaft eine alte Tradition hat, ist es dominant. Allerdings schrumpft die Anzahl der Betriebe, während die Größe und Durchkapitalisierung der Betriebe beständig wächst. Technologisch sind die »entwicklungsfähigen« bäuerlichen Schweinehalter top ausgerüstet. Aber sie haben um ihre Existenz zu kämpfen, denn sie stehen in einem harten Konkurrenzkampf. Bei niedrigen Fleischpreisen und hohen Kosten wirtschaften sie mit geringen Gewinnmargen. Nur durch ihre perfekte überbetriebliche Selbstorganisation hat sich das bäuerliche Schwein bisher durchsetzen können. Emissionsprobleme machen allerdings den Bauern und Bäuerinnen schwer zu schaffen, und sie haben den Eindruck, dass Staat und Gesellschaft gegen sie agieren. Die Situation der bäuerlichen Produzenten ist beklemmend, die Zukunft des bäuerlichen Schweins ist dadurch gefährdet.

Kapitel 7

Pig Business
Konzentration ist alles

»Wer einen Tiger weckt, sollte
einen langen Stock benutzen.«
Mao Tse-Tung

Die Nachfrage nach Schweinefleisch in den Schwellenländern, vor allem in Südostasien, steigt. Sie wird wohl kaum durch eigene Produktionsanstrengungen ganz zu decken sein. Bei den Fleischimporten werden Produktionsketten mit den geringsten Kosten bevorzugt, die am effizientesten im Wettbewerb eines globalisierten, allein auf den Preis fixierten Marktes bestehen können. Die Top Ten der schweinefleischexportierenden Erzeugerländer sind in einem scharfen Konkurrenzkampf um den beschränkten Weltmarkt verstrickt. Sie alle brauchen den Weltmarktabsatz als Zünglein an der Waage. Entscheidend sind nicht nur die landwirtschaftlichen, sondern auch die industriellen Stärken. Die Größe der fleischverarbeitenden Betriebe, die technologische und organisatorische Überlegenheit, die industrielle Konzentration beziehungsweise Integration und niedrige Arbeitskosten entscheiden darüber, wer die Gewinner sein werden. Fleisch-Imperien, bisher eher strikt national orientiert, globalisieren sich. Noch ist der Prozess erst in den Anfängen, doch die Dynamik der Entwicklung wirft ihre Schatten voraus. Aufgeschreckt wurde die Fachwelt, als 2011 der größte Schweinekonzern der Welt, das US-Unternehmen Smithfield, von dem bislang unbekannten neuen chinesischen Riesen, der WH-Group, geschluckt wurde. Spätestens ab diesem Punkt wusste man: Das globale Schwein als neuer Systemzusammenhang ist am Entstehen, das Pig Business etabliert sich.[1]

Wettbewerbsfähigkeit: größer, besser, siegen!

Eigentlich ist die globale Exportquote von Schweinefleisch, gemessen an der Größe des Absatzes auf dem jeweiligen Binnenmarkt, mit 9,5 Prozent in Deutschland nicht besonders hoch (EU: 10,8 Prozent) verglichen etwa mit Geflügelfleisch, das anteilsmäßig sehr viel mehr international gehandelt wird. Aber die Bedeutung des Weltmarktes für Importeure und Exporteure gleichermaßen ist nicht zu unterschätzen. Für die großen Schweineexporteure USA, EU (vor allem Deutschland und Spanien), Kanada und Brasilien, die sich alle längst in einer Überschusssituation an Schweinefleisch befinden, kann auf die preisbestimmende strategische Rolle des Auslandsabsatzes nicht verzichtet werden. Für die Regierungen der großen Importstaaten wie China, Japan, Korea, Vietnam, Philippinen und Russland ist die sichere Versorgung der Bevölkerung mit dem beliebten Schweinefleisch eine Frage der politischen Stabilität. Dazu kommt, dass diese weltweiten Güterströme noch recht jung sind und erhebliche zusätzliche Produktionskapazitäten in der modernen Schweinewirtschaft geschaffen haben, deren Rückbau nur mit starken Turbulenzen denkbar ist (siehe Kapitel 4).

Exportländer wie die USA, Kanada und Brasilien haben erhebliche Kostenvorteile bei den natürlichen Produktionsverhältnissen im Vergleich zur EU aufzuweisen. Ihre Landwirtschaft profitiert von günstigen Bedingungen des Klimas, der Böden, des billigen Futters und der agrarstrukturellen Stärken, besonders der großen Betriebsgrößen in der Sauenhaltung und Mast. Eine ausreichende Landmasse und niedrige Bevölkerungsdichte, was für die großen Schweineexporteure typisch ist, ist notwendig für niedrige Boden- und Pachtpreise, für eine geringe Geruchsbelästigung und genügend Fläche zum Ausbringen der Gülle. In Sachen Infrastruktur, Technologie in der Wertschöpfungskette und Industriestruktur sind sie Europa ebenbürtig. In Sachen Fleischqualität haben die Konkurrenten inzwischen auch gleichgezogen.

Europa hat allerdings einen kleinen Vorteil bei den kurzen Transportwegen zu den Märkten, sowohl im Binnenbereich wie auch im

Weltmaßstab, hat aber einen großen Preisnachteil aufgrund seiner hohen Standards beim Tierwohl, Tierschutz, Umwelt- und Klimaschutz und der Regulierungsdichte in der Agrarpolitik. Allerdings müssen die Betriebe, die in die EU exportieren möchten, die EU-Spezifikationen für Lebensmittelsicherheit auch erfüllen. Auf dem Weltmarkt können Brasilien und die USA aber Schweinefleisch um rund 30 bis 40 Prozent billiger als Europa anbieten, da sie weniger Produktionskosten haben (siehe nachstehende Infobox).

Internationaler Vergleich der Kostenstruktur bei Mastschweinen

Die Kostenunterschiede zwischen Ländern zur Produktion von Schweinefleisch sind groß. Im Durchschnitt liegen die Kosten in der EU bei 1,63 Euro pro Kilogramm Schlachtgewicht. Unter den 17 untersuchten Ländern durch das Wageningen Economic Research Institute lagen 2018 alle zwischen den zwei Extremen: Italien mit 1,93 Euro pro Kilogramm und Brasilien mit 1,06 Euro pro Kilogramm. Den größten Teil machen die Futterkosten aus: Sie sind am geringsten mit 0,59 Euro in Brasilien; im Vergleich dazu 0,80 Euro in Deutschland und 1,12 Euro in den Niederlanden, jeweils per Kilogramm. Die Kosten der technischen Anlagen und Gebäude reichen von 0,11 Euro pro Kilogramm in Brasilien (weil die Ställe im Norden Brasiliens weitab von den Städten liegen, mitten in den Sojafeldern) bis 0,26 Euro pro Kilogramm in Finnland. Der Anteil der Löhne ist auch sehr unterschiedlich, von 0,04 Euro pro Kilogramm in Zentralbrasilien und in den Niederlanden mit 0,15 Euro pro Kilogramm. Die Löhne selbst unterscheiden sich erheblich, von 3,20 Euro bis 26,30 Euro pro Stunde. Am wettbewerbsfähigsten sind Kanada, Spanien, die USA und Brasilien. Dänemark und die Niederlande haben die höchsten Löhne, aber auch überdurchschnittliche Erträge; beispielsweise erreicht Dänemark 33,5 Ferkel pro Sau und Jahr, die USA, Kanada und Brasilien nur 24 bis 27 Ferkel.[2]

Brasilien ist der »schlafende Tiger« des internationalen Schweinemarktes. Dort wird eigentlich klassischerweise Rindfleisch bevorzugt. Aber langsam kommt auch dort der Schweinefleischkonsum in Gang.[3] Mitten in den großen Sojafeldern Mato Grossos entstehen Großanlagen von Schweineställen, die so billig wie nirgendwo auf der Welt Schweinefleisch erzeugen können.[4]

Brasilien beginnt gerade erst die Weltmärkte mit Schweinefleisch zu beliefern. Die Exportmenge 2020 hatte gegenüber 2019 einen Zuwachs von 37 Prozent; wertmäßig betrug sie 2 Milliarden US-Dollar, ein Wertzuwachs von 47,1 Prozent. Das meiste Fleisch ging nach Asien. Gegenüber 2010 ist das 90 Prozent mehr an Menge. Die Schweinefleischexporte Brasiliens nach China haben gerade die Eine-Million-Tonnengrenze überschritten. Der Fleischimportbedarf Chinas ist 2020/21 aber auch besonders hoch, denn das Land hat die starken Verluste durch die Afrikanische Schweinepest, die 2019 dort ausgebrochen war, aufzuholen. Gleichzeitig sind die chinesischen Importe aus Deutschland wegen eines ASP-Ausbruchs in ostdeutschen Wildbeständen gestoppt.

Die erwachenden Schweinefleischriesen Brasiliens

Die drei größten brasilianischen Unternehmen (JBS, Marfrig und Brasil Foods), die stark im Fleischgeschäft involviert sind, sind in den vergangenen 10 Jahren schnell gewachsen und zu den führenden Marktteilnehmern weltweit aufgestiegen. Erreicht wurde dies in erster Linie durch Gelegenheitsakquisition von Unternehmen in einer Welle von Übernahmeaktivitäten.

JBS und Marfrig haben sich auch in Europas Fleischmarkt eingekauft. Marfrig hat in Italien ein Fleischwerk erworben, während JBS die Traditionsfirma Moy Park in Großbritannien (Nordirlands größter privater Konzern) übernommen hat. Es heißt, die beiden Konzerne stehen bereit für weitere Übernahmen im europäischen Fleischgeschäft.

Die Firma Aurora, ursprünglich aus Südbrasilien, betreibt in Rio Grande do Sul drei Schlachthofbetriebe und seit 2021 auch einen in Mato Grosso do Sul mit Schwerpunkt in der Verarbeitung von Schweinefleisch. In den Aurora-Betrieben werden eine Million Schweine pro Jahr (und 26 Millionen Masthähnchen) geschlachtet. Aurora stellt auch 175.000 Tonnen Mischfutter pro Monat in sechs brasilianischen Futtermittelfabriken her.

Brasilianischer Gammelfleischskandal

Dass hinter dem rasanten Aufstieg der Branche so manches nicht mit rechten Dingen zugeht, zeigte sich an dem brasilianischen Gammelfleischskandal im Mai 2017. Die brasilianische Polizei führte in Dutzenden von Schlachthäusern Razzien durch und deckte dabei einen der größten Bestechungsskandale der letzten Jahre auf. Mehrere Konzerne, darunter JBS, mischten systematisch Gammelfleisch unter ihre Ware. Um dennoch an die staatlichen Hygiene-Zertifikate zu kommen, bestachen sie zahlreiche Inspektoren des Agrarministeriums.

Mehrere Länder verhängten in der Folge Importbeschränkungen für brasilianisches Fleisch. So verkündeten die USA im Juni 2017 einen Importstopp für sämtliches frisches Rindfleisch aus Brasilien. Die EU indes setzte lediglich Importe aus den in den Skandal verwickelten Schlachthäusern aus. Daneben verschärfte sie die Importkontrollen. In 77 Fällen entdeckten die EU-Kontrolleure Salmonellen, in weiteren Fällen unter anderem E-Coli-Bakterien und Medikamentenrückstände. Derweil weitete sich der Skandal in Brasilien weiter aus. Die Besitzer der Holdinggesellschaft J&F, zu der auch JBS gehört, gestanden vor der brasilianischen Justiz, Hunderte von Politiker*innen bestochen zu haben, darunter auch Präsident Temer. Daraufhin reichte der Generalstaatsanwalt Brasiliens am 26. Juni 2017 Klage gegen Temer wegen Bestechlichkeit ein. Im September 2017 wurden die beiden Besitzer der Holdinggesellschaft wegen Insiderhandels von der brasilianischen Polizei verhaftet.[5]

Angesichts einer derartigen Wettbewerbssituation auf den Weltmärkten für Schweinefleisch fragt man sich: Wie es möglich ist, dass die EU mit rund zwei Millionen Tonnen Drittlandsexporten (damit ist sie der zweitgrößte Exporteur auf der Welt) überhaupt mithalten kann? Trotz der hohen Tierhaltungskosten in der EU konnte aufgrund größerer und stärker mechanisierter Schlachtereien eine gewisse Wettbewerbsfähigkeit bei bestimmten Zuschnitten in ausgesuchten Exportmärkten erreicht werden – sogar gegen die »industrielle Macht« nordamerikanischer Weiterverarbeiter. Der erfolgreiche Export dieser Teile in den Fernen Osten und nach Afrika ist für die europäischen Schlachtereien und Fleischfabriken von entscheidender Bedeutung. Nur die guten Preise und der Absatz des sogenannten »Fünften Viertels« dorthin ermöglichen es den Exportfirmen, interessante Margen innerhalb der Wertschöpfungskette zu erzielen. Diese ursprünglich außerplanmäßigen Zufallsgewinne retten das gesamt Preisniveau bei allen Fleischteilen des Schweins auch auf dem europäischen Binnenmarkt (siehe Kapitel 4).[6]

Einen zudem hohen politischen Stellenwert hat die Verteidigung des Binnenmarktes gegen niedrigpreisige Importe von Fleischteilen für die EU. Zurzeit wird dies in erster Linie durch Zollkontingente erreicht. Die Lockerung der Importzölle durch bilaterale Freihandelsabkommen und/oder über weitere WTO-Zollsenkungsvereinbarungen wäre eine ernsthafte Bedrohung der gesamten Schweinefleischkette in der EU. Das Ausmaß des Handels mit Schweinefleisch zwischen den Mitgliedsstaaten lässt erkennen, wie wichtig der Binnenmarkt ist, das heißt ein gegenüber Drittlandsimporten geschützter Handelsraum mit unbehindertem Warenverkehr innerhalb der Gemeinschaft.

So konzentriert die Schlachtbranche auch sein mag, die großen Ketten des Lebensmitteleinzelhandels haben eine noch ungleich größere Marktmacht. Schließlich betreiben sie mit ihren Fleischtheken inzwischen den Großteil des Fleisch- und Wurstverkaufs in Deutschland. Sie haben deshalb einen großen Einfluss auf das Geschehen in der gesamten Fleischlieferkette, was sich zum Beispiel an den Entscheidungen von Aldi, Lidl und Rewe zeigte, als sie 2021 beschlossen auf höhere Tierwohlstufen umzusteigen (siehe

Kapitel 11). Ihre Strategie ist es, ihren Einkauf auf eine möglichst kleine Zahl von Fleischlieferanten zu beschränken. Die Größenvorteile dienen ihnen dabei zur Erhöhung ihrer Margen. Sie verfolgen die gesamte Kette zurück und eliminieren alle unnützen Kettenglieder, wie beispielsweise Großhändler oder Viehauktionshäuser.

Die Erfindung der Schutzgasfolienverpackung ermöglichte es auch den Supermarktketten, direkt in das Frischfleischgeschäft einzusteigen. Erst daraufhin traten die großen Schlachtunternehmen in die Fleischverarbeitung und Feinzerlegung ein, um das Geschäft mit den Discountern zu übernehmen. Gleichzeitig bauten Supermarktketten auch selbst ihre Beteiligung an Fabriken der Fleischweiterverarbeitung aus, allen voran EDEKA, und belieferten sich selbst mit Frischfleisch und abgepackten Fleischprodukten. Heute wickelt allein Aldi 50 Prozent des gesamten deutschen Frischfleischhandels ab.

Ungefähr gleichzeitig begannen die großen Schlachthöfe auch mit dem Export von Fleisch und Schlachtnebenprodukten. Die verbliebenen handwerklichen Metzgereien schlachteten immer weniger selbst, sondern bezogen ihre fertigen Schweinehälften sowie die zugeschnittenen und portionierten Fleischpartien von den großen Schlachthäusern; so günstig konnten sie selbst nicht schlachten. Doch zunehmend suchten die kleinen Metzgereien vor Ort ihr Glück in Marktnischen, wie Fertigsnacks, Partyservice, Catering, Delikatessen, regionale Rezepte, und so weiter.

Die gesamte verarbeitende Fleischwirtschaft ist eingekeilt zwischen den niedrigen Weltmarktpreisen für Schweinehälften aufgrund der harten internationalen Konkurrenz und dem Preisdruck durch die Supermarktkonzerne. Diese Entwicklung zwingt die Fleischunternehmen dazu, ihre Prozesse der Kostenkontrolle immer rigoroser zu verschärfen. Die Einzelhandelsketten können jederzeit mit der Ankündigung drohen, den Lieferbetrieb zu wechseln oder gar auf Importfleisch umzustellen. So findet ein kontinuierlicher Unterbietungswettbewerb auf Seiten der Fleischbranche statt, die Fleischpreise stehen dabei unter enormem Druck. Für die Verarbeitungsbetriebe stellen Exportmöglichkeiten eine Chance dar, um ihre Kundenbasis zu diversifizieren und der Abhängigkeit von den Einzelhandelskonzernen wenigstens teilweise zu entkommen. Doch das gelingt nur einigen wenigen und nur bruchstückhaft.

Die Schlacht- und Fleischbranche in Europa beschäftigt (ohne Tierhaltung) rund eine Million Menschen. Sie steht unter massivem ökonomischem Druck. Die Gewinne sind relativ gering, viele Firmen der Fleischverarbeitung sind in den letzten Jahren in den Konkurs gegangen und der Konzentrationsprozess durch internationale Firmenübernahmen schreitet voran. Der Versuch, die Kosten weiter zu drücken, etwa durch die Beschäftigung von billigen ausländischen Arbeitskräften oder mithilfe von dubiosen Arbeitsverträgen, ist in allen Schlachthöfen und Fleischfabriken weltweit zu beobachten.[7] Was in Deutschland die Billigarbeitskräfte aus dem Balkan mit Werksverträgen und Leiharbeit ausmacht, das sind in Spanien die illegalen Einwanderer*innen aus Nordafrika, oder in den USA Hispanics ohne Green Card. Die sozialen Verhältnisse in der Fleischverarbeitung sind eine Folge der tendenziellen Überproduktion an Schweinefleisch und dem enormen wirtschaftlichen Druck durch die internationale Konkurrenz.

Bei der Fleischwirtschaft handelt es sich also um eine Branche, deren Gewinnspannen gering sind und die aus zahlreichen Richtungen unter Druck steht. Die Preise der tierischen Rohstoffbeschaffung unterliegen dabei den großen Schwankungen des »Schweinezyklus«; die Unzuverlässigkeit der Natur bei Futterversorgung und Biosicherheit der Ställe schwebt als Bedrohung immer über allem, und die gesellschaftliche Hinterfragung der Tierproduktionsmethoden aus Umweltschutz-, Tierschutz- und Tierwohlgründen zerrütten das Selbstverständnis der Halter*innen.

Die prekäre Situation der Fleischverarbeitungsbranche wird je nach ökonomischer Macht der jeweiligen Kettenglieder in der Wertschöpfungskette nach unten hin weitergegeben, erst an die Schweinemäster, dann an die Ferkelerzeuger und schließlich auch an die Lieferanten von landwirtschaftlichen Betriebsmitteln. Das passiert beispielsweise dadurch, dass die Schlachtkonzerne die

Preise für die Schweine der Bauern und Bäuerinnen zu sogenannten »Hauspreisen« aufkaufen, die noch unter den tagesaktuellen marktgängigen Preisen liegen, oder sie verlängern die Fristen für ihre Zahlungen an die Lieferanten. Kleinste Mengenveränderungen auf den Fleischabsatzmärkten bewirken aufgrund der geringen Elastizität des Angebots große Preisschwankungen, noch verstärkt durch die volatile Grundsituation des berühmten Schweinezyklus. Dazu kommt noch die ständige Bedrohung, dass die Nachfrage verstärkt von Importen befriedigt werden könnte; in dem Fall würden die Nachfrageimpulse komplett an der heimischen Landwirtschaft vorbeigehen. Die Anzahl der Schweinehalter*innen wird schrumpfen, und die Leute suchen einen Ausweg aus der wachsenden Perspektivlosigkeit, entweder durch die Aufgabe der Schweinehaltung oder durch die Rationalisierung der Produktion und/oder durch Aufstockung und Verdrängung der anderen.[8] In jedem Fall sind die Schweine die eigentlichen Leidtragenden, denn an ihren Haltungsbedingungen wird gespart. Für sie endet es immer tödlich.

Ein Kenner der Situation auf dem Schweinemarkt kommt nach 40 Jahren Berufstätigkeit in der Qualitätsfleischvermarktung zu folgendem Urteil: »Ist es nicht berechtigt, von einem kranken System zu sprechen, wenn weder Bauern, Fleischerhandwerk, Verarbeiter, Industrie und Handel wirklichen Nutzen ziehen – außer den Konkurrenzkampf zu verschärfen und Unternehmenswerte zu vernichten? Und der Verbraucher sich zugleich abwendet durch Kaufreduktion, Vegetarismus und Kritik an der Fleischqualität und Massentierhaltung?«[9]

Die Konzerne der Fleischwirtschaft

Am 29. Mai 2013 gab die chinesische Shuanghui International Holding Ltd.[10] bekannt, im Zuge einer Fusion die US-amerikanische Firma Smithfield Foods für 4,7 Milliarden US-Dollar zu übernehmen, die größte Firmenübernahme durch ein chinesisches Unternehmen in der US-Wirtschaftsgeschichte bis heute. Es erschien wie der Durchbruch zu der Entstehung eines globalen Schweineimperiums. Die damit rund 100.000 Mitarbeiter*innen erzeugten jährlich an die 6 Milliarden Kilogramm Schweinefleisch. Die zwei größten Fleischerzeugungs- und -verarbeitungsunternehmen der USA und Chinas verschmolzen damit zu einem Giganten von bisher in der Fleischbranche unbekannten Ausmaßes.

Das US-amerikanische Schweineunternehmen Smithfield Foods

Smithfield Foods Inc. ist immer noch der größte Schweinefleischproduzent der USA, mit Sitz in Smithfield/Virginia. Es hat rund 50.000 Beschäftigte und einen Umsatz von 14,5 Milliarden US-Dollar (2015). Das Unternehmen betreibt selbst auf 59.000 Hektar Land über 500 Agrarbetriebe in den USA, darunter Schweinezucht und -mast; zudem stehen noch über 2.000 Landwirt*innen unter Vertrag. Verschiedene Schlachthöfe und Fleischwerke verarbeiten die Schweine zu marktgängigen Waren. Die Firma ist der Pionier einer industriellen Schweinehaltung mit intensiver Begleitforschung. Auch nach der chinesischen Übernahme wurde die Expansion der Firma nach Übersee hin fortgesetzt, so in Europa (Rumänien, Polen) und Mexiko. Ein Großteil des erzeugten Fleisches wird nach China exportiert. Smithfield Foods ist in der US-Öffentlichkeit umstritten wegen seiner Emissionen durch Lagerung und Entsorgung der Schweinefäkalien, der Verletzung von Tierwohl in den Ställen und seiner Personalpolitik.[11]

Doch statt an der Schwelle einer neuen Epoche zu stehen, sollte dieser multilaterale Zusammenschluss eine Einzelerscheinung bleiben. Die Konzerne der Fleischwirtschaft wuchsen und waren zwar groß und auch international tätig, aber die Entstehung eines stark verflochtenen globalen Oligopols blieb aus. (Etwas anderes wäre es allerdings, wenn sich die mutmaßliche Übernahme des deutschen Unternehmens Tönnies durch einen der ganz Großen wie Tyson Foods, JBS oder der WH-Group bewahrheiten würde.[12])

Der Strukturwandel ist Begleiter der Fleischbranche seit das fabrikmäßige Schlachten aufkam. Bis vor nicht allzu langer Zeit hatte fast jede Kommune in Deutschland noch ein kommunal betriebenes Schlachthaus. In den vergangenen Jahrzehnten sind die meisten von ihnen eingestellt worden. Die Einsicht schwand, dass das Schlachten vor Ort möglich sein sollte und eine kommunale Aufgabe der Daseinsfürsorge ist. Außerdem wurde mit höheren EU-Auflagen und Hygienestandards für Schlachthäuser und der nötigen Rationalisierung der Investitionsbedarf so hoch, dass sich der Betrieb kleiner Schlachthäuser nicht mehr lohnte und die Kommunen überfordert waren. Die meisten Kommunen verabschiedeten sich daraufhin von ihren Schlachthäusern. Ortsnahes Schlachten verlor seine gesellschaftliche Bedeutung als Dienstleistung an der Gemeinschaft. Schlachten wurde zu einer rein kommerziellen Angelegenheit. Der Niedergang der kommunalen Schlachthäuser und des ortsansässigen Metzgereihandwerks ging Hand in Hand (siehe Erklärung des Fleischerverbands auf S. 301).[13]

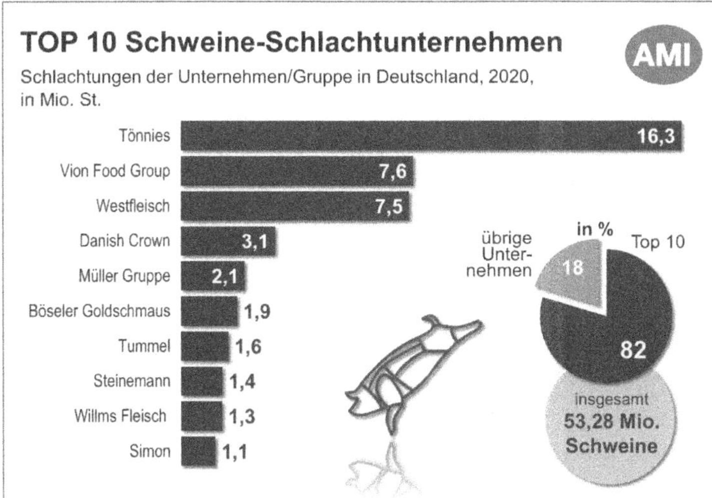

Abb. 15: Die größten deutschen Schweineschlachtunternehmen. Quelle: AMI nach Destatis; ISN

Heute wird die Fleischwirtschaft in Deutschland von vier großen Konzernen beherrscht, die 60 Prozent aller Schweine hierzulande schlachten und zerlegen: VION, Tönnies, Danish Crown und Westfleisch. Selbst im Krisenjahr 2020 stieg der Konzentrationsgrad des deutschen Schlachthofwesens an, die größten Firmen haben also immer größere Marktanteile: Im Bereich der größten zehn Konzerne stieg der Anteil des gesamten Schlachtaufkommens von 80 Prozent (2019) auf 82 Prozent (2021).[14] Die Unternehmen wuchsen, weil kleine Schlachtbetriebe schlossen, die durch große, moderne und automatisierte Anlagen ersetzt wurden. Allerdings ist auch anzumerken, dass mittelständische Schlachtbetriebe unter den Top Ten ihre Position halten oder gar etwas verbessern konnten. Große und durchrationalisierte Betriebe haben bei der Verarbeitung erhebliche Kostenvorteile gegenüber kleinen Firmen, allerdings sind sie auch wesentlich krisenanfälliger und erlebten 2020 in der Pandemie Rückschläge.

Die Big-Vier der deutschen Schlachthäuser

VION Food Group: Das Unternehmen VION ist innerhalb von 10 Jahren zum größten Fleischverarbeiter in der EU geworden. Die Firma ist im Besitz des Bauernverbandes ZLTO aus den Niederlanden (mit 13.000 Mitglieder*innen), der 1930 gegründet wurde. ZLTO übernahm die Genossenschaft Dumeco und stieg damit in das Agrobusiness ein. Bald kamen drei große Unternehmen aus dem deutschen Primärverarbeitungssektor hinzu, schließlich folgte der Aufkauf von Grampian Country Food Group aus Großbritannien. VION produziert an 29 Standorten in den Niederlanden und Deutschland. Der Umsatz beträgt 5 Milliarden Euro (2019), allein mit Schweinefleisch 2,9 Milliarden Euro. Wöchentlich schlachtet VION 300.000 Schweine. Das Unternehmen betreibt außerdem Verkaufsbüros weltweit. Vor ein paar Jahren verlor der Konzern viele Marktanteile, machte Verlust und rettete sich nur durch die Veräußerung seiner britischen Unternehmen.

Danish Crown: Das Unternehmen ist aus zahlreichen Firmenzusammenschlüssen exportorientierter Viehgenossenschaften in Dänemark entstanden. Es ist ein reiner Fleischkonzern mit Schlachthöfen und Weiterverarbeitung. Der Umsatz betrug im letzten Jahr 8,2 Milliarden Euro, davon 68 Prozent in Europa. Danish Crown ist jetzt eine AG mit 23.000 Mitarbeiter*innen. Danish Crown ist auch in anderen europäischen Nachbarländern tätig, mit einem 50-prozentigen Anteil an der polnischen Firma Sokolow, der schwedischen HKScan und Schlachthöfen in Großbritannien. Insgesamt verfügt Danish Crown über 81 Produktionsstätten in Europa.

Tönnies: Es ist das am schnellsten wachsende der drei führenden deutschen Schlachtunternehmen, und auch in der EU führt das Unternehmen in der Schweineschlachtung an. Die Firma beschäftigt 16.500 Mitarbeiter und erzielt 6,65 Milliarden Euro Jahresumsatz. 70 Prozent der Beschäftigten von Tönnies sind mit Werkverträgen bei Subunternehmern angestellt. Diese Arbeitsvermittler geben nur rund ein Drittel der von Tönnies gezahlten Löhne an die Arbeiter*innen weiter. Dem Konzern entstehen aber die gleichen Lohnkosten wie für deutsche, festangestellte Arbeiter*innen. Dafür hat Tönnies aber mehr Flexibilität, denn diejenigen unter Werkvertrag können kurzfristig entlassen oder aufgestockt werden. Dieses Modell wurde 2020/21 unter Druck der Öffentlichkeit im Zusammenhang mit der Corona-Infektionskrise unter den Mitarbeiter*innen abgeschafft.

Tönnies hat eine gute Lieferbasis für die Schlachtschweine, denn der Konzern ist zusammen mit dem Wachstum der Intensivregion Westfalen/Westniedersachsen groß geworden. 11.000 Agrarbetriebe liefern Tönnies zu, im Durchschnitt mit 1.200 Mastplätzen, bei 2,5 Durchgängen pro Jahr also rund 3.000 Tiere pro Agrarbetrieb, aber nur 30 Prozent der Schlachttiere kommen von bäuerlichen Betrieben. Die Schlachtkosten betragen 12 bis 50 Euro pro Tier. Tönnies ist zu 50 Prozent exportabhängig mit Niederlassungen in 25 Ländern und exportiert in 82 Länder. Gerade baut Tönnies einen großen neuen Schlachthof in Russland, einen in China und hat mit einer chinesischen Firma ein Kooperationsabkommen. Einen weiteren Schlachthof baut Tönnies momentan in Spanien; Produktionsstätten hat Tönnies ferner noch in Frankreich, Polen, Dänemark und Großbritannien. Tönnies ist ein wichtiger Lieferant für die Discounter Aldi und Lidl. Die Firma ist eine KG, die Anteilseigner sind zwei Verwandte, Onkel und Neffe.

Westfleisch: Westfleisch ist ein norddeutsches genossenschaftliches Unternehmen mit 4.600 Genoss*innen, organisiert als GmbH. An sechs Standorten schlachtet es 7,7 Millionen Schweine pro Jahr in Deutschland mit 4.203 Mitarbeitern und erzielt einen Umsatz von 2,8 Milliarden Euro (2017). 40 Prozent seiner Ware wird exportiert in 40 verschiedene Länder.

Europäische Schlachtkonzerne beschränken sich im Wesentlichen auf das Schlachten, Zerlegen und Entbeinen von Schlachtkörpern. Sie verkaufen rohes Fleisch an Weiterverarbeiter und Einzelhändler, in der Regel als ganze, halbe oder Viertel-Schlachtkörper. Sie sind es auch, die den Fleischexport betreiben, denn sie haben es geschafft, auch für die vorher nicht marktgängigen Schlachtnebenprodukte noch Absatzmöglichkeiten zu erschließen. Mit dem Wachstum der Produktion über den Selbstversorgungsgrad von 100 Prozent hinaus, was ab 2007 in Deutschland der Fall war, nahm die Weltmarktorientierung der Fleischkonzerne zu, denn die Überschüsse von einigen Teilen auf dem Schlachtschweinemarkt drängten auf Verwertung. Allerdings gibt es bezüglich der Edelteile des Fleisches weiterhin ein Defizit in Deutschland, das durch selektive Importe gedeckt wird (siehe Kapitel 4). Im Export von Schweinefleisch steigt daher die Konkurrenz mit brasilianischen und US-Fleischkonzernen. Parallel dazu geben mehr und mehr Großschlachtereien in Europa auf: Die Anzahl sank in Europa allein 2002 bis 2007 von 3.890 auf 2.863.[15]

Unsere Schlachthofkonzerne mögen groß sein, aber nicht im internationalen Maßstab. Von den führenden globalen zehn Fleischverarbeitern sind nur drei aus Europa (VION, Tönnies und Danish Crown) (siehe Abb. 17). Beide erreichen jedoch bei weitem nicht das Schlachtvolumen der fünf führenden Unternehmen auf der Welt (siehe Kästen zu JBS, S. 208, und Tyson Food auf S. 209). Auf die führenden zehn globalen Fleischverarbeiter entfallen etwa 15 Prozent der globalen Schlachtzahlen, weitere 3 Prozent verteilen sich auf die nächsten zehn Unternehmen auf der Liste. Es handelt sich hier also auf Weltebene noch um eine recht fragmentierte Industrie, allerdings mit einigen beträchtlich großen internationalen Konzernen.

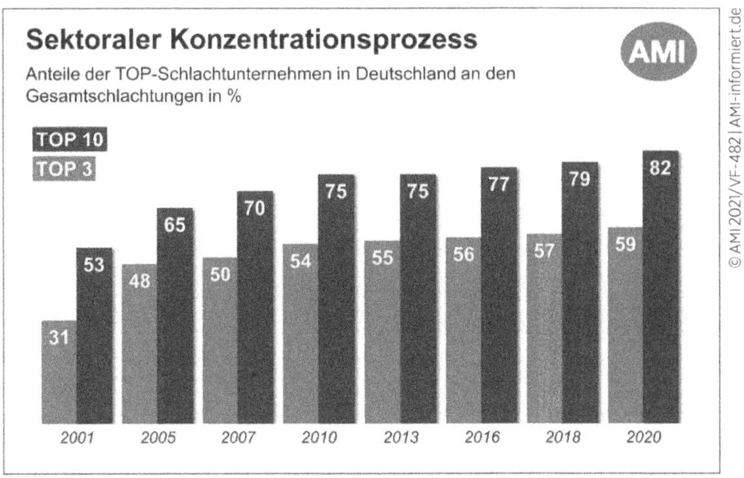

Abb. 16: Sektoraler Konzentrationsprozess bei deutschen Schlachtunternehmen
Quelle: AMI nach ISN, LWK Niedersachsen

Die Fleischwerke in der EU (inkl. Deutschland) verarbeiten die Schweinehälften oder -viertel zu Fleisch- und Wurstwaren. Sie sind eine noch weitgehend von der Schlachtindustrie getrennte Branche – mit einigen Ausnahmen, denn Tönnies, VION und Westfleisch haben zwar auch selbst Beteiligungen an Verarbeitungsbetrieben, aber sie sind damit noch lange nicht marktführend. Noch ist die fabrikmäßige Weiterverarbeitung recht mittelständisch strukturiert, allerdings mit einem starken Engagement der Supermarktketten Schwarz Gruppe (Kaufland, Lidl), Edeka, Rewe und Aldi.[16]

Ranking	Unternehmen	Anzahl geschlachteter Schweine 2013 in Mio.	Ursprungsland
1.	WH-Group	43,3	China
2.	Tyson Foods	27,0	USA
3.	JBS S. A.	22,8	Brasilien
4.	Danish Crown	21,8	Dänemark
5.	Tönnies	16,5	Deutschland
6.	VION Food Group	16,3	Niederlande
7.	Yurum Group	13,8	China
8.	Cargill Pork	13,0	USA
9.	Hormel	13,0	USA
10.	Brazil Foods (BRF)	10,0	Brasilien

Abb. 17: Die zehn größten Schweineschlachtkonzerne weltweit. Quelle: L&F [17]

Abb. 18: Der Schlachthof mit angeschlossenem Fleischwerk der Firma Tönnies in Rheda-Wiedenbrück

In der europäischen Fleischwirtschaft gibt es einen definitiven Trend hin zu einer Vorwärtsintegration, das heißt eine vertikale Integration in der Fleischlieferkette. Das Schlachten und die Weiterverarbeitung von Schlachthälften zu Fleischwaren drängen geradezu zur Fusion. Wenn überhaupt, dann winken Gewinne mit Fertigprodukten, verpackt, frisch oder tiefgefroren, marktreif und gut beworben. Viele europäische Fleischwarenunternehmen sind in der Krise. Sie befinden sich in einer schwierigen »Sandwichposition«, das heißt sie sind eingeklemmt zwischen den großen Schlachthauskonzernen und den noch größeren Einzelhandelskonzernen und Discountern:[18] Über die Kosten ihres Fleischbezugs können sie genauso wenig verhandeln, wie über die Preise für ihre Fleischwaren. Sie sind in der typischen Lage von »Preisanpassern«. Diese setzen ihre Preise als Antwort auf die gegebenen Preise der Konkurrenten und gehen davon aus, dass ihre Preisentscheidung keinen Einfluss auf die Konkurrenzpreise hat.

Die Fleischfabriken in den einzelnen Ländern durchlaufen einen Konsolidierungsprozess. Die Schlachtereikonzerne haben eine Tendenz sich durch die Fleischweiterverarbeitung zu diversifizieren. Beispielsweise hat Tönnies die Zur Mühlen-Gruppe, ein renommiertes Fleischunternehmen, aufgekauft. Die Fleischverarbeitungsbetriebe sind zum großen Teil regional oder landesweit aufgestellt. Zwar werden große Fleischmengen über die Landesgrenzen hinweg auch exportiert, aber nur wenige europäische Verarbeiter verfügen über Betriebe in anderen Ländern. Es gibt kein einziges Verarbeitungsunternehmen, das gesamteuropäisch operiert oder von der Größenordnung oder dem Umfang her mit den großen US-amerikanischen oder brasilianischen Firmen zu vergleichen wäre.[19]

Außerdem ist ein ausgeprägter Trend zur Internationalisierung auf allen Stufen zu beobachten: Der Produktionsanteil, der außerhalb des Heimatmarktes erzeugt wurde, ist bei vielen der führenden 15 deutschen Fleischunternehmen größer geworden. Viele Verarbeiter in der EU exportieren zwar ihre Produkte in Drittländer, aber nur die größten haben ein eigenes Vertriebssystem im Ausland. Die überwiegende Mehrheit der Verarbeitungsbetriebe exportiert über internationale Handelsfirmen.

Bemerkenswert ist, dass es bei Frischfleisch im Einzelhandel nur sehr wenige Marken von Verarbeitern gibt. Die großen Einzelhandelsketten ziehen es vor, ihre eigenen Marken für Fleischprodukte zu entwickeln. Damit behalten sie auch die Kontrolle über die Bezugsquellen für ihr Fleisch und die Qualitätskontrolle in der gesamten Wertschöpfungskette. Deswegen finden sich auch auf der Liste der Fleischfabriken in Deutschland viele, die von den Einzelhandelskonzernen selbst betrieben werden.

Die Struktur der Fleischfabriken in Deutschland und der EU kann aber noch längst nicht als konzentrierter Wirtschaftszweig bezeichnet werden.[20] Die 15 führenden Unternehmen teilen sich 28 Prozent der Fleischproduktion in der EU. Auf Ebene der EU und selbst in den meisten Mitgliedstaaten folgt nach den führenden drei bis fünf Fleischunternehmen eine lange Liste wesentlich kleinerer Unternehmen, die lokal verwurzelt, traditionsbewusst arbeiten, Familienunternehmen sind und besonderen Wert auf ihre Unabhängigkeit legen.

Es entstehen zunehmend auch internationale Firmengeflechte von Fleisch- und Mischkonzernen. Beispielsweise gehört jetzt die Campofrío Food Group mit Sitz in Madrid zum mexikanischen Unternehmen Sigma Alimentos, das die Lebensmittelsparte innerhalb des börsennotierten Mischkonzerns Grupo Alfa darstellt.[21] Die Gruppe erwirtschaftet mit 25 Werken einen Umsatz von über 2 Milliarden Euro pro Jahr. Der US-Riese Cargill ist in Europa mit fleischverarbeitenden Betrieben in Großbritannien und in Frankreich vertreten, und überall in Europa in anderen Geschäftsfeldern präsent. Die US-Firma Smithfield (inzwischen von der chinesischen WH-Group übernommen) verfügt des Weiteren über hundertprozentige Tochtergesellschaften in Polen und Rumänien.

Es ist ein gängiges Muster, dass die großen Schlachtunternehmen auch mit einer Präsenz in zwei bis drei Ländern vertreten sind, aber kaum in noch mehr Ländern. Damit sind sie noch nicht wirklich als multinational zu bezeichnen. Die Schlachttiere mit ihren Masken müssen schlachthofspezifisch standardisiert sein, um den Anforderungen automatisierter Schlachtungs- und Entbeinungslinien besser zu entsprechen. Die Beschaffung von Tieren, die so optimal in den Verarbeitungsprozess passen, ist ein wichtiges Element im Fabrikablauf. Um das zu erreichen, geht es in erster Linie um die

Beziehungen der Fabrik zu den Landwirt*innen auf lokaler Ebene. Dieser Sachverhalt setzt der Konzentration des Schlachtwesens angeblich gewisse Grenzen. Alle vier großen Schlachtunternehmen in Deutschland betreiben eine größere Anzahl von Produktionsstätten, um möglichst nahe bei den Lieferanten ihrer Tiere zu sein. Unter den vorherrschenden Verhältnissen in Europa, die im weltweiten Maßstab noch als bäuerlich gelten, ist die Versorgungsbasis der Branche mit Tieren deshalb fragmentiert. Doch die chinesischen Konzerne machen es den europäischen vor, wie man auch unter solchen kleinbäuerlichen Strukturen zu gigantischen Firmengrößen auflaufen kann.

Die größten europäischen Fleischkonzerne sind in erster Linie auf die Produktion von Schweinefleisch fokussiert. Der Pionier der Industrialisierung der Fleischwirtschaft war jedoch das Geschäft mit dem Geflügelfleisch.

Der asiatische Fleischkonzern Charoen Pokphand Foods (CPF)

CPF ist ein thailändischer Agrarkonzern, Teil einer CP-Unternehmensgruppe mit breit gemischter Angebotspalette und die größte Firma Thailands mit 126.341 Beschäftigten. CPF als Teilunternehmen beschäftigt 23.337 Mitarbeiter*innen und erwirtschaftet 47 Prozent seines Umsatzes aus dem Ernährungsbereich, was 7,2 Milliarden Euro ausmacht. Im Geflügelbereich gehört CPF zu den ganz Großen der internationalen Branche, das Engagement in der Schweinefleischbranche ist relativ neu. CPF macht 64 Prozent seines Umsatzes durch seine Auslandsniederlassungen und nur 6 Prozent durch Exporte aus Thailand. In den USA übernahm CPF kürzlich die Firma Bellision Foods, einen der größten Anbieter von Tiefgefrorenem. Das Hauptengagement des Konzerns liegt jedoch in anderen asiatischen Ländern; außerasiatisch ist CPF noch mit Werken in der Türkei, Russland, Großbritannien, Belgien und Polen präsent. Die Schweineproduktion basiert auf dem

»Outgrower Modell«, mit intensiver Betreuung durch den Konzern und Vertragslandwirtschaft. Kritik an CPF ist durch Greenpeace bekannt geworden, die sklavenähnliche Beschäftigungsverhältnisse bei Zulieferern der Firma im Aquafischbereich entdeckten.[22]

Der brasilianische Konzern José Batista Sobrinho (JBS)

JBS ist inzwischen der weltgrößte Fleischproduzent. Bis vor Kurzem war er ausschließlich in der Fleischbranche tätig. Neuerdings ist JBS auch durch den Ankauf von Vivera, dem drittgrößten europäischen Hersteller von Fleischersatzprodukten, in die Veggie-Branche eingestiegen. JBS hat weltweit 63.000 Mitarbeiter*innen, eine Schlachtkapazität von täglich je 79.200 Stück Rindvieh und 48.000 Schweinen und einen Jahresumsatz von annähernd 21,5 Milliarden US-Dollar. Als »Seara Alimentos« betreibt JBS in Brasilien acht Fleischwerke für Schweinefleisch, 14 Verteilungszentren und 21 Fabriken für stark weiterverarbeitete Produkte. Die Fertigwaren werden unter den Marken Swift, Swift Premium und Plumrose vertrieben. Unter JBS-US-Pork operieren fünf Fleischfabriken, zwei Zuchtzentren, zwei Verteilungszentren und sieben Verarbeitungsbetriebe.[23]

Neben seinem Schwerpunkt Brasilien ist JBS auch stark auf dem US-amerikanischen Markt tätig. Das Unternehmen stieg durch aggressive Zukäufe zwischen 2005 und 2017 zum weltweiten Champion auf. Im Schweinefleischbereich betreibt der Konzern drei Unternehmen: Seara Alimentos in Brasilien, JBS-US-Pork mit der Firma Plumrose und Primo Smallgoods aus West-Australien. Primo ist der größte Produzent von Schinken, Speck und Wurst sowie Kleinwaren in der südlichen Hemisphäre, und wurde 2014 für 1,25 Milliarden US-Dollar von JBS aufgekauft. Die Tiere, die JBS verarbeitet, kommen mehrheitlich von eigenen Agrarbetrieben und von vollständig integrierten Mästern, die von JBS mit allen Betriebsmitteln beliefert werden, sowie von JBS geschult und beraten werden. Auf die Art will der Konzern sichergehen, dass das Qualitätsniveau, die Biosicherheit und die Nachhaltigkeit der Lieferkette eingehalten werden. Der Konzern setzt diese Standards und Prinzipien selbst fest. Die Agrarbetriebe arbeiten ausschließlich für das Unternehmen. Die Unternehmensleitung kündigt an, dass sich das Unternehmen »in Zukunft sogar noch globaler aufstellen will und sein Geschäft in weiten Teilen der Welt ausbauen will«.[24] Im Sommer 2021 trat JBS der Kampagne »Race to Zero« bei. Das Ziel des Unternehmens ist es, bis 2050 keine Emissionen mehr in der gesamten Lieferkette zu erzeugen. Hierbei will JBS eine Vorreiterrolle übernehmen. Für JBS ist China der bevorzugte Auslandsmarkt, sowohl für die Schweinehälften als auch für die breite Palette der Fleischprodukte, bis hin zu Fleischersatzprodukten.

Der US-amerikanische Konzern Tyson Food: der »Protein-Pionier«

Der US-amerikanische Konzern Tyson Foods ist der größte Fleischkonzern der Welt, mit einem Umsatz von 41,4 Milliarden US-Dollar und 113.000 Mitarbeiter*innen (2020). Sein Hauptsitz ist in Springdale/Arkansas. Nach Nestlé ist er das zweitgrößte Unternehmen der Ernährungssparte weltweit. Obwohl Tyson jede Woche 347.800 Schweine in sechs US-Schlachthöfen schlachtet, machen die Schweine nur ein Drittel der Schlachtungen im Vergleich zu Geflügel und Rindvieh aus. Aber mit 13,9 Prozent Gewinnmarge ist das Schwein die profitabelste Fleischquelle. Der Konzern operiert in zehn Ländern auf fünf Kontinenten. Als Förderer konservativer evangelikaler Strömungen ist auch die Firmenphilosophie durchsetzt mit Botschaften, wie beispielsweise »we're innovators uniquely positioned to reshape what it means to feed our world« (»Wir als Innovatoren sind einzigartig gut dafür aufgestellt um zu zeigen was es bedeutet die Welt zu ernähren«). Die Fertigprodukte werden in den USA unter verschiedenen bekannten Marken verkauft, wie zum Beispiel Jimmy Dean oder Ball Park. Tyson ist der Hauptlieferant für die größten Fast-Food-Ketten der USA.[25]

Privat- und Familienbetriebe dominieren die Fleischbranche in Europa (und bis zu einem gewissen Maß auch global). Dies trifft auf 47 Prozent der Top-15-Unternehmen, und auf 74 Prozent der Top-100-Unternehmen zu. Genossenschaften von Landwirt*innen sind die nächstgrößere Eigentümergruppe mit 33 Prozent (unter Top 15) und 15 Prozent (unter Top 100), während nur 20 Prozent der Top-15-Unternehmen Aktiengesellschaften sind.[26] Die Wirtschaftlichkeit der Fleischbranche und die Wachstumsraten liegen in einer Größenordnung, die offenbar für Investoren im Aktienmarkt uninteressant sind.

In Asien sind die Verhältnisse noch einmal anders. Der größte Fleischkonzern dort ist die Thai-Firma Charoen Pokphand Foods (CPF). CPF hat Fabriken in Thailand, Vietnam, Kambodscha, Malaysia, auf den Philippinen, in den USA und in Russland. Die CPF ist dabei auch ins Schweinegeschäft von China zu investieren (siehe Kapitel 8). Die Fleischbranche von Vietnam ist noch sehr fragmentiert und die Schlachthöfe zum Teil nur rudimentär ausgestattet. Von den 434 Schlachthöfen hatten bei einer Erhebung 2008 nur 45 Prozent überhaupt eine Betriebserlaubnis, nur 35 Prozent hatten sanitäre Einrichtungen, nur 25 Prozent fließendes Wasser und nur 35 vietnamesische Schlachthäuser waren modern ausgestattet mit industrieller Technik. Die Regierung bemüht sich allerdings um eine Verbesserung des Schlachthofwesens.[27]

Auch russisches Schweinefleisch kommt aus den Startlöchern

Das größte Schlachthaus Europas wird gerade in Russland gebaut, für eine Schlachtkapazität von jährlich 4,5 Millionen Schweinen. Die Baukosten betragen 1,3 Milliarden US-Dollar. Auftraggeber ist

Miratorg, der größte russische Produzent und Händler von Fleisch und Fleisch-Fertigprodukten. Gleichzeitig betreibt Miratorg eine eigene Schweinezüchtung, um auf eine Produktionskapazität an Lebendschweinen von 7,7 Millionen pro Jahr zu kommen. Dazu dient eine neue Anlage in Kursk. Das Bauvorhaben umfasst neben einer Schlachtfabrik auch ein Verpackungswerk und ein Mischfutterwerk. Das Schlachthaus wird 500.000 Tonnen Fleisch im Jahr produzieren. Miratorg produzierte schon 2015 414.000 Tonnen Schweinefleisch; es beschäftigt 39.000 Mitarbeiter*innen, hat einen Umsatz von 1,69 Milliarden US-Dollar (2017) und ist eine Tochter des Unternehmens Agromir aus Zypern.

Die anderen Großen der russischen Branche sind Velikoluksky, RusAgro und Cherizovo. Russland hat sehr wohl auch den chinesischen Exportmarkt im Blick.[28] War das Land noch 2012 ein Nettoschweinefleischimporteur von einer Million Tonnen, spielten die Importe 2021 schon keine Rolle mehr. Dagegen erreichten die Schweinefleischexporte Russlands 2021 bereits 200.580 Tonnen und beförderten das Land auf den siebten Rang der Liste der Exporteure.[29]

Die kleinen und kommunalen Schlachthöfe verschwinden. Das Schlachten ist inzwischen zu großen Konzernen übergegangen. Die vier großen deutschen Schlachtunternehmen spielen im weltweiten Vergleich keine führende Rolle, verglichen etwa mit den gigantischen Konzernen aus den USA, Thailand und Brasilien. Obwohl für alle der Fleischexport eine wichtige Rolle spielt und internationale Niederlassung und Firmenzusammenschlüsse stattfinden, ist die Schlachtbranche noch nicht wirklich globalisiert und von internationaler Oligopolisierung bedroht. Die Schlachtunternehmen versuchen in die Fleischverarbeitung vorzudringen. Die Krise dieser mittelständischen Branche macht Übernahmen möglich. Doch die Fleischmächtigen treffen auf die überwältigende Marktmacht der großen Supermarktketten.

Kapitel 8

Das chinesische Schwein
Drachenköpfe mit Biss

»Schläft das Schwein, wächst das Fleisch,
schläft der Mensch, wachsen seine Schulden.«
Chinesisches Sprichwort

China überholt sie alle, es ist die unbestrittene Schweine-Weltmacht. Nicht nur aufgrund seines Umfangs der Schweinewirtschaft, sondern auch, was die Durchstrukturierung der Wertschöpfungskette anbelangt, die Entwicklung des Agrobusiness und die Dominanz auf dem Weltschweinemarkt. Das Tempo der Entwicklung und die Durchsetzungskraft der Markteroberungsstrategie ist atemberaubend. Weltmarktführer ist die chinesische Schweinewirtschaft aber keineswegs bei Umwelt-, Tierschutz, Tierwohl und Klimagerechtigkeit.

Der lange Marsch des chinesischen Schweins durch die Geschichte

China ist die Wiege der weltweiten Schweinehaltung. Vor 6.000 Jahren wurden in China die Schweine domestiziert und leben seither mit den Menschen. Schon früh wurden sie angepflockt, damit die wertvollen Ausscheidungen für die Düngung nicht verloren gingen. Als die Europäer kamen, fanden sie heraus, dass die Hauptrassen des chinesischen Hausschweins den europäischen Rassen überlegen waren. Deshalb kreuzten sie chinesische Rassen mit den europäischen Schweinen. Noch heute ist chinesisches Erbgut, das vor rund 200 Jahren importiert wurde, in allen modernen Schweinerassen auf der Welt nachweisbar.

Die Ackerbaugebiete am Gelben Fluss und am Jangtse sind die wichtigsten zwei Zentren uralter chinesischer Schweinezucht und

-haltung. Die dichte Besiedelung dieser Gebiete und der hochentwickelte Ackerbau waren die Gründe, warum eine Tierhaltung mit Raufutterfressern fehl am Platze war. Die intensive Schweinehaltung mit Fütterung durch Ernteabfällen und die organische Düngung mithilfe von Schweinemist stellten über Jahrhunderte ein produktives, stabiles System der Integration von Ackerbau und Viehzucht dar. »Mehr Schweine bedeuten mehr Dünger und höhere Getreideerträge.«[1]

Das System ist allerdings arbeitsaufwendig. Damit kamen schon früh ökonomische Aspekte auf, das heißt, die Tierausbeute musste effizient sein, um einen befriedigenden Ertrag zu erwirtschaften. Im Vergleich zu der extensiveren europäischen Haltung war der arbeitswirtschaftliche Effizienzvorteil der chinesische Vorsprung bei Zucht und Haltungssystem.

Die Tiere wurden auf Zahmheit und geringere Wildheit hin gezüchtet, verloren damit jedoch einen Teil ihrer urwüchsigen Intelligenz (das Gehirn schrumpfte angeblich um ein Drittel). In diesem Haltungssystem entwickelte sich eine große genetische Vielfalt an Schweinerassen. Über 100 Rassen wurden bei der Tierzählung 1960 festgestellt, dazu noch Tausende von Kreuzungsprodukten, zum Teil auch mit einer Durchkreuzung mit Wildtierrassen. Diese traditionellen Rassen sind genetisch heterogener und können sich an die jeweiligen Gegebenheiten besser anpassen.

China ist nach wie vor ein globales Reservoir für tiergenetische Ressourcen des Schweins.[2] Aber nur rund 10 Prozent der heutigen Hausschweine sind noch traditionelle Rassen. Genetisch wird heute die chinesische Schweinewirtschaft von den weltweit gängigsten Zuchtlinien dominiert: 90 Prozent der heute in China verwendeten Zuchtsauen entstammen einer der gängigen DLY-Kreuzungen (Duroc – Landschwein – Yorkshire). Die genetische Grundlage des Systems wird permanent wissenschaftlich und global angepasst: an die neusten Erkenntnisse, sowohl von der Haltungstechnik her, als auch der Fütterungstechnik, und an die biologische Sicherheit. Das System nennen die Chines*innen »Confined Animal Feeding Operation« (CAFO).

Trotz ihrer großen Verbreitung war traditionell der Besitz von Schweinen nicht sehr prestigeträchtig. Der chinesische Staat hat sich über die Jahrhunderte hinweg nicht für die Schweinehaltung interessiert, wahrscheinlich auch, weil das zentralistische Kaiserreich sie nicht richtig erfassen und besteuern konnte. Schweine galten schon immer als das Tier der armen Menschen.

Abb. 19: Im maoistischen China wird die Ferkelproduktion und die Rolle der Bäuerin in der Volkskommune durch eine Plakataktion verherrlicht.[3]

Es ist erstaunlich, dass sich trotzdem ausgeklügelte Produktionsmethoden entwickelten, allein auf der Grundlage der innovativen Leistungen der armen Bauern und Bäuerinnen. Viele effizienzsteigernde Techniken waren schon im alten China weit verbreitet, wie Kastration, geheizter Bereich für gerade geborene Ferkel, Bügel für Muttersäue und Bewegungsfreiheit für die Ferkel. Die Ställe hatten schon überwiegend eine separate Sektion für Fäkalien. Von alters her war man sich der Sauberkeitsbedürfnisse der Schweine bewusst und wusste, wie wichtig die Hygiene für die Gesundheit der Schweine und der sie betreuenden Menschen ist. Da auch Futterpflanzen gezielt für die Endmast der Tiere angebaut wurden, gab es eine vielseitige Fruchtfolge.

Die Chinesen sind ein Händlervolk. Ferkel und Mastschweine wurden schon ewig gehandelt und verkauft, meist an Metzgereien. Diese zerlegten die Schlachtkörper in kleine Teile, um sie portionsgerecht an viele Kund*innen mit größtenteils kleinen Geldbeuteln weiterzureichen. Die Hinterhofhaltung wurde meist von Familien betrieben, die auch andere – auch außerlandwirtschaftliche – Einkommen hatten, zum großen Teil waren das Heimatüberweisungen von Wanderarbeitskräften aus der Familie; die Schweinehaltung wurde als eine Nebentätigkeit angesehen.

Der Siegeszug des Industrieschweins

Die Art der kleinstbäuerlichen Hinterhofhaltung überlebte auch die Kollektivierungsphase unter Mao Zedong.[4] Nach der Kulturrevolution 1976 begann die Reformphase mit einer Öffnung der Wirtschaft. Die Kollektivierung wurde zurückgedreht. Das Haushalts-Verantwortungs-System zwang die Bauern und Bäuerinnen einen Teil ihrer Ernte billig abzugeben, damit sich auch die Armen in der Stadt Nahrungsmittel leisten konnten. Diese Abgabe wurde als eine Art Pacht für die private Landbebauung begriffen. Seit 1980 darf produziert werden, was Landwirt*innen möchten. Seit 1985 bilden sich die Preise auf dem freien Markt, 1990 wurde die Fleischzuteilung aufgehoben und die Coupons entfielen. Die Agrarmärkte wurden gänzlich freigegeben, weitere Privatisierungen durchgeführt. 2015 fand in China eine weitere Reform statt, eine Neuordnung der Schweinefleischbranche: Es wurden strengere Umweltauflagen eingeführt, eine beschleunigte Modernisierung, neue Kreditrichtlinien und die Schließung beziehungsweise Umwidmung von Betrieben, die nicht den öffentlichen Standards entsprachen.

Die Regierungspartei hat sich seit der Wende auf den Kurs einer kapitalistischen Version der ländlichen Entwicklung begeben. Alternativen wurden nicht berücksichtigt. Dabei hätten sich in den ersten Dekaden noch andere Optionen angeboten. Die Kollektivierung, aus der China aus der Mao-Ära kam, hätte große Chancen für kooperative Modelle geboten. Die durchgeführten Reformen haben aber den Schwerpunkt auf die Produktionsmengensteigerung gelegt, statt auf die Neuordnung der sozialen Beziehungen auf dem Lande. Die De-Kollektivierung war dann 1983 endgültig abgeschlossen. Das Ackerland wurde sogar übertragbar.

Mit den Reformen wurden Heerscharen von kleinen Bauernbetrieben in eine integrierte Wertschöpfungskette überführt. Das frühere, enge Mensch-Tier-Verhältnis wich einer Industrie. Menschen zogen aus den Dörfern und Schweine zogen in neue, riesige Ställe. Die Schweine, früher noch Haustiere, wurden nur noch zu »Fleisch«, Fleischfabriken auf vier Beinen.[5]

In den folgenden 40 Jahren gab es durch die Schaffung von zweierlei Systemen eine radikale Abkehr von den Prinzipien der traditionellen Haltung: Eine moderne und professionelle Schweinehaltung im Rahmen von modernisierten Familienbetrieben zum einen, und die Einführung der industriellen Schweinewirtschaft, die die bäuerliche ersetzen sollte, zum anderen. Leitbild der ersten Kategorie ist die Politik der »spezialisierten Haushaltsbetriebe«, die offensiv vom chinesischen Staat vorangetrieben wurde. Die Modernisierung der kleinen Betriebseinheiten basiert auf den Prinzipien der Spezialisierung und Professionalisierung. Bauern und Bäuerinnen sind angehalten, nur noch Schweine für den Verkauf zu halten und Hausschlachtungen für den Eigenbedarf aufzugeben.

In den letzten 20 Jahren wurde ein Agrobusiness in einer nicht gekannten Geschwindigkeit und Dimension aus dem Boden gestampft, und es wurden industrielle Wertschöpfungsketten vorgegeben. Die Agrarpolitik Chinas spielte bei den Prozessen eine wichtige Rolle. Was nicht von selbst entstand, wurde durch den Staat aufgebaut oder mithilfe erheblicher Subventionen angefacht.[6] Ab 2008 wurde ein strikter Kurs der landwirtschaftlichen Industrialisierung gefahren. Dabei spielte die Gründung der sogenannten »Drachenkopffirmen« eine große Rolle. Der politische Kurs stand unter dem Motto »New Socialist Countryside«: Darunter fiel der Ausbau der ländlichen Infrastruktur, die Urbanisierung und Kommerzialisierung des Landes und das Ziel, die kleinen Familienbetriebe in eine Nebenerwerbslandwirtschaft mit einem Wanderarbeitssystem als Beschäftigungsprogramm zu treiben.[7]

Was die Agrarstruktur anbelangt, galt 2015 in China die folgende Nomenklatur der Betriebsgrößenstruktur bei der Schweinehaltung: Mittelgroße Betriebe hielten bis 500 Tiere im Jahr, große Betriebe bis 10.000, und Tierfabriken über 10.000 Schweine. Wahrscheinlich werden die meisten Tiere aber immer noch von den kleinen und mittelgroßen Betrieben erzeugt. Die Städte jedoch werden fast ausschließlich von den Konzernen versorgt. Die Kleinsthaltung – entsprechend unserem Begriff vom lokalen Schwein – zählte schon gar nicht mehr mit, obwohl sie in einigen Gegenden noch dominierte, wie beispielsweise im weniger entwickelten Westen des Landes.[8] Wie zu Kaiserzeiten, im Maoismus und auch heute im Staatskapitalismus unter dem Kommando der kommunistischen Partei, übergeht man politisch das lokale Schwein; man sah und sieht in der Hinterhofhaltung eher ein Managementprogramm zur Armutsbewältigung, anstatt eine ernstzunehmende Agrarwirtschaft.

Wenn man bedenkt, dass 80 Prozent der Schweine zur Zeit des Millenniumswechsels noch auf kleinen Höfen gehalten wurden, die ein bis drei Schweine mästeten – hauptsächlich gefüttert mit Resten aus dem Dorf –, dann hat man eine Vorstellung von wo die Schweinehaltung Chinas wirklich kommt und wie dramatisch die Industrialisierung vonstattenging. Die Schweinefleischproduktion hat sich von 1985 bis 2007 vervierfacht. Der Anteil des Schweinefleisches, der aus kleinen Betrieben unter 50 Tieren stammt, verringerte sich von 2001 bis 2012 von 74 auf 32 Prozent, der Anteil von Betrieben über 3.000 Tieren erhöhte sich im gleichen Zeitraum von 4,6 auf 17,5 Prozent.[9]

840.000 kommerzialisierte größere Familienbetriebe gab es 2011 in China in der Landwirtschaft, die in Wertschöpfungsketten integriert waren. Sie haben von ihren Charakteristiken nur noch wenig gemein mit den kleinen Subsistenzbetrieben und dem Nebenerwerb. Viele von ihnen sind auch in Genossenschaften zusammengeschlossen. Entsprechend einem Genossenschaftsgesetz von 2006 sind sie entweder als Vielzweck-Genossenschaften registriert oder spezialisiert auf die Vermarktung bestimmter Produkte. Die Vermarktungsgenossenschaften, Konkurrenten zum Agrobusiness, werden nicht in dem Maße gefördert wie die Drachenköpfe. Trotzdem wuchs ihre Zahl von 100.000 im Jahr 2008 auf 1,53 Millionen im Jahr 2016. 42 Prozent der bäuerlichen Haushalte waren Mitglied einer solchen Vermarktungsgenossenschaft. Diese Genossenschaften folgen dem Prinzip der »horizontalen Integration«, das heißt Kooperation auf gleicher Ebene der Produktion; das politische Leitbild jedoch ist das der »vertikalen Integration« durch die Drachenkopffirmen, das heißt Kooperation mit den vor- und nachgelagerten Bereichen.

China ist heute das Land mit den meisten Schweinen und auch dem höchsten Schweinefleischkonsum pro Kopf auf der Welt. Es gab 2018 in China 750 Millionen Schweine, diese produzierten 53 Millionen Tonnen Fleisch, fünfmal mehr als die USA, doppelt so viel wie alle 28 EU-Mitgliedsländer zusammen. Damit produzierte China insgesamt mehr als die Hälfte aller Schweine auf der Welt. Gleichzeitig war China mit 1,5 Millionen Tonnen auch der größte Importeur von Schweinefleisch; aber es handelte sich nur um eine winzige Importquote von rund 3 Prozent, die trotz allem weltmarktbestimmend ist.[10]

Das CAFO-System war das technische Herz der neuen politischen Linie der Industrialisierung. Die Tierhaltung wurde vom Pflanzenbau getrennt, geografisch und agronomisch. Die Mistverwertung für die organische Düngung verlor ihre Bedeutung gegenüber dem mineralischen Düngereinsatz, die Fütterung erfolgte primär durch Importfuttermittel in einer global integrierten Lieferkette.

Wie im Kapitel 4 beschrieben, basiert die industrielle Schweinehaltung auf dem Import von Futtermittel. Zuerst musste der Import von Soja und Getreide liberalisiert werden und die Zölle mussten fallen. Erst dann konnten die riesigen Mengen an Futter zum Fließen gebracht werden. Ursprünglich war China selbst Sojaexporteur – schließlich stammt die Sojapflanze ursprünglich aus China –, wurde dann aber der weltgrößte Importeur von Sojaprodukten für Futtermittel in der Größenordnung von 70 Millionen Tonnen pro Jahr. Große Landareale in Lateinamerika und den USA sind für chinesische Schweine mit Futter belegt. Auch ein Fünftel der weltweiten Fischfangmenge geht als Fischmehl in die Fütterung chinesischer Schweine und Hühner.

Die enormen Mengen an Futtermittelimporten, die um die halbe Welt transportiert werden müssen, sind auch ein wesentlicher Grund dafür, dass die Klimabilanz der chinesischen Schweinehaltung besonders schlecht ist. Eine Tonne Lebendgewicht an Schweinen, die den landwirtschaftlichen Betrieb verlässt, erzeugt 2,95 Tonnen CO_2-Äquivalenz, das sind 27 Prozent mehr als bei der Schweinewirtschaft in Nordamerika. Der hohe Wert geht aber auch zu einem großen Anteil auf die Treibhausgase der elektrischen Energieerzeugung in den Ställen zurück.[11]

Zum Entstehen der riesigen Schweinekomplexe gehört der implizite Feldzug gegen das lokale Schwein in China dazu. Sowohl die Bevölkerung als auch die kommunistische Partei glaubt nicht mehr an Kleinbauern und -bäuerinnen. Es ist eine weit verbreitete Meinung, dass Großbetriebe die Ernährungssicherung und die Nahrungsmittelsicherheit besser im Griff haben und dass man die Entwicklung durch sie besser steuern kann. Dass die kleinen Schweinehalter*innen so sehr zu regelrechten Feinden des Fortschritts abgestempelt werden, hat offensichtlich etwas mit den geschichtlichen Erfahrungen unter dem Maoismus zu tun. Man will auf keinen Fall zurück zu den armseligen Verhältnissen einer bedrückenden Vergangenheit.

Das globale Schwein ist in China absolut auf dem Vormarsch. CAFO (Concentrated Animal Feeding Operations) wird die Strategie der Großställe genannt, das Leitbild der Entwicklung in der Schweinewirtschaft.

»Konzentration« ist dabei das Zauberwort. Wer nicht mitmacht, soll in die Städte abwandern. Das wird von der Partei deutlich ausgesprochen. Der Prozess, das lokale Schwein aus der Wirtschaft herauszudrängen, wird kaum irgendwo auf der Welt so offensiv verfolgt wie in China seit den 1990er-Jahren. Was im Kapitalismus und unter demokratischen Verhältnissen nur über Marktmechanismen und diskriminierende Standards vor sich gehen kann, ohne dass man irgendwen direkt schuldig sprechen kann, kann unter den autoritären chinesischen Verhältnissen unverblümt unter staatlicher Willkür vonstattengehen.

Während 1980 erst 2,5 Prozent der Tiere bodenunabhängig gehalten wurden, waren es 30 Jahre später schon 56 Prozent. Bis 1985 wurde noch 95 Prozent des produzierten Schweinefleisches in China durch kleine Familienbetriebe erzeugt; diese zogen weniger als fünf Mastschweine pro Jahr auf.[12] Die Industrialisierung wurde dann massiv gefördert. 1,5 Milliarden US-Dollar an Subventionen flossen jährlich in den Aufbau der industrialisierten Tierhaltung. Es gab nur sehr lockere Umweltauflagen; die Auflagen zur Güllebewirtschaftung waren äußerst lax. Der Konzentrationsprozess ist noch nicht abgeschlossen, sondern geht jetzt, nach dem tiefen Einschnitt durch die Afrikanische Schweinepest 2019/20, umso drastischer weiter.

Systematisch wurden die kleinen Schweinehalter*innen herausgedrängt. Der chinesische Staat vernachlässigt sie bewusst in politischer und ökonomischer Hinsicht. Sie bekommen schlechtere Preise für ihre Ferkel und Mastschweine. Die allgemeinen staatlichen Dienstleistungen für die Landwirtschaft, wie Veterinäraufsicht, Agrarberatung und Training, gehen an ihnen vorbei. Kredite gibt es nur für große Stallanlagen, und es herrscht ein Klima der Entmutigung für die kleine Schweinehaltung. Für viele war es dann nur eine Frage der Zeit, bis sie die Schweine abschafften.

Allerdings gibt es auch Programme zur Einbindung des »bäuerlichen Schweins« in die modernen Wertschöpfungsketten, wenn sich die Betriebsleiter*innen entsprechend qualifizieren. Die Einbindung passiert auf verschiedenen Wegen. Kommunen nutzen Staatszuschüsse, um Stallanlagen zu bauen: entweder um Einheiten davon an Bauern oder Bäuerinnen zu vermieten, oder sie betreiben die Stallanlagen selbst in Kooperation mit einer Privatfirma und stellen dafür Landwirt*innen der Gemeinde an. Ein drittes Modell stellt das »Outgrower-Modell« dar, in dem ein Konzern mit vielen kleinen und mittleren Betrieben vertragliche Beziehungen zum An- und Verkauf eingeht, die auch einen Betreuungsvertrag miteinschließen.

Einer unter vielen anderen staatlichen Mechanismen, die das lokale Schwein untergraben, besteht darin, dessen wichtige Düngefunktion außer Kraft zu setzen. Damit fällt ein wichtiges traditionelles Bindeglied zwischen Tierhaltung und Ackerbau in sich zusammen. Die chinesische Regierung gibt erhebliche Summen für die Subventionierung synthetischer Düngemittel aus. Man möchte die Erträge des Ackerbaus landesweit steigern. Doch in den Gebieten, in denen Schweine gehalten werden, verliert dadurch der Schweinemist und Gülle als Dünger an Wert. Wenn man synthetischen Mineraldünger mechanisch ausbringt, ist er ein Vielfaches einfacher und gezielter einzusetzen als eine qualifizierte Mist- beziehungsweise Güllebewirtschaftung mit Lagerung, Transport und Ausbringung. Wenn sie subventioniert wird, ist die mineralische Düngung unbedingt überlegen. Die Folge davon ist unter anderem, dass Einstreu (von Stroh) in den Ställen unnötig wird, mit erheblichen Folgeproblemen für das Tierwohl und die unschädliche Entsorgung der Gülle.[13] Erst die Mischung der Fäkalien und Urin mit dem Stroh ergibt Mist, und der hat die guten Düngeeigenschaften und baut Humus im Boden auf. Der Dung der Schweine (und das Stroh) verwandelte sich über Nacht von einem wertvollen Dünger zu einem Abfallprodukt, dessen Verwertung in vielen Gebieten zu ökologischen Folgeproblemen führte, weil zu viel Gülle vorhanden ist und es dadurch leicht zu einer Überdüngung kommt.[14]

Die Verdrängung des lokalen Schweins, so widersinnig sie auch ist, ist ganz im Sinne einer Politik der Landwirtschaftsmodernisierung. Danach wird die Schweinehaltung als eine professionelle Angelegenheit betrachtet, die auf höchste Effizienz der Produktion ausgerichtet ist, und auf den Verkauf (und nicht auf den Eigenverbrauch). Dabei spielt es keine Rolle, ob die Haltung als Familien- oder als kleiner Gewerbebetrieb betrieben wird, als

Zusammenschluss mehrerer Hinterhofhalter oder als Outgrower. Wer Schweine hält, soll sich ausschließlich auf die Schweineproduktion spezialisieren. Die Betonung der »Professionalisierung« trifft ins Mark des lokalen Schweins: Nicht das tradierte, ganzheitliche Wissen der Praktiker, der Frauen und ihren Familien zählt, nicht die Nachbarschaftshilfe und die Einbindung der Schweine in den integrierten Systemzusammenhang, sondern ein lineares Denken; ausgerichtet allein an dem Verkaufserlös und Gewinn, an Umsatzzahlen und Produktionsmengen, losgelöst von ländlichen Lebenszusammenhängen und herkömmlichen Selbsthilfemodellen.

Die Politik der ländlichen Entwicklung orientiert sich heutzutage an dem CURD-Programm (Coordinated Urban-Rural Development). Es läuft darauf hinaus, die angeblich überkommenen kleinbäuerlichen Überbleibsel hinfällig zu machen. Ziel ist eigentlich die Annäherung der Lebensverhältnisse von Stadt und Land. Praktisch läuft es aber darauf hinaus, die bäuerlichen Einkommensverhältnisse statistisch zu verbessern, indem man sie loswird und die vielen Millionen ländlichen Armen als Wanderarbeiter*innen in die Städte treibt. Schweinefleisch ist als führender Sektor der Modernisierungspolitik auserwählt (neben Pflanzenöl und Baumwolle), weil es sich gut dafür eignet, um die Kommerzialisierung voranzutreiben, die Entwicklung durch das Agrobusiness unter Kontrolle zu bringen und dabei noch gute Profite zu machen. In einer Hinsicht ist der Ansatz sogar erfolgreich, denn rund die Hälfte aller ländlichen Haushalte lebt heute von einem Zuerwerb, aber primär von den finanziellen Rückflüssen der Verwandten, die als städtische Wanderarbeiter*innen tätig sind.

Drachenköpfe gegen oder für Kleinbauern und -bäuerinnen?

Die Dimension der chinesischen Massenschweinehaltung übertrifft in vielen Fällen noch die Dimensionen, die in Europa gebräuchlich sind. Ein mehrstöckiges Schweinehotel in Guanxi etwa wird für 30.000 Muttersauen und 840.000 Ferkel ausgebaut. Ein Vorreiter ist die Firma Tianzow Breeding, mit Stallhochbauten im Nordwesten Chinas: Sechs Ställe mit jeweils sechs Etagen für 20.000 Sauen.[15] Die Tiere werden auf mehreren Stockwerken gehalten, mit automatischer Luftzufuhr und Wärmebildkameras (um Tiere mit erhöhter Temperatur zu identifizieren). Roboter misten aus.

© Henk Riswick

Abb. 20: Die mehrstöckige Schweinemastanlage von Yangxiang

Die Entwicklung wird angeführt von den fleischverarbeitenden Konzernen als Leitunternehmen, den sogenannten »Drachenkopffirmen«. Der Drache als Symbol spielt in der chinesischen Kultur eine große Rolle. In der Frühphase der chinesischen Zivilisation wurde der Drache angerufen als Orakel. Er war immer das Symbol für Glück, für den zivilisatorischen Fortschritt. Wer zu seiner Gemeinschaft dazugehört, wird vom Drachen bewacht, nach außen aber tritt der Drache aggressiv und angsteinflößend auf. Der Kopf führt einen unendlich langen Schwanz an, der sich auf die Wertschöpfungskette übertragen lässt. Die Drachenkopffirmen stehen für einen Mechanismus der offensiven Interessensverknüpfung (in einer Branche). Sie sollen durch ihre Ausstrahlung antreiben zu einem kontinuierlichen Verbesserungsprozess.[16] Das politische Programm der Drachenkopffirmen ist für alle Wirtschaftssektoren Chinas gültig. Heute kontrollieren die Drachenköpfe 70 Prozent der Fleischwirtschaft (Geflügel und Schwein) und 60 Prozent der Pflanzenproduktion.

Abb. 21: Chinesischer Drache

Um als Firma diesen offiziellen Status zu erwerben, sind gewisse Mindestkriterien zu erfüllen: 32 Millionen US-Dollar Umsatz, 24 Millionen Vermögen (im Osten des Landes, in anderen Landesteilen kann das weniger sein). Erst muss der Status auf Provinzebene erreicht werden, bevor er auf nationaler Ebene verliehen werden kann. Ferner muss die Firma profitabel sein (der Gewinn muss also höher als die offizielle Zinsrate sein) und eine erstklassige Kreditwürdigkeit besitzen.

Drachenkopffirmen sind dazu verpflichtet, eine Verantwortung für die ländliche Entwicklung in ihrer Umgebung zu übernehmen, das heißt, sie müssen kleinere Betriebe durch Vertrag oder andere Kooperationsformen an sich binden. Mindestens 70 Prozent der landwirtschaftlichen Rohware, die von Drachenkopffirmen verarbeitet wird, muss von Kleinbauern und Kleinbäuerinnen stammen; im Osten Chinas müssen es mindestens 4.000 Familienbetriebe sein, in der Mitte des Landes 3.500 und im Westen 1.500.[17] Der Staat pumpte große Summen in den Aufbau dieser Unternehmen: Zwischen den Jahren 2000 und 2005 subventionierte er die Dragon Heads mit 1,9 Milliarden US-Dollar, außerdem gestand er erhebliche Steuerermäßigungen zu, wie zum Beispiel die Erstattung der Mehrwertsteuer beim Export oder Zinserleichterungen.

Ob etwas von dieser Förderung zu den integrationsbereiten Kleinbauernbetrieben durchsickert, ist höchst zweifelhaft. Das System der Integration der kleinen Agrarbetriebe hört sich gut an, wird aber wohl mit größter Zurückhaltung von Seiten der Manager*innen der Leitunternehmen betrieben, weil sie der Qualität und Zurechnungsfähigkeit der Bauern und Bäuerinnen nicht trauen. Immer wieder tauchen Hinweise auf, wonach diese Integration sich auf einige besser gestellte Bauernbetriebe konzentriert. Am Beispiel von Sichuan, einem Zentrum der Schweineproduktion in China, zeigt sich, dass die Bauern und Bäuerinnen dort keine direkten Zuschüsse bekamen, sondern nur das Leitunternehmen. Integration in die Wertschöpfungskette heißt wohl eher »Kommandowirtschaft« als eine achtsame Förderungspolitik.[18]

Die chinesische Regierung gibt den Drachenkopffirmen neun Ziele vor: einheimische Inputs für den Sektor sicherstellen, ländliche strategische Ziele konsolidieren, Sicherheit und Qualität der Lebensmittel anheben, Agrareinkommen verbessern, Wissenschaft und Technologie vorantreiben, ein neues Sozialsystem aufbauen, Agrarrecht verbessern und Landwirtschaft gegenüber der Außenwelt öffnen.[19] Dabei agieren die Drachenköpfe weniger als Konkurrenten miteinander, sondern den einzelnen von ihnen werden zentral gewisse ökonomische Schwerpunktaufgaben zugeteilt, sogenannte »Leitfirmen-Cluster«. In Bezug auf diese Aufgabenzuteilung verhalten sich die Drachenköpfe quasi wie staatliche Agenturen.

Die vorgezeichnete Richtung der staatskapitalistischen Schweinewirtschaftsentwicklung wird durch den Beschluss der Kommunistischen Partei Chinas beim 19. Zentralkomitee am 1. November 2020 noch einmal bestärkt. Der angenommene Antrag lautet: »Neue Formen der Industrialisierung, Digitalisierung, Urbanisierung und Modernisierung der Landwirtschaft verwirklichen, und ein insgesamt modernisiertes Wirtschaftssystem aufbauen, damit China eine grundsätzlich sozialistische Modernisierung erreicht«.

Kein Geschäftspartner des chinesischen Schweins kommt mehr an den Drachenkopfunternehmen vorbei. Man schätzt, dass es insgesamt 280.000 Unternehmen in der Agrobranche gibt, davon sind 110.000 anerkannte Drachenköpfe. Sie arbeiten zusammen mit 110 Millionen ländlichen Haushalten. Technologisches Wissen und Marktdaten werden durch die Drachenköpfe weitergeleitet; man nennt es »Radiation-driven« (ausstrahlungsbezogen). Zwei Drittel der Nahrungsmittelversorgung der größeren Städte passiert durch das Agrobusiness. Neun von zehn der chinesischen Top Ten im Bereich der Schweinefleischverarbeitung haben den Drachenkopf-Status, ebenso 6 von 10 der größten Züchter und Schweinehalter. Sie sind entweder privat, staatlich oder parastaatlich organisiert, in einigen wenigen Fällen sogar mit Beteiligung von ausländischen Unternehmen.

Die Drachenköpfe sollen auch neue Märkte im In- und Ausland für den Bezug als auch Absatz erschließen. Die Internationalisierung der Landwirtschaft wird immer als Ziel von der kommunistischen Partei mitbedacht. Eine explizite Vorgabe für die Drachenköpfe ist: »Going out«, das heißt Öffnung und offensives Auslandsengagement des chinesischen Agrobusiness, nicht nur mit dem Verkauf ihrer Produkte, sondern auch durch Ankauf von Ackerland in Lateinamerika und Afrika, Auslandsbeteiligungen und ausländische Firmenübernahmen. Außerdem versucht die chinesische Regierung ihren internationalen Einfluss auf die globalen Rahmenbedingungen von Handel und Welternährungspolitik zu steigern. Dabei spielen bilaterale Handels- und Investitionsabkommen eine wichtige Rolle. Gleichzeitig gibt sich die chinesische Führung gegenüber ausländischen Direktinvestitionen und Beteiligungen an chinesischen Unternehmen des Agrobusiness sehr bedeckt.

Chinesische Konzernmacht macht mächtig

In der Liste der bedeutenden chinesischen Schweinefleischverarbeiter gibt es nur zwei Fälle von ausländischen Beteiligungen: Henan Shangui gehörte für kurze Zeit zu 10 Prozent dem Finanzkonzern Goldman Sachs, der aber bald darauf die Hälfte seines Aktienpakets wieder abstieß.[20] Als Shangui 2013 den US-Giganten Smithfield kaufte, die größte Übernahme einer amerikanischen durch eine ausländische Firma, wurde Shangui umbenannt in WH-Gruppe. Dieser Deal markiert die Wende von der Alleinherrschaft des westlich dominierten Agrobusiness. Die zweite Auslandsübernahme erfolgte durch Jinluo, bei der die Mehrheit der Aktien seit 2005 von Ausländer*innen gehalten wird; Jinluo ist eine anerkannte Drachenkopffirma.

Beim Schwein sind die großen Konzerne lange nicht mehr ausschließlich staatlich. Aber selbst wenn sie privat sind, ist der staatliche Einfluss erheblich. Besonders im Fall von Dragon Heads, unterliegen sie auch als private Firmen oder gar als solche mit ausländischer Beteiligung erheblichen staatlichen Interventionen. Besonders im Schweinefleischbereich sind die Chinesen auf ihr Modell der Drachenköpfe stolz. Speziell die »großen Drei«, Shanghui, Yurun und Jinluo, werden als Konzerne hochgehalten. Alle drei sind kaum in der Schweinehaltung selbst engagiert, aber in der Zucht und Schlachtung, Zerlegung und im Fleischgroßhandel. Zusammen hatten sie 2011 einen Umsatz von 19 Milliarden US-Dollar, was einen Anteil von 68 Prozent am Gesamtumsatz der chinesischen Top Ten ausmacht. Shanghui ist staatlich, Jinluo ist privat und besitzt ausschließlich inländische Anteilseigner*innen, auch wenn das Unternehmen auf Britisch Virgin registriert ist; und Yurun ist in chinesischem Privatbesitz. Sie beschäftigen zusammen 119.000 Mitarbeiter.

Die Top Ten der chinesischen Schweinefleischkonzerne sind auf den Binnenmarkt hin konzipiert, aber ein gewisses Auslandsgeschäft wird von der Partei durchaus geschätzt, wie schon bei den Drachenköpfen erwähnt, um die internationale Konkurrenzfähigkeit zu beweisen. Ausländische Beteiligungen gibt es eher im Zuchtbereich. Die größten Weltfirmen im Bereich der Schweinegenetik, wie beispielsweise PIC (Pig Improvement Company) oder Hendrix Genetics sind auch in China tätig, letztere als Hypor China registriert. In diesem Bereich gibt es mehrere Joint Ventures, mit wachsendem Einfluss der chinesischen Teilhaber. Oft sind die chinesischen Teilhaber staatliche Zuchtanstalten. Die Züchtungsergebnisse, wie die Zuchtsauen und Zuchteber, ganze Kreuzungslinien, Samenkollektionen oder verbundene Klone, sind streng durch private geistige Eigentumsrechte geschützt.[21]

Der größte aller Schweineställe

Die größte Schweine-Megafarm der Welt wird von der Firma Muyuan Foodstuff Co. Ltd. betrieben; sie umfasst 84.000 Sauen mit ihren Ferkeln. Im Endausbaustadium soll sie 2,1 Millionen Schweine im Jahr produzieren, das wäre zehnmal mehr als der größte Schweinehaltungsbetrieb in den USA. Die großen Betriebe haben sich schneller von der Afrikanischen Schweinepest erholt als die kleinen, und profitierten voll von den hohen Preisen danach. Muyuan Foodstuff, gegründet 1992, ist an der Börse notiert und besitzt 90 Tochtergesellschaften im ganzen Land, die meisten davon sind Schweinefarmen mit insgesamt 550.000 Sauen und fünf nationalen Zuchtstationen mit 8.000 reinrassigen Sauen (sogenannte Grand-Grand-Parents – GGP und/oder GP-Farmen). Die Firma versteht sich als Spitze des Fortschritts, und sie arbeitet in allen Technologiefragen international mit vielen ausländischen Unternehmen zusammen. Sie besitzt 436 nationale Patente. 2017 produzierte das Unternehmen 5 Millionen Tonnen Futtermittel, 7,2 Millionen Schweine und erwirtschaftete eine Million Tonnen Schweinefleisch. Der Umsatz beträgt 1,5 Milliarden US-Dollar und der erzielte einen Gewinn von 330 Millionen US-Dollar.[22]

Aufgrund des zeitweisen Handelskonflikts mit den USA, konnten die US-Züchter nicht nach China liefern und bemühten sich, dort selbst zu produzierten, beispielsweise in Kooperation mit der chinesischen Firma Beijing Capital Agribusiness (BCA), die sich als Partner für Auslandsinvestitionen anbietet. Besonders jetzt, während der Aufholjagd nach dem tiefen Einschnitt durch die Afrikanische Schweinepest, hat China einen riesigen Bedarf an Zuchtmaterial und Ferkeln. Viele ausländische Zuchtfirmen sehen ihre Stunde für ein Chinaengagement gekommen, wie etwa die thailändische Firma CPF, Axiom aus Frankreich, Topigs Norsvib aus den Niederlanden, Nucleus aus Frankreich, Choice Genetics aus den USA, Hypor aus den Niederlanden, DanBred aus Dänemark oder Genus PIC Breeding aus den USA; sie alle stehen Schlange.[23]

Die Begrenzung der Muttersauen-Zuchtlinien stellen einen Engpass beim Wiederaufbau der Population dar. Rund 7 bis 8 Millionen junge Säue der F1-Generation (erste Generation nach einem züchterischen Kreuzungsvorgang) wurden nach der Krise durch die Afrikanische Schweinepest in China benötigt. Dabei sind Chinas Ansprüche an die Gesundheit der Importschweine hoch: Sie müssen mit staatlichen Zertifikaten als frei von drei Krankheiten ausgewiesen sein. Nach der Ankunft müssen sie alle erst 45 Tage in Quarantäne, um einer möglichen Krankheit und Ansteckung vorzubeugen. Vor dem ASP-Ausbruch 2018 hatte China 45 Millionen Zuchtsauen. Von ihnen sind 23 Millionen durch ASP umgekommen oder mussten gekeult werden. Wenn man bedenkt, dass es in der ganzen EU nur 12 Millionen Zuchtsauen gibt, kann man sich vor Augen führen, wie der chinesische Bedarf hier die Nachzucht weltweit durcheinanderbringt. Doch der hohe Preis von 5 Euro pro Kilogramm für Schweinefleisch in China, der dreimal so hoch ist wie in Europa, bewirkt eine ungeheure Zugkraft für den Export von Zuchtmaterial nach China.

Umstrittene Umweltprobleme der chinesischen Massentierhaltung

Sind Gesundheits- und Umweltbelastungen der chinesischen Großanlagen nun besonders gravierend? Es liegen Berichte von Fällen vor, die große Sorgen bereiten. Die Mitarbeiter*innen in den Großställen sind starken infektiösen Belastungen ausgesetzt. Diese haben ihre Ursachen sowohl in den tierischen Ausscheidungen als auch im Fleisch selbst, wie resistente Keime durch übermäßigen Gebrauch von Antibiotika, Krebsrisiken von arsenhaltigen Rückständen und Schwermetallen im Futter, Medikamentenrückstände (wie zum Beispiel Hormone im Fleisch), dem Methanausstoß der Gülle, die in China höher sind als anderswo, und die allgemeine Verschmutzung von Luft und Wasser in den Schweine-Intensivgebieten.

In einigen Veröffentlichungen wird die Meinung vertreteten, dass die Probleme in den Großställen wegen der Güllelagerung und -behandlung größer sind als bei kleineren Beständen. Andere berichten davon, dass Ställe mit industrieller Haltung die Umweltprobleme viel besser im Griff hätten, denn das konzentrierte Management bei der Abfallentsorgung kann durch bessere Messtechniken, präzisere technische Behandlung und höhere Investitionen den Anfall von Emissionen besser kontrollieren.[24]

Chines*innen lieben Schweinefleisch

Schweinefleisch ist schon seit alters her eine beliebte Speise in China. Vor 40 Jahren konnten sich die Chines*innen nur selten das begehrte Fleisch leisten, höchstens kleine Portionen für jede Person in der Familie, vielleicht ein- bis zweimal die Woche, oder zu Festen und besonderen Anlässen. Unter dem Maoismus wurde der Konsum rationiert; man konnte es nur mit Einkaufscoupons erstehen. Fleisch war für Städter*innen schwer zu bekommen. Für die Chines*innen bedeutete Fleisch Luxus. Seit 1980 jedoch, nach der chinesischen Wende, gab es einen Aufholeffekt, und der Schweinefleischkonsum pro Kopf hat sich vervierfacht. Schon 2010 lag der Pro-Kopf-Verbrauch an Fleisch in China bei 61 Kilogramm im Jahr (Durchschnittsverbrauch weltweit: 42 Kilogramm; in den USA: 120 Kilogramm; in Deutschland: 57,3 Kilogramm; Stand 2020) – allem voran Schweinefleisch. Dabei sind es vor allem die städtischen Verbraucher*innen, die im Durchschnitt dreimal mehr Fleisch essen als die ländlichen. Man erwartet weiterhin hohe Wachstumsraten.

Chinesische Verbraucher*innen haben Angst vor Wachstumshormonen, beispielsweise Clenbuterol und Ractopamin. Diese sind zwar in China verboten, aber die Inspektion ist schwach. Missbrauchsfälle und Lebensmittelskandale sind in China wohlbekannt.[25] Weil Hormonanwendung in der Tierhaltung in den USA erlaubt ist und Schweinefleisch von dort importiert wird – erst recht nach dem Aufkauf von Smithfield durch Shuanghui –, besteht bei der chinesischen Bevölkerung ein zwiespältiges Verhältnis zur Massentierhaltung, was die Biosicherheit betrifft; die Produzenten beklagen sowieso die Wettbewerbsverzerrung im Konkurrenzkampf mit der US-Schweinewirtschaft.

Die Gesundheitsprobleme des hohen Fleischkonsums sind auch in China unverkennbar: Krebs, Diabetes und Herz-Kreislauf-Probleme machen sich immer häufiger bemerkbar. 69 Prozent der Todesfälle gehen in China auf diese Volksbeschwerden zurück. Während das Fleisch immer magerer wird, schreitet die Verfettung der Bevölkerung voran: 90 Millionen Menschen leiden unter Übergewicht. Trotz dieser besorgniserregenden Entwicklung nimmt der Fleischkonsum weiterhin unbeirrt zu. Die Vorliebe für Schweinefleisch sitzt tief in der chinesischen Kultur, denn es galt immer als ein Statusobjekt und Symbol für Reichtum und Erfolg. Das hat sich trotz der großen Verfügbarkeit am Markt nicht geändert. Für die, die es sich leisten können, heißt modernes Leben, sich viel Schweinefleisch leisten zu können.

Ein kleiner Teil der Bevölkerung ist aber auch in China so ernährungsbewusst, dass er Biolandwirtschaft bevorzugt und speziell nach gesundem Essen strebt. Diese Kreise ziehen das bäuerliche Schwein dem industriellen vor. Ein Gourmet-Segment kauft teures Fleisch von traditionellen Rassen, die meist schwarze Schweine sind. Auch einige große Drachenkopffirmen wollen sich diese Nische nicht entgehen lassen und steigen in die Zucht der schwarzen traditionellen Rassen ein.

Nun überraschte 2016 die chinesische Politik mit einer völligen Kehrtwende, die so nur unter autoritären Regimen denkbar ist: Die Regierung ruft die Bevölkerung zur Mäßigung beim Fleischverzehr auf. Bis 2030 soll sie nur noch halb so viel Fleisch essen wie bisher. Es geht um einen Kampf gegen Fettleibigkeit und Klimawandel. Auf 27 Kilogramm pro Kopf soll der Fleischverbrauch sinken, der jetzt bei 63 Kilogramm pro Kopf liegt. Das entspricht 600 Gramm Fleisch pro Woche. Der Trend am Markt wies eigentlich in die gegensätzliche Richtung: auf eine Steigerung hin zu 90 Kilogramm pro Kopf. Was den Klimaschutzaspekt anbelangt, könnten dadurch angeblich CO_2-Emissionen von einer Milliarde Tonnen pro Jahr reduziert werden.[26] Wie will man das erreichen? Kein Fleischverbot ist anvisiert, sondern nur Aufklärung und Verzichtsaufrufe. Während man in China die Zustimmung der Bevölkerung zu dem staatskapitalistischen Kurs bisher mit Konsumversprechen »erkauft« hat, passt der staatlich verordnete Konsumverzicht eigentlich so gar nicht in das politische Umfeld. Einen gewissen Beitrag zu der Konsumdrosselung steuert schon der Markt selbst bei: Schweinefleisch ist im letzten Jahr wegen der Verknappung durch die Afrikanische Schweinepest um 70 Prozent teurer geworden.

Atemberaubend ist die Entwicklung der letzten 30 Jahre in der chinesischen Schweinewirtschaft, von dem lokalen Schwein zur industriellen Schweinehaltung und Fleischproduktion, mit einem Hang auch global aufzuholen. Die maßgeblichen Akteure sind die großen Firmen der Fleischwirtschaft. Erstaunlich ist ihre Doppelrolle als Drachenkopfunternehmen: Sowohl wirtschaftlich führend zu werden als auch staatliche Aufgaben der ländlichen Entwicklung zu übernehmen. Doch vor den Problemen eines ausufernden Fleischkonsums und einer enormen Fleischproduktion ist auch China nicht gefeit. Ob das Modell des globalen Schweins zum Erfolg führt, ist noch nicht ausgemacht.

Kapitel 9

Das geschundene Schwein
Vom Wohl und Wehe eines Tieres

(Jasmin Zöllmer)

»There is no right way of doing
the wrong thing«.[1]
Christopher Gilbert

Mit der Industrialisierung der Schweinehaltung und dem harten internationalen Wettbewerbsdruck geht systemimmanent auch das Leiden der Tiere in den Ställen einher. Die Enge in den Buchten, die Vollspaltenböden, die Installation in den Anlagen und das fabrikartige System von »schneller, größer, rationeller« überfordert die physische und psychische Belastungsfähigkeit der Tiere. Vor allem die »drei Ks« (Kastrieren, Kastenstände und Kupieren) sind aktuell in der Schusslinie. Man versucht dem oberflächlich Abhilfe zu schaffen, aber die Ursachen gehen tiefer. Das Tierwohl und der Tierschutz werden zu einem beherrschenden gesellschaftlichen Thema. Daraus erwachsen alternative Ansätze, die auch neue Marktchancen mit sich bringen.

Eine Hommage an das Schwein!

Kennen Sie Esther, das Wunderschwein? Esther war ein kleines Babyschwein, das einem Mastbetrieb in Kanada entkam. Kurz nach der Flucht wurde das Ferkel von einem Pärchen aus Toronto adoptiert und auf den Namen Esther getauft. Steve und Derek glaubten, die kleine, gerade einmal zwei Kilo schwere Esther sei ein Minischwein. Doch Esther wuchs und wuchs und wurde immer größer, bis sich herausstellte, dass sie gar kein Minischwein war, sondern ein ganz normales 150 bis 200 Kilogramm schweres Hausschwein.

Esther entpuppte sich als intelligentes und kommunikatives Wesen, das locker mit dem Familienhund mithalten konnte. Sie wurde schnell stubenrein, öffnete selbständig alle Türen in der Wohnung, bediente sich am Kühlschrank und tat sogar so, als würde sie draußen Wasser lassen, nur um sich einen Belohnungscookie abzuholen. Täglich aufs Neue brachte die freche Schweinedame ihre beiden Ersatzeltern zum Lachen und des Öfteren auch zum Verzweifeln. So kam es, dass Esther das Leben von Steve und Derek völlig auf den Kopf stellte. Die beiden wurden Vegetarier, zogen aufs Land und gründeten einen Gnadenhof für Tiere namens »Happily ever Esther«, wo sie heute mit Esther und vielen weiteren Tieren leben.

Zugebenermaßen ist diese herzensrührende Geschichte fern aller Lebensrealität der knapp 700 Millionen Schweine, die weltweit zur Nahrungsmittelproduktion gehalten werden.[2] Dennoch ist sie lehrreich, denn sie zeigt, dass Schweine überaus intelligente, fühlende und soziale Wesen sind.

In der Tat gehören Schweine zu den intelligentesten Säugetieren der Welt. Dies bestätigen auch Verhaltensforscher der Universität Budapest: In ihrer Studie kamen sie zu dem Ergebnis, dass Schweine ähnlich wie Hunde nach menschlicher Aufmerksamkeit suchen und soziale Interaktion einfordern. Vor allem aber haben die Schweine in den Experimenten Aufgaben schneller gelöst als ihre Hunde-Konkurrenten und gaben auch nicht so schnell auf wie diese.[3] Ein Bauer aus Dänemark machte sich diese Intelligenz sogar zu Nutze und brachte seinen Schweinen bei, Temperatur und Belüftung in ihrem Stall mithilfe eines Joysticks selbst zu regeln. In ihrer Intelligenz kommen Schweine sogar an Kleinkinder heran. Sie können sich selbst im Spiegel erkennen, was auf die wenigsten Tiere zutrifft, und sogar Babys erst mit etwa einem Jahr können.[4] Wer also mit dem Schimpfwort »dummes Schwein« um sich wirft, hat offensichtlich keine Ahnung.

Schweine sind außerdem überaus sozial. Wenn es ihnen erlaubt ist, leben sie in festen Gruppen zusammen, spielen, fressen und schlafen gemeinsam. Dabei kommunizieren sie in einer eigenen Sprache. Mehr als 20 verschiedene »Oinks« hat der Wiener Professor Johannes Baumgartner identifiziert. Neben Grunzen und Quieken gibt es auch Bellen und Brummen. »Es gibt nichts Herzlicheres als eine Gruppe junger Schweine, die spielen. Sie rennen, springen übereinander und bellen dabei«, so der Schweineexperte in einem Interview.[5]

Schweine sind aber nicht nur nachweislich intelligent und sozial. Sie sind auch sehr reinlich, wie schon der Schweizer Verhaltensforscher Alex Stolba in den 1980er-Jahren feststellte.[6] So halten sie, wenn ihnen die Möglichkeit gegeben wird, ihren Liegeplatz sauber und trennen den Kotbereich strikt von Schlaf- und Futterplatz. Die Mär vom schmutzigen Schwein ist also falsch. Zwar lieben Schweine es, sich in Schlammlöchern zu suhlen, was nach einer großen Sauerei aussehen mag. In Wahrheit aber reinigt der kühlende Schlamm die Haut und schützt vor Insekten und Sonnenbrand. Denn Schweine können ganz im Gegensatz zu der irreführenden Redewendung »schwitzen wie ein Schwein« gar nicht schwitzen.

Schweine sind zudem aktiv und neugierig. In freier Wildbahn durchwühlen sie mit ihrer sensiblen Rüsselnase den Boden nach Samen, Wurzeln und kleinen Tieren. Laut Professor Baumgartner steckt in jedem Mastschwein immer noch eine Wildsau: »Lässt man Mastbetrieb-Schweine frei, die nie in ihrem Leben das Tageslicht gesehen haben, dann preschen die nach einem Jahr durchs Unterholz, als hätten sie nie was anderes getan.«[7] Klar ist: Die Freilandhaltung ist eigentlich ideal für Schweine. Zumindest aber sollte ihnen ständig Beschäftigungsmaterial wie Stroh zur Verfügung stehen, dass sie durchwühlen und zerkauen können. Ein Auslauf sollte für genügend Bewegung sorgen, hierbei sollten Schlammlöcher für Abkühlung sorgen und Schutz vor Sonne und Insekten bieten. Um ihre arteigenen Bedürfnisse ausleben zu können, sollten Schweine zudem in kleinen, festen Gruppen gehalten werden. Im Stall sollten sich Futter,- und Liegeplatz getrennt von der Toilette befinden.

Sollte, sollte, sollte – Die Lebensrealität der meisten Schweine sieht ganz anders aus, denn auf dem globalen Markt herrscht ein harter Wettbewerb. Dabei gilt: Nur wer billig produziert, bleibt wettbewerbsfähig. Entsprechend wird darauf gezielt, die Kosten möglichst gering zu halten. Die Leidtragenden sind hierbei zumeist die, die am unteren Ende der Wertschöpfungskette stehen: Das sind zum einen die Landwirt*innen, die aufgrund des Preisdrucks immer mehr zu immer günstigeren Preisen produzieren sollen. Und zum anderen die Schweine, die – um Kosten zu sparen – in Haltungssysteme gezwängt werden, die es ihnen nicht erlauben ihre natürlichen Bedürfnisse auszuleben. Das geht mit großen Tierschutzproblemen einher, wie im Folgenden am Beispiel von Deutschland und der EU aufgeführt wird.

Die Fünf Freiheiten: Wie Tiere gehalten werden sollten

Die Grundlage für die Bewertung eines tiergerechten Lebens wurde in den 1980er-Jahren in Großbritannien entwickelt. Hier wurde das Konzept der »Fünf Freiheiten« von dem britischen Farm Animal Welfare Council veröffentlicht und nach gesellschaftlichen Aufruhren durch die Regierung eingesetzt. Es baut auf dem sogenannten Brambell-Report auf – ein weltweit anerkannter Bericht des Zoologen Francis Brambell.

Die Fünf Freiheiten lauten:

1. **Freiheit von Hunger und Durst:** Die Tiere haben Zugang zu frischem Wasser und gesundem und gehaltvollem Futter.
2. **Freiheit von haltungsbedingten Beschwerden:** Die Tiere haben eine geeignete Unterbringung (zum Beispiel einen Unterstand auf der Weide), adäquate Liegeflächen etc.
3. **Freiheit von Schmerz, Verletzungen und Krankheiten:** Die Tiere werden durch vorbeugende Maßnahmen beziehungsweise schnelle Diagnose und Behandlung versorgt.
4. **Freiheit von Angst und Stress:** Durch Verfahren und Management werden Angst und Stress vermieden, etwa durch Verzicht auf Treibhilfen.

5. **Freiheit zum Ausleben normaler Verhaltensmuster:** Die Tiere haben die Möglichkeit ihr Normalverhalten auszuüben, zum Beispiel durch ausreichendes Platzangebot, Gruppenhaltung etc.

Das Konzept der fünf Freiheiten ist noch heute international anerkannt und wird von der Weltorganisation für Tiergesundheit (OIE) als Leitprinzip für die Messung von Tierwohl gesehen.

Schweinehaltung in Deutschland und Europa: von Schweinehirten zu Megafabriken

Früher gab es Schweinehirten, die mit ihrer Schweineherde von Feld zu Feld wanderten. Über Jahrhunderte war die Weidehaltung die natürliche Form, Schweine zu halten. Erst mit der Intensivierung der Landwirtschaft im 20. Jahrhundert verlagerte sich die Schweinehaltung zunehmend ausschließlich in den Stall. Dabei war zumindest die saisonale Weidehaltung noch in den 1970er-Jahren bei der überwiegenden Zahl der westdeutschen Schweinehalter*innen gängige Praxis. Entsprechend gab es damals auch noch das Deutsche Weideschwein – eine Rasse, die mittlerweile längst ausgestorben ist.

Heute ist die klassische Haltung von Schweinen auf der Weide in Deutschland fast nicht mehr anzutreffen.[8] Im Gegenteil: Seit der Industrialisierung der Schweinehaltung in Deutschland werden die allermeisten konventionell gehaltenen Schweine auf sehr engem Raum gehalten, ohne jemals das Sonnenlicht zu sehen. Einem ausgewachsenen 100-Kilo-Schwein garantiert der Gesetzgeber lediglich 0,75 Quadratmeter Platz. Auslauf gibt es nicht. Von einer ausreichenden Bewegungsmöglichkeit mit Licht und Luft kann also keine Rede sein.

Auch die für Schweine so wichtige Trennung von Schlaf,- Futter- und Kotplatz ist in der Intensivtierhaltung nicht vorgesehen. Dabei stehen die Tiere auf harten Betonböden mit Spalten, den sogenannten Vollspaltenböden, durch die ihre Exkremente fallen. Das ist praktisch und kosteneffizient für die Landwirt*innen, verursacht aber Verhaltensstörungen und Verletzungen bei den Schweinen. Wissenschaftler*innen haben Schlachtkörper untersucht und bei 92 Prozent der zuvor auf Vollspaltenböden gehaltenen Schweine Gelenkentzündungen festgestellt.[9] Schweine, die auf Stroh gehalten werden, weisen diese nicht auf.[10] Stroh ist weicher, darin kann das Schwein wühlen und Nester bauen. Aber Stroh verstopft die Spaltenböden und ist deshalb mit diesem Stallsystem schwer zu vereinen.

In der Vollspaltenböden-Haltung sind die geruchsempfindlichen Tiere ständig dem beißenden Ammoniak ihrer eigenen Exkremente ausgesetzt – Augenentzündungen und Atemwegserkrankungen sind die Folge. Zudem langweilt die reizarme Umgebung die intelligenten Tiere mit der empfindlichen Rüsselnase, die dafür prädestiniert ist, in der Erde zu wühlen. In der Folge haben Schweine in dieser Haltungsform viel höhere Stresswerte als »Strohschweine« und entwickeln häufiger Magengeschwüre. Insgesamt ist die frühzeitige Sterberate von Schweinen auf Vollspaltenböden sogar dreimal so hoch wie bei Schweinen, die auf Stroh gehalten werden.[11] Die Enge und das Fehlen von abwechslungsreicher Beschäftigung führen außerdem dazu, dass sich die Tiere gegenseitig den Ringelschwanz anknabbern. Deshalb wird dieser in den meisten Betrieben vorsorglich kurz nach der Geburt abgeschnitten.

Besonders deutlich werden die Missstände in der Schweinehaltung durch die sogenannten drei »Ks«: Kastenstand, Kastration und Kupieren. Alle drei Maßnahmen haben gemeinsam, dass die intelligenten Tiere den kosteneffizienten Haltungsbedingungen angepasst werden – sie werden regelrecht für das falsche System zurechtgestutzt, frei nach dem Motto: »Was nicht passt, wird passend gemacht.«

Kupieren des Ringelschwanzes

Das routinemäßige Abschneiden des Ringelschwanzes ist in den meisten EU-Ländern gängige Praxis. Hierbei wird dem Ferkel in den ersten Tagen nach der Geburt ohne vorherige Betäubung mit einem Brenneisen der Schwanz abgetrennt – eine schmerzhafte Prozedur für die jungen Tiere. Das Kupieren soll verhindern, dass sich die Schweine gegenseitig den Schwanz abbeißen. Der Ringelschwanz der anderen Schweine ist in der reizarmen Umgebung oft das einzig interessante – da sich bewegende Element – und lädt deshalb geradezu dazu ein, angeknabbert zu werden. Auch wenn das Schwanzbeißen durch andere Faktoren wie zum Beispiel die Genetik begünstigt werden kann, liegt die Hauptursache für diese Verhaltensstörung in der reizarmen Haltungsumgebung, wie zahlreiche Untersuchungen zeigen.[12] Die Haltungsbedingungen müssten entsprechend verändert werden, sodass die Stressbelastung für die Tiere reduziert wird. Anstatt diese zu verändern und mehr Platz, strukturierte Buchten und Beschäftigung zu bieten, wird der Schwanz jedoch oft gestutzt, um dem Schwanzbeißen vorzubeugen. Das Verstümmeln von Schweinen durch Kupieren ist EU-weit eigentlich schon seit 1994 untersagt. Trotz dieses Verbots ist diese Amputation in den meisten Mitgliedstaaten noch heute gängige Praxis.

© BESH

Abb. 22: Der Ringelschwanz wird nicht angebissen, wenn die Tiere artgerecht gehalten werden, wie hier bei der Bäuerlichen Erzeugergemeinschaft Schwäbisch Hall.

Das größte Problem besteht auch hier in der auf Masse und Export angelegten Produktionsweise. Dies zeigt zum Beispiel Dänemark: Hier hat das staatliche Tierwohllabel zwar immerhin dafür gesorgt, dass für den inländischen Markt immer mehr Schweine mit intakten Schwänzen aufgezogen werden, da das Kupieren in allen drei Labelstufen untersagt ist. Jedoch hat sich im Gesamten die Zahl der kupierten Schweine in Dänemark kaum reduziert, da der Großteil des Fleisches und der lebenden Tiere exportiert wird, wie die Auditoren der EU-Kommission feststellten.[13]

EU-Gesetze: Das Kupierverbot und seine fehlende Umsetzung

Auf EU-Ebene gibt es einige Gesetze – im EU-Jargon »Verordnungen und Richtlinien« genannt – die landwirtschaftlich genutzte Tiere betreffen. Während *Verordnungen* unmittelbar gültig und in allen Mitgliedstaaten rechtlich verbindlich sind, gelten *Richtlinien* nicht unmittelbar, sondern müssen in den einzelnen Mitgliedsländern in nationales Recht umgesetzt werden. Wichtigste Richtlinie für die Schweine ist die sogenannte »Schweinehaltungsrichtlinie« (2008/120/EG)[14]. Bereits ihre Vorgängerversion hat 1994 Mindestanforderungen für den Schutz von Schweinen aufgestellt.

Eine der wichtigsten Regelungen ist das sogenannte Kupierverbot: Es verbietet den Tierhalter*innen, den Schweinen routinemäßig ihren Ringelschwanz abzuschneiden. Anfang 2018 wurden in einigen Mitgliedsländern (Spanien, Italien, Dänemark, Niederlande und Deutschland) Audits durchgeführt, um die Umsetzung der Richtlinie zu überprüfen. Ergebnis: In allen überprüften Ländern wird beim Großteil der Schweine immer noch routinemäßig der Schwanz gekürzt. Aus dem Bericht geht hervor, dass in Deutschland mehr als 95 Prozent der Schweine kupiert sind.

Ein sogenannter »Nationaler Aktionsplan Kupierverzicht« soll den Anteil der Schweine mit intaktem Ringelschwanz in Deutschland nun schrittweise erhöhen, durch softe Maßnahmen wie zum Beispiel der Gabe von zusätzlichem Beschäftigungsmaterial.

Ohne einen konsequenten Umbau der Schweinehaltung, von Vollspaltenböden hin zu einer Strohhaltung mit strukturierten Buchten und Außenklimareizen, wird ein flächendeckender intakter Ringelschwanz jedoch wohl kaum umsetzbar sein.

Kastration ohne Tierarzt und Betäubung

Ein weiterer Eingriff in die Unversehrtheit der Schweine ist die Kastration ohne Betäubung. Hierbei wird männlichen Ferkeln in ihren ersten Lebenstagen nach der Geburt die Haut über den Hoden aufgeschnitten. Die Landwirt*innen drücken die Hoden heraus und durchtrennen den Samenleiter. Diese Prozedur ist für die Ferkel außerordentlich schmerzhaft. Die Kastration soll verhindern, dass die Schweine den sogenannten »Ebergeruch« entwickeln. Dieser Geruch entsteht bei manchen Jungebern nach der Geschlechtsreife und wird beim Erhitzen des Fleisches freigesetzt. Da der Geruch von einigen Menschen als unangenehm empfunden wird, ist die Kastration in den meisten Ländern mit Intensivtierhaltung gängige Praxis.

Dabei gibt es zwei tierfreundlichere Alternativen zur Kastration – die Jungebermast und die Impfung gegen den Ebergeruch, auch Immunokastration genannt. Bei der Jungebermast bleiben die Eber unversehrt. Diese tierfreundliche Aufzuchtform setzt jedoch ein an die Tiere angepasstes Haltungssystem voraus, da Eber unruhiger sind als kastrierte Tiere. Genügend Platz, Beschäftigungsmöglichkeiten und kleine stabile Gruppen sind hier wichtig, sodass es nicht zu Rangkämpfen zwischen den Tieren kommt. Um den Ebergeruch zu vermeiden, werden die Tiere zudem etwas früher geschlachtet. Alternativ werden die sogenannten »Stinker« am Schlachtband aussortiert. Diese Zusatzarbeit wird jedoch von den Schlachtunternehmen gar nicht oder nur mit Preisabschlag geleistet.[15] Die Ebermast ist vor allem in Spanien, den Niederlanden und Großbritannien weit verbreitet. In Deutschland, Dänemark und Frankreich ist der Anteil der Eber in der Mast sehr gering.[16]

Bei der Impfung gegen den Ebergeruch werden die Tiere ebenfalls nicht kastriert, bleiben also unversehrt, weshalb der Begriff Immunokastration irreführend ist. Stattdessen werden sie zweimal geimpft, eine vergleichsweise geringe Belastung für die Tiere. Durch die Impfung wird die Geschlechtsreife der Eber unterbunden – damit tritt auch kein Ebergeruch auf. Außerdem können durch die Impfung Haltungsprobleme der Jungebermast, wie zum Beispiel Rangkämpfe, stark reduziert werden. Auch das Friedrich-Löffler-Institut bezeichnet die Impfung gegen den Ebergeruch als tierschutzfachlich besten Weg.[17] Jedoch ist bis auf ein paar Ausnahmen der Lebensmitteleinzelhandel in Deutschland nicht bereit, immunokastriertes Fleisch in großen Mengen abzunehmen. Denn die großen Supermarktketten fürchten sich vor Absatzschwierigkeiten des sogenannten »Hormonfleisches«, auch wenn diese Bezeichnung aus fachlicher Sicht nicht haltbar ist, da der Wirkstoff nach der Injektion gänzlich im Verdauungstrakt abgebaut wird. Aus tierschutzfachlicher Sicht sind beide Alternativen deutlich besser als die Kastration ohne (aber auch mit) Betäubung, denn die Tiere bleiben hier weitestgehend unversehrt, die schmerzhafte Prozedur bleibt ihnen erspart.

Seit Anfang 2021 ist nach langem Hin und Her die Kastration ohne Betäubung in Deutschland verboten. Eigentlich war das Ende dieser Praxis schon viel früher beschlossene Sache: Der Bundestag hatte bereits Ende 2012 entschieden, dass ab 2019 die 20 Millionen deutschen Ferkel pro Jahr nur noch unter Betäubung kastriert werden dürften. Kurz vor dem Auslaufen der Frist kam es jedoch anders: Um sogenannte »Strukturbrüche« zu vermeiden, wurde die Frist trotz der langen Vorlaufzeit noch einmal um 2 Jahre verlängert. So wurde als wichtigster Grund für die Verlängerung der schmerzhaften Praxis der Wettbewerbsnachteil gegenüber anderen EU-Mitgliedstaaten genannt. Denn wenn Deutschland einseitig die betäubungslose Kastration verböte, würden die deutschen Mäster einfach vermehrt die günstigeren Ferkel aus Dänemark importieren, bei denen noch ohne Betäubung kastriert werden darf. Damit wäre dem Tierschutz auch nicht geholfen, so die Begründung. Der

Jurist Jens Bülte bezeichnete die Verlängerung als verfassungswidrig, da das Staatsziel Tierschutz – ein Verfassungsgut – den Zielen der Wirtschaftlichkeit untergeordnet wurde, obwohl es bereits genügend Alternativen gab.[18]

Kastenstand oder »Schweine in Käfighaltung«

Das dritte »K« bei den größten Missständen der industriellen Schweinehaltung steht für den Kastenstand. Der Kastenstand ist ein enger Metallkäfig, in dem Muttersauen über Wochen »fixiert« werden, das heißt, sie können lediglich aufstehen und sich hinlegen; umdrehen ist in dem körpergroßen Käfig nicht möglich. In Deutschland verbringen die konventionell gehaltenen Muttersauen fast die Hälfte ihres Lebens ohne jegliche Bewegungsfreiheit. Die Fixierung schränkt die Ausübung wesentlicher Grundbedürfnisse der Sauen stark ein und führt zu erheblichen Schmerzen, Leiden und psychischen Schäden, was wiederum in Verhaltensstörungen wie dem Leerkauen und Stangenbeißen sichtbar wird.

Es gibt zwei Arten von Kastenständen. Im Deckbereich dient die Fixierung vor allem der einfacheren Besamung der Sauen. In der Abferkelbucht soll der Kastenstand dagegen verhindern, dass Ferkel durch die Muttersauen erdrückt werden könnten. Dabei zeigen Systeme mit freier Abferkelung, dass sich Ferkelverluste bei einer entsprechenden Haltungsumwelt weitestgehend vermeiden lassen.[19]

In Deutschland und in den meisten EU-Ländern ist der Kastenstand gängige Praxis. Jedoch steigt durch Gerichtsentscheidungen und zunehmende gesellschaftliche Anforderungen der Druck auf die Politik, hier tätig zu werden. So wurde in Deutschland nach einer sehr langen politischen Diskussion im Juli 2020 ein Teilausstieg aus dem Kastenstand beschlossen. Demnach werden die Kastenstände im Deckbereich nach einer Übergangsfrist von 8 Jahren nicht mehr erlaubt sein. Stattdessen sind die Sauen in der Gruppe zu halten. Im Abferkelbereich wird die Fixierung der Sauen nicht ganz abgeschafft, hier gilt: Nach einer Übergangsfrist von 15 Jahren (in Härtefällen nach 17 Jahren) dürfen die Sauen nur noch maximal fünf Tage (statt 35 Tage) pro Zyklus fixiert werden. Die restliche Säugezeit dürfen sich die Sauen in einer vergrößerten Bewegungsbucht frei bewegen. Insgesamt sind also Verbesserungen geplant, die jedoch erst nach vielen Jahren eintreten werden – bis dahin müssen die Sauen weiterhin fast die Hälfte ihres Lebens ohne Bewegungsfreiheit verharren.

Wenig Platz, schnelle Zunahmen und das Zurechtstutzen der Tiere an die Haltungsbedingungen, anstatt die Haltungsbedingungen an die Tiere anzupassen: All das verringert die Kosten und steigert dadurch die Wettbewerbsfähigkeit. Im hart umkämpften globalen Wettbewerb steht das Wohl der Tiere immer wieder im Konflikt mit der sogenannten »Wirtschaftlichkeit«. Ohne die Produktionskosten so gering wie möglich zu halten, wäre Deutschland nicht Exportweltmeister von Schweinefleisch geworden. Und wie sieht es in den anderen Mitgliedsländern der EU aus? Grundsätzlich gilt: Da wo auch intensiv und viel für den Export produziert wird, so wie in Deutschland, also in Spanien, Frankreich, Niederlande und Dänemark, werden die Schweine mit wenigen Ausnahmen auch ähnlich gehalten. Zwar sind beispielsweise Vollspaltenböden in Dänemark und den Niederlanden mittlerweile verboten; ein Teil der Stallfläche muss dort »planbefestigt« sein. Der Ringelschwanz wird aber in all diesen Ländern trotz EU-Verbot routinemäßig kupiert. Auch Kastenstand und Kastration sind mit wenigen Ausnahmen gängige Praxis. Auch hier werden die Tiere also »passend gemacht« für das kostengünstigste Haltungssystem.

Blick über den Tellerrand: Tierwohl in China und den USA

Noch einen Blick auf die Haltungssysteme der beiden Schweineriesen China und USA: Um auf engstem Raum mehr Fleisch produzieren zu können, greift China zu ungewöhnlichen Maßnahmen – und baut gigantische Hochhäuser für Schweine, die bis zu 13 Stockwerke hoch sind.[20] Dass Tiere in Hochhäusern kaum artgemäß gehalten werden können, versteht sich von selbst. Ganz abgesehen von den Folgen für die Umwelt, die die Massen an produzierter Gülle aufnehmen muss. Dabei wollte die chinesische Regierung eigentlich für mehr Tierwohl sorgen. »Es ist die historische Verantwortung der Menschen, das Wohlergehen der Tiere im Einklang mit der sozioökonomischen Entwicklung zu verbessern«, ist ein viel zitierter Satz, den Chinas stellvertretender Landwirtschaftsminister Yu Kangzhen bei einer internationalen Tierschutzkonferenz 2017 in Hangzhou äußerte.[21] Die Umsetzung seiner Aussage wäre auch dringend notwendig. Denn China hat die westlichen Praktiken der industriellen Landwirtschaft weitestgehend übernommen. Auch hier sind Kastration, Kastenstand und Kupieren der Ringelschwänze gängige Praxis, die meisten Schweine stehen auf Spaltenböden und sehen nie das Tageslicht. Die Bestrebungen Chinas für mehr Tierwohl in den Ställen zu sorgen, verhallen jedoch in den Hochhäusern der Schweine.

In den USA wurden Schweine bis in die 1960er-Jahre typischerweise extensiv auf der Weide gehalten, in eher kleineren bis mittelgroßen Betrieben. 20 Schweine teilten sich etwa 4.000 Quadratmeter Weideland, es gab viel Platz für das Ausleben natürlicher Verhaltensweisen und Stroh in den Weidehütten sorgte für Komfort und Wärme. Das änderte sich im Zuge der Industrialisierung der Schweinehaltung drastisch: Seit Mitte des 20. Jahrhunderts sind die kleinen, extensiven Höfe einer massiven kommerziellen Schweineproduktion auf Großbetrieben gewichen. So wurden in den 1990er-Jahren »Megafarmen« mit mehr als 10.000 Zuchtsauen pro Standort zur dominanten Haltungsform.[22] Die meisten dieser Megafarmen stehen im Mittelwesten, dem sogenannten »cornbelt«. Absoluter Spitzenreiter ist der Bundesstaat Iowa: Fast jedes dritte amerikanische Schwein stammt von hier.

Tierschutzgesetze sind in den Vereinigten Staaten eher rar gesät. Der Animal Welfare Act ist das einzige Gesetz auf Bundesebene – es enthält lediglich Minimalanforderungen an die Betreuung von Tieren. Denn schärfere Auflagen werden in den USA traditionell als Einschränkung der landwirtschaftlichen Unternehmerfreiheit wahrgenommen. Zudem hat der verstärkte internationale Wettbewerb zu einer zusätzlichen Intensivierung und Spezialisierung der Viehwirtschaft geführt.

Es gibt jedoch starke Unterschiede zwischen den einzelnen Bundesstaaten, denn die Tierschutzvorschriften sind in den USA je nach Staat unterschiedlich geregelt. Leuchtturm im Tierschutz ist eindeutig Kalifornien. In den letzten Jahren wurden hier einige neue Gesetze eingeführt, die auch Schweine betreffen. So wurde im Jahre 2008 ein Gesetzesvorschlag per Referendum verabschiedet, der einfordert, dass sich Mastkälber, Legehennen und trächtige Sauen jederzeit hinlegen, umdrehen und ihre Gliedmaßen vollständig ausstrecken können. Zwar sind das nur Verbesserungen auf einem sehr niedrigen Niveau, aber immerhin tut sich hier etwas.

Das neue Gesetz galt erst einmal nur für die in Kalifornien ansässigen Betriebe. Doch dann folgte ein überraschender Schritt: Ein neuer Gesetzesentwurf erweiterte die Anforderungen auf alle in Kalifornien verkauften Produkte – also auch für die Importe aus anderen Mitgliedstaaten wie etwa Iowa – um faire Wettbewerbsbedingungen zwischen den einheimischen und den ausländischen beziehungsweise außerbundesstaatlichen Produzenten zu schaffen. Im Jahre 2010 wurde dieses Gesetz verabschiedet und trat 2015 in Kraft. Wie zu erwarten, folgte eine Klagewelle: Mehrere Bundesstaaten wehrten sich gegen die neuen Anforderungen. Sie beschuldigten Kalifornien Handelshemmnisse für Eier und andere Agrarprodukte aufzubauen. Die Richter wiesen die Klage jedoch ab. Gleichzeitig entschieden sich weitere Bundesstaaten für schärfere Tierschutzgesetze. So wurde in Arizona, Colorado, Florida, Maine, Massachusetts, Michigan, Ohio, Oregon und Rhode Island ein Verbot von Kastenständen eingeführt.

Aber auch in Kalifornien ging es weiter. Im November 2018 verabschiedete der Bundesstaat das mit knapper Zwei-Drittel-Mehrheit gewonnene Wahlreferendum »Proposition 12«. In dem Vorschlag wurden neue Mindestanforderungen an die Haltung von Legehennen, Zuchtsauen und Mastkälbern gestellt. Bereits seit

2020 gelten höhere Platzvorgaben für Legehennen und Mastkälber, ab 2022 müssen Hühner käfigfrei gehalten werden und auch Zuchtsauen erhalten erstmalig Mindestplatzbestimmungen.

In Iowa, dem Hauptproduktionsstandort, gibt es jedoch noch kein entsprechendes Gesetz. Zu stark ist dort die Schweinelobby. Die Iowa Pork Producers Association (IPPA) vertritt um die 4.400 Schweinehalter*innen. Ihre Mission sieht sie vor allem in einer wettbewerbsfähigen Schweinehaltung.

Schweizer Schweine haben Schwein

Als ich einmal ein paar Urlaubstage auf einem Schweizer Bauernhof verbrachte, fielen mir sofort die bunten Broschüren ins Auge, die die Gäste über die schweizerischen Landwirt*innen und verschiedene Tierhaltungsformen aufklärten. »Gut, gibt's die Schweizer Bauern« hieß die Kampagne des Schweizer Bauernverbands, die über 20 Jahre erfolgreich über die Arbeit der Landwirt*innen berichtete. Gesponsert vom Schweizer Landwirtschaftsministerium sollte sie Wertschätzung für die Bauern und Bäuerinnen und ihre Arbeit schaffen. Die Bevölkerung wird durch solche Kampagnen dazu angeregt, bewusst Lebensmittel aus der Schweiz zu kaufen und einen angemessenen Preis dafür zu bezahlen. Dies ist auch notwendig, denn die Tierschutzauflagen der Schweiz gehören zu den strengsten weltweit.

Schweizer Schweine haben Schwein! Immerhin die Hälfte der Schweizer Schweine werden mit Auslauf und Einstreu gehalten. Auch der Ringelschwanz bleibt seit 2008 konsequent am Schwein dran. Der Kastenstand ist im Abferkelbereich (also nach der Geburt der Ferkel) verboten, stattdessen wird »frei« abgeferkelt, und zwar ohne größere Ferkelverluste. Dies schafft die Schweiz durch größere Abferkelbuchten und indem die Tiere schon seit Jahren auf Mütterlichkeit gezüchtet werden.

Allerdings gibt es im Deckbereich auch in der Schweiz noch einen Kastenstand. Maximal 10 Tage dürfen die Tiere während der Deckzeit fixiert werden – das ist zwar nicht wenig, aber immer noch viel weniger als in den allermeisten Ländern. Die Schweiz ist mit einer reinen Fahrtzeit von maximal 6 Stunden auch das Land mit den kürzesten Tiertransportzeiten weltweit.

	Schweiz	Deutschland/EU-Recht
Schmerzhafte Eingriffe am Tier	Die allermeisten schmerzhaften Eingriffe sind verboten, auch das Schnabel- und Schwanzkupieren.	Das Schnabel- und Schwanzkupieren sind unter Einschränkungen zulässig und in der konventionellen Haltung die Regel.
Transport	Transportzeiten beschränken sich auf maximal 8 Stunden, Fahrzeiten auf 6 Stunden.	Transportzeiten je nach Tierart bis 24 Stunden.
Tierzahlen	Höchstbestände pro Betrieb gesetzlich geregelt.	Keine gesetzlichen Höchstbestände.
Fixierung im Kastenstand	Fixieren von Sauen in Einzelständen während der Deckzeit maximal zehn Tage, danach in Gruppenhaltung.	Säugende Sauen dürfen dauernd, tragende Sauen bis vier Wochen nach dem Decken in Kastenständen fixiert werden. Ab 2028 dürfen Sauen während der Deckzeit nicht mehr fixiert werden.
	Säugende Sauen dürfen nicht fixiert werden und können sich frei bewegen. Bewegungsfreiheit beim Abferkeln und rund doppelt so große Fläche wie in der EU.	Beim Abferkeln dürfen Sauen fixiert werden. Ab 2035 dürfen Sauen im Abferkelstall noch maximal fünf Tage fixiert werden.

Abb. 23: Wichtige gesetzliche Unterschiede im Tierwohl zwischen der Schweiz und Deutschland beziehungsweise der EU

Wie kommt es, dass es den Tieren in der Schweiz so viel besser geht? Hierfür gibt es verschiedene Gründe. Ein wichtiger Faktor besteht sicherlich in der Schweizer Tradition, die bäuerlichen Kleinbetriebe zu stärken.

Die landwirtschaftliche Struktur in der Schweiz setzt sich hauptsächlich aus kleinen Familienbetrieben zusammen. Bereits 1981 wurde in der Schweiz eine Beschränkung der Höchsttierzahlen pro Betrieb erlassen, um das Entstehen von Massentierhaltungen zu verhindern. Anders als zum Beispiel in Deutschland und Spanien, wo die in den 1960er-Jahren beginnende Spezialisierung und Intensivierung der Nutztierhaltung unter Ausblendung des Tierwohls ungebremst Einzug erhalten hat. Dieser strukturelle Wandel macht zwar auch in der Schweiz nicht Halt, verläuft dort aber deutlich langsamer und gebremster. Dazu kommen zahlreiche staatliche und private Programme, die tierfreundlichere Haltungssysteme gezielt honorieren.

Der vielleicht wichtigste Unterschied der Schweiz zu den meisten anderen Ländern ist das Setzen auf Qualität statt Kosteneffizienz. Tierische Produkte aus tierfreundlicher Haltung führen in der Schweiz kein Nischendasein. Über 50 Prozent der Umsätze werden mit Produkten erzielt, die ein Label besitzen. In der Schweiz hat man erkannt, dass eine Qualitätsstrategie aus Gründen der Nachhaltigkeit und des Umwelt-, Natur- und Tierschutzes notwendig ist. Denn ohne intakte Böden, reine Luft und sauberes Wasser hat die Landwirtschaft keine Zukunft. Außerdem macht eine auf Qualität ausgerichtete Produktion auch ökonomisch Sinn: Nur durch das Einhalten hoher Tierschutzstandards können sich die teureren Erzeugnisse auch erfolgreich gegen günstigere Importe durchsetzen. Laut der Organisation für wirtschaftliche Zusammenarbeit und Entwicklung (OECD) liegen die Schweizer Erzeugerpreise 40 Prozent über dem Weltmarktniveau. Hier ist eine vertrauenswürdige Kennzeichnung der Tierschutzstandards besonders wichtig. Mit Erfolg, denn in bisher keinem EU-Land haben Tierschutzlabels einen auch nur annähernd so hohen Stellenwert wie in der Schweiz. In Deutschland bewegen sich die Marktanteile von Bio- und Neulandfleisch im unteren einstelligen Prozentbereich (siehe Kapitel 11). Statt auf Qualität wird hierzulande hauptsächlich auf »günstig« gesetzt, befeuert von Discountern, die mit billigen Fleischangeboten die Konsument*innen in ihre Märkte locken.

Aber nicht nur in der Schweiz kann das Qualitätsmodell überzeugen. Selbst Exportweltmeister Spanien setzt in einer kleinen, aber feinen und vor allem sehr erfolgreichen Schweinefleisch-Sparte auf höchste Qualität – das kommt den Landwirt*innen und Konsument*innen, aber vor allem auch den Tieren zugute. Auch in anderen Ländern zeigen erfolgreiche Nischen, wie Wettbewerbsfähigkeit durch Qualität statt durch Kostenführerschaft erreicht werden kann.

Eichelmast in Spanien: Paradies auf Erden für die teuersten Schweine der Welt

Der edelste und teuerste Schinken der Welt kommt aus Spanien. Jamón Ibérico de Bellota heißt die Delikatesse, die im Feinkostladen viermal so teuer ist wie Parmaschinken. Der Hinterschinken wird über Jahre an der Luft getrocknet, die lange Reifung intensiviert den Geschmack. Auch bei High-End-Gastronomen gilt er als bester Schinken weltweit.

Der Schinken stammt vom reinrassigen Ibérico-Schwein, eine halbwilde Rasse, die es schon zur Römerzeit in Spanien gab. Die Ibéricos sind dunkel wie Wildschweine, fast schwarz, außerdem kleiner, drahtiger und wendiger als die hellen und massigen Hausschweinerassen. Das größte Qualitätsmerkmal des Jamón Ibérico de Bellota ist die streng vorgegebene Haltungsform. Denn die Tiere werden in der uralten, traditionellen Eichelmast gehalten – in ganzjähriger Freilandhaltung. Die Ibéricos leben wahrlich in einem echten Schweineparadies: In kleinen Gruppen durchstreifen sie die wilden Eichenwälder der Extremadura nach Eicheln und legen dabei täglich mehrere Kilometer zurück. Jedem Schwein stehen dabei mindestens 2 Hektar Land zur Verfügung. Zur Abkühlung und zum Schutz vor Insekten wälzen sie sich im Schlamm natürlicher Wasserstellen. Von solch einem Leben können konventionell gehaltene Mastschweine nur träumen.

Gelegentlich sorgt der Schweinehirte für zusätzlichen Spaß, indem er mit einem Stock in die Äste der Korkeichen schlägt, wodurch noch mehr Eicheln herunterregnen, die von den flinken Tieren bereitwillig verschlungen werden. Die Eicheln sorgen für ungesättigte Fettsäuren im Fleisch, sodass das Fleisch der Ibéricos gesünder ist als herkömmliches Fleisch. Durch die Riesenmengen an Eicheln nehmen die Tiere trotz der vielen Bewegung täglich große Mengen zu. Erst wenn sie zwischen 140 und 180 Kilogramm wiegen, werden sie geschlachtet. So wird ihr Leben mit 14 bis 18 Monaten zwar immer noch viel zu früh beendet – Wildschweine werden im Schnitt 10 Jahre alt – im Vergleich zu ihren Industriekollegen werden die Ibéricos jedoch vergleichsweise alt. Deutsche Mastschweine werden bereits nach 6 Monaten mit einem Gewicht von 120 Kilogramm geschlachtet, denn die deutschen Konsument*innen wollen vor allem junges Fleisch, ohne Fett und Geschmack. Insofern ist das Iberico-Schwein die Antithese zum Turbo-Mastschwein, das so schnell wie möglich und so viel wie möglich Fleisch liefern soll.

Glücklich unter den Ibéricos sind allerdings nur die echten Eichelmastschweine, erkennbar an der Zusatzbezeichnung »bellota«, das spanische Wort für Eichel. Der Anteil der iberischen Schweine am Gesamtmarkt ist sowieso sehr gering: 2008 waren es ungefähr 4 Millionen, der damals 25 Millionen Schweine in Spanien insgesamt.[23] Und von den iberischen Schweinen haben wiederum nur ungefähr ein Viertel das Glück an der Eichelmast teilnehmen zu dürfen – je nach jährlichem Ertrag der Eicheln.

Die große Masse an Schweinen in Spanien sind allerdings keine Ibéricos mehr, sondern Turbomast-Hybridschweine, genau wie in den anderen Schweineerzeugerländern auch. In den 1960er-Jahren wurde das reinrassige Ibérico-Schwein mit dem amerikanischen Duroc gekreuzt, um die Anzahl der Ferkel pro Wurf zu erhöhen. Durocs wachsen schneller, haben zudem einen viel höheren Fleischanteil und passen somit besser in das Wachstumsdogma, das durch eine hohe Konzentration, möglichst geringe Produktionskosten und eine starke Abhängigkeit von internationalen Märkten gekennzeichnet ist.

Auch wenn sein Marktanteil gering ist, zeigt das Beispiel des Jamón Ibérico de Bellota, dass es grundsätzlich möglich ist, besonderes Fleisch aus guter Haltung als herausragendes Qualitätsprodukt zu vermarkten. Trotz der hohen Preise wächst die Nachfrage nach dem Qualitätsfleisch. Die Spanier*innen selbst haben eine hohe Wertschätzung dafür, aber auch die Nachfrage aus dem Ausland steigt, vor allem in Asien. Spanien setzt in diesem kleinen Teilbereich auf Qualität statt auf Kostenführerschaft. Davon profitieren die Tiere und die Landwirt*innen, das Fleisch ist gesünder und erhält die Wertschätzung, die es verdient.

Alte Rassen auf dem Vormarsch

Mangalitzaschweine – wegen ihrer lockigen Borsten Wollschweine genannt – kommen ursprünglich aus Ungarn und waren auf dem gesamten Balkan wegen ihres hohen Speckanteils sehr beliebt. Das änderte sich mit dem Konsumverhalten in den 1960er-Jahren: Als mageres Fleisch immer mehr in Mode kam, wollte plötzlich keiner mehr das fette Fleisch der Wollschweine. Dies führte zu einer rapiden Abnahme der Bestände, sodass das Wollschwein mittlerweile auf der Roten Liste gefährdeter Haustierrassen steht. 2019 ist es bereits zum zweiten Mal zur »Gefährdeten Nutztierrasse des Jahres« gewählt worden.

Glücklicherweise erholen sich die Bestände jedoch derzeit langsam wieder, vor allem in Ungarn, aber auch in Österreich, Deutschland und der Schweiz wachsen kleine Populationen heran. Das liegt vorrangig an der besonderen Fleischqualität, die von Spitzenköchen weltweit wieder geschätzt wird. Sogar in Kalifornien werden Wollschweine wieder gezüchtet und zur Landschaftspflege eingesetzt. Mittlerweile haben die drolligen Schweine mit dem Lockenschopf auf der ganzen Welt ihre Liebhaber*innen. Gehalten werden die robusten Tiere meist in ganzjähriger Freilandhaltung, denn gegen Kälte und Regenwetter sind sie durch ihre fette Speckschicht und die vielen Borsten gut geschützt.

Abb. 24: Das Wollschwein ist eine gefährdete Nutztierrasse.

Ein weiteres Paradebeispiel für eine fast ausgestorbene Schweinerasse, die mittlerweile wieder mit Erfolg gezüchtet und vermarktet wird, bietet das Schwäbisch-Hällische Landschwein. Ursprünglich entstand die Rasse mit dem schwarzen Kopf und dem schwarzen Hinterteil durch die Kreuzung einheimischer Rassen mit dem chinesischen Maskenschwein. War diese widerstandsfähige Rasse in den 1940er-Jahren im baden-württembergischen Landkreis Schwäbisch Hall fast ausnahmslos vorherrschend, wurde sie, wie auch das Wollschwein, durch das geänderte Konsumverhalten und den Wunsch nach magerem Fleisch von anderen Rassen fast vollständig verdrängt. Als ausgestorben galt das Schwäbisch-Hällische Landschwein Anfang der 1980er-Jahre – bis ein paar engagierte Landwirt*innen mit nur sieben Mutterschweinen und einem Eber eine neue Zucht begannen. Mittlerweile gibt es auch hier Liebhaber*innen des besonderen Fleisches – bereits mehrere Male wurde das Schwäbisch-Hällische Landschwein für die beste Fleischqualität auf der Internationalen Grünen Woche in Berlin gekürt. Und heute gibt es fast 1.500 Betriebe, die diese besondere Rasse halten.

Das Schwäbisch-Hällische Landschwein wird zwar nicht ganzjährig in Eichenwäldern gehalten wie die Ibéricos, es genießt jedoch ein deutlich besseres Leben als die konventionell gehaltenen Schweine in Deutschland. Nach eigenen Angaben der bäuerlichen Erzeugergemeinschaft Schwäbisch Hall (BESH) wird das Schwäbisch-Hällische Landschwein »artgerecht ausschließlich auf Bauernhöfen gezüchtet [...]. Die Ställe sind hell, luftig und mit Stroheinstreu. Wo es die Situation auf dem Hof erlaubt, haben die Tiere Auslauf.« Vollspaltenböden sind verboten, auch der Ringelschwanz bleibt konsequent dran. Und die Transportwege zum Schlachthof sind kurz, viele Landwirt*innen bringen ihre Schweine selbst zum Erzeugerschlachthof in Schwäbisch Hall.

Abb. 25: Ein neuer Star ist geboren: Das Schwäbisch-Hällische Schwein, das über die Erzeugergemeinschaft BESH 1.400 Bauern und Bäuerinnen aus Hohenlohe eine Perspektive zum Weitermachen bot.

Ein weiterer schweizer Unterschied ist die Transparenz und gezielte staatliche Förderung. BTS und RAUS – so heißen die beiden staatlichen Förderprogramme der Schweiz, die Haltungssysteme, die weit über den gesetzlichen Mindeststandard hinausgehen, mit Direktzahlungen honorieren. BTS steht für »besonders tierfreundliche Haltungssysteme« und beinhaltet mehr Platz für die Schweine, Zugang zu Tageslicht und eingestreute Liegeplätze. RAUS steht für »regelmäßigen Auslauf im Freien«. Über 50 Prozent der schweizerischen Schweine sind im RAUS-Programm und erhalten so regelmäßig Auslauf.[24]

Auch in Deutschland wäre ein gezieltes staatliches Förderprogramm für mehr Tierschutz im Stall nötig und auch möglich. Weder auf EU- noch auf Bundesebene gibt es jedoch bisher eine nennenswerte Förderung für eine echte Verbesserung der Haltungsbedingungen wie in der Schweiz. Stattdessen werden die landwirtschaftlichen Zahlungen immer noch zum größten Teil in Form von Direktzahlungen pro Hektar mit der Gießkanne ausgeschüttet.

Ein Lichtblick: Immerhin werden in Deutschland seit einiger Zeit unterschiedliche Instrumente diskutiert, die den Umbau der Tierhaltung finanzieren könnten, wie zum Beispiel eine Abgabe auf Fleisch oder auch die Normalisierung der Mehrwertsteuer auf Fleisch- und Milchprodukte von 7 auf 19 Prozent. Hier muss nun dringend auch gehandelt werden.

Seit 2019 werden Vorschläge des Bundeslandwirtschaftsministeriums für ein sogenanntes »Tierwohl-Kennzeichen« erörtert, die diesen Namen jedoch nicht verdienen: Ein Label, dass sich so nennt, sollte nur für die Produkte vergeben werden, die sich deutlich vom gesetzlichen Standard abheben und damit Verbraucher*innen sowohl eine Orientierung als auch die Möglichkeit geben, sich für bessere Haltungsbedingungen zu entscheiden und dafür etwas mehr zu bezahlen. Gerade die Stufe 1 bietet jedoch fast keine Verbesserung im Vergleich zum gesetzlichen Standard – die Schweine erhalten etwa 20 Prozent mehr Platz, also 0,9 Quadratmeter statt 0,75 Quadratmeter pro Schwein und sie dürfen weiterhin auf Vollspaltenböden gehalten werden. Auch der Ringelschwanz wird weiterhin routinemäßig kupiert, somit *unterschreitet* das Label teilweise sogar rechtliche Regelungen. Ein wichtiger Faktor für die erfolgreiche Vermarktung von Fleisch aus einer Tierhaltung, die den Tieren zumindest erlaubt, ihre arteigenen Bedürfnisse auszuleben, ist aber eine transparente Kennzeichnung des *gesamten* Marktes. Denn nur wenn die Verbraucher*innen den Mehrwert klar erkennen, den sie mit dem höheren Preis bezahlen, kann ein Qualitätsprodukt erfolgreich sein. Hierzu gehört zwingend nicht nur das Ausloben von mehr »Tierwohl« auf der Verpackung, sondern auch eine ehrliche Negativkennzeichnung.

Die 2004 EU-weit eingeführte Eierkennzeichnung hat gezeigt: Bei hoher Transparenz und Glaubwürdigkeit gibt es eine beachtliche Zahlungsbereitschaft bei einem Großteil der Verbraucher*innen. Immer mehr Menschen greifen zu Bio- und Freilandeiern. So wie Eier aus Käfighaltung klar gekennzeichnet wurden und damit fast vom Markt verschwunden sind, sollte auch die Haltung der Schweine auf Spaltenböden ohne Platz, Stroh und Auslauf auf der Verpackung verdeutlicht werden. Die vom Lebensmitteleinzelhandel in Deutschland eingeführte Kennzeichnung zur Haltungsform ist hingegen längst nicht klar genug, um wirklich eine Veränderung des Kaufverhaltens herbeizuführen. Die Bezeichnung »Stallhaltung« für den gesetzlichen Standard klingt schon eher nach Bauernhof-Idylle, und die Bezeichnung »Stallhaltung Plus« für 10 Prozent mehr Platz grenzt fast schon an Verbrauchertäuschung.

Wieder zurück zur Schweiz: In vielen Sektoren hat die Schweiz ihre hohen Einfuhrzölle gesenkt. 2,3 Prozent betragen die Zölle auf nichtlandwirtschaftliche Güter im Schnitt. Doch die Landwirtschaft wird vehement geschützt. Die Einführzölle auf Agrarprodukte liegen im Schnitt bei 31,9 Prozent, bei Milch sogar bei über 100 Prozent. So bietet die Schweiz ihren Landwirt*innen effektiven Schutz vor billigen Importen.

Die OECD findet den Schweizer Agrarprotektionismus gar nicht gut. In ihrem Abschlussbericht 2015 über die Agrarpolitik der Schweiz schreibt sie: »Die aktuelle Agrarpolitik erschwert eine weitere Liberalisierung des Handels und verhindert Wachstum und Exportchancen insbesondere für die Agrar- und Nahrungsmittelindustrie.«[25] Entsprechend empfiehlt die Organisation der Schweiz, wie auch die Welthandelsorganisation (WTO), ihren Außenschutz zu liberalisieren und Handelsgrenzen weiter abzubauen.

Doch einer Marktöffnung würde das schweizerische Modell der hohen Standards und der kleinen Betriebe wohl nicht standhalten. Denn mit den viel günstigeren Importen könnten die heimischen Erzeuger*innen nicht konkurrieren, ohne Tier- und Umweltstandards massiv zu senken. Um auf dem internationalen Weltmarkt wettbewerbsfähig zu sein, müssten auch die Tierbestände erhöht werden, denn nur in der Masse kann günstiger produziert werden.

Dass es in einem liberalisierten Binnenmarkt schwer ist, mit hohen Tierschutzstandards wettbewerbsfähig zu bleiben, zeigt das Beispiel Schweden. Hier sind Kastenstände bereits seit 1988 verboten. Nach Schwedens EU-Beitritt mussten allerdings 90 Prozent der lokalen Ferkelerzeuger*innen aufgeben, denn sie konnten nicht mit den Billigimporten aus Ländern mit noch erlaubtem Kastenstand wie Dänemark und Deutschland mithalten.

Die Schweizer Volksinitiative »fair-food« setzt deshalb auf den Schutz vor Billigimporten. Statt die schweizerischen Standards abzusenken, um so im Weltmarkt wettbewerbsfähig zu bleiben, möchte sie nur noch Importwaren zulassen, die mindestens die Schweizer Standards erfüllen. Durch diese Art von »qualifiziertem Marktzugang« soll kein Fleisch aus industrieller Massentierhaltung mehr eingeführt werden. Auch keine Käfigeier oder landwirtschaftliche Erzeugnisse, die nicht unter menschenwürdigen Arbeitsbedingungen produziert wurden, sollen in der Schweiz verkauft werden dürfen. Die Initiative verfehlte bei der Abstimmung 2018 jedoch knapp die Mehrheit, da sich die Wähler*innen vor steigenden Preisen fürchteten. Dennoch ist ein qualifizierter Marktzugang sicherlich ein interessanter Ansatz, der für höhere Tierschutzstandards sorgen kann, auch wenn er in der globalisierten Welt sehr schwer durchzusetzen ist, da er ökonomische Nachteile für die Wettbewerber mit sich bringt und die Preise im Inland steigen lässt.

Das Beispiel Schweiz beweist: Das Setzen auf Qualität statt auf Kostenführerschaft ist essenziell für eine Schweinehaltung, die sich an den Bedürfnissen dieser intelligenten und sozialen Wesen orientiert. Kombiniert mit einer ehrlichen, flächendeckenden Haltungskennzeichnung, gezielten staatlichen Förderprogrammen sowie einem Außenschutz, der dem Freihandel ethische Grenzen setzt, ist eine weitestgehende Unabhängigkeit von den Agrarmärkten der Welt möglich. Nur so können auch kleinere Betriebe mit höheren Tierhaltungsstandards im harten globalen Wettbewerb bestehen. Und nur so ist eine Schweinehaltung der Zukunft möglich, die auch den wachsenden gesellschaftlichen Anforderungen gerecht wird.

Die Schweinehaltung hat sich überall auf der Welt, wo sie auf Wachstum und Wettbewerbsfähigkeit getrimmt ist, von ihren Wurzeln einer offenen Freilandhaltung zu einem hochspezialisierten geschlossenen System in Intensivproduktionseinheiten entwickelt und ist heute einer modernen Industriefabrik ähnlicher als jeglicher Vorstellung eines Bauernhofs.

Wer exportiert oder importiert, muss mit Weltmarktpreisen mithalten. Entsprechend werden die Betriebe immer größer und effizienter. Für höhere Tierschutzstandards bleibt kein Raum, denn Tierschutz kostet Geld, schafft also Wettbewerbsnachteile. Deshalb hat sich in den letzten Jahren trotz zunehmender Ansprüche der Gesellschaft an mehr Tierwohl die reale Lebensqualität unserer Nutztiere kaum verbessert. Dass es auch anders geht, beweisen verschiedene vorgestellte Ansätze von Alternativen.

Kapitel 10

Das epidemische Schwein
Wie ansteckend ist es?

(Rupert Ebner)

»Ich sah Dich auch als Ungemach
Und Fährlichkeit erschienen,
als tückisch der Herr Doktor sprach
von Bandwurm und Trichinen.«[1]
Auszug aus einem Gedicht
von Rudolf Baumbach

Angesichts der aktuellen Erfahrung mit der Corona-Pandemie hat sich das Problembewusstsein der Bevölkerung vor den Gefahren viröser Infektionen mächtig erhöht. Obwohl nicht letztlich erwiesen, ist die Wahrscheinlichkeit, dass auch das COVID-19-Virus aus dem Tierreich stammt und auf den Menschen übertragen wurde, hoch. Wir wollen es wissen: Welche Gesundheitsgefahr geht von der Schweinehaltung für den Menschen aus?

Bis zum Ausbruch der Corona-Pandemie war der Begriff »Zoonose« etwas für Fachleute und Mediziner*innen. Heute weiß jeder, dass man unter Zoonose pathogene (krankmachende) Erreger versteht (Bakterium, Virus, Pilz, Hefe, Parasiten), die sowohl beim Menschen als auch beim Tier zu ernsthaften Erkrankungen führen können. Dabei kann der Erreger vom Tier auf den Menschen, als auch vom Menschen auf das Tier übertragen werden.

Die Gefahr von Zoonosen ist vor allem dort gegeben, wo der Mensch in engen Kontakt mit Tieren kommt, wie bei der Nutztierhaltung. Je ähnlicher sich Mensch und Tier sind, desto größer das Risiko einer Ansteckung. Menschen und Schweine sind sich, was die Organe, das Gewicht und die Ernährung (beide sind Allesfresser) betrifft, sehr ähnlich. Ganz objektiv betrachtet, besteht zwischen dem Genom des Menschen und dem des Schweins eine sehr große Ähnlichkeit: 90 Prozent der Gene sind identisch. Dies geht sogar so weit, dass Schweine, würden sie die Ernährungs- und Lebensgewohnheiten der Menschen annehmen, genetisch die gleichen Voraussetzungen haben, um an Fettleibigkeit, Diabetes, Parkinson und Alzheimer zu erkranken, wie wir Menschen.

Wie in diesem Buch an vielen Stellen beschrieben, lebt das Schwein häufig in enger Gemeinschaft mit dem Menschen. Mensch und Schwein leben schon etwa 7.000 Jahre zusammen. Die Keime, die sie in dieser Zeit ausgetauscht haben, haben beim Menschen dazu geführt, dass er mit den allermeisten dieser Erreger sehr gut zurechtkommt. Auch anders herum: Das Hausschwein erträgt viele Erreger, die vom Menschen auf das Tier übertragen werden. Beide Immunsysteme, das des Menschen und das des Schweins, haben erfolgreiche Abwehrsysteme für pathogene Krankheitserreger der Gegenseite entwickelt.

Über drei Bereiche muss man grundsätzlich nachdenken, wenn es darum geht, die epidemiologischen Gefahren des Zusammenlebens von Menschen und Schweinen einzuschätzen: Erstens den Bereich, in dem der Mensch in enger »Lebensgemeinschaft« mit dem Schwein lebt; Zweitens die industriellen Haltungsformen von Schweinen und drittens die Globalisierung der Schweinewirtschaft.

Zu Punkt 1: Zunächst ein Blick auf das in der Welt noch weit verbreitete »lokale Schwein«, bei dem der Mensch in ganz enger Beziehung zum Schwein lebt, das Schwein sich aber nur begrenzt im Stall oder in eingezäunten Bereichen aufhält, sondern sich weitgehend frei in der Umgebung bewegen kann. Hier ist es gut möglich, dass es sich mit Erregern anderer Tierarten auseinandersetzen muss. Diese können beim Schwein selbst folgenlos bleiben; sie können aber auch – wie beispielsweise bei der Afrikanischen Schweinepest – für das europäische oder asiatische Hausschwein zu fatalen Folgen führen. Die Erreger können, wie ebenfalls das Beispiel der

Afrikanischen Schweinepest zeigt, für den Menschen völlig harmlos sein. Jedoch ist auch der andere Weg vorstellbar. Das Schwein trägt dabei einen Erreger mit sich, der für das Schwein selbst völlig harmlos (nicht pathogen) ist: überträgt es ihn aber auf einen Menschen, so kann der Erreger beim Menschen zu einer Erkrankung führen. Ein Beispiel hierfür ist die Salmonellose. Für Schweine stellt der dominierende Erreger *Salmonella enterica* in der Regel kein Problem dar, für Kinder unter 10 Jahren ist dieser Erreger allerdings eine tödliche Gefahr.

Zu Punkt 2: Die industrielle globale Schweinehaltung bietet insbesondere den Viren optimale Voraussetzungen, dass sie ihr Genom beständig verändern, um ihre Vermehrung zu sichern. Wir wissen dank Corona, dass sich Viren dann schnell verändern können, wenn viele Individuen einer Herde infiziert sind und wenn sich die Herde in hoher Frequenz verändert. Dabei kann das Virus optimal mutieren. Mutierte Viren sind oft noch infektiöser, denn sie können noch leichter andere Individuen infizieren. Ein globales Beispiel stellt hier das Influenza Virus dar. Davon gibt es zahllose Stämme, viele davon sind für uns Menschen wenig, einige jedoch hoch pathogen. In guter Erinnerung ist der Typ H1N1, der Erreger der sogenannten Schweinegrippe. Ausgehend 2009 von Mexiko, ließ er sich 2014 in den USA nachweisen und von dort aus verbreitete er sich auf der ganzen Welt. Studien vermuten, dass weltweit in den Jahren 2009 und 2010 möglicherweise über 500.000 Menschen an einer Erkrankung mit diesem Influenza Virus starben.

Zu Punkt 3: Es bedarf nicht einmal des Transports und des Austausches von Tieren, um Tierseuchen weltweit zu verbreiten. So hat das Bovine Herpes Virus sogar in tiefgefrorenem Sperma überlebt und so den Weg von Kanada in die bayerischen Grauviehbestände im Allgäu gefunden. Im Übrigen ist dieses Virus das beste Beispiel dafür, dass Viren sich in industriellen Haltungsbedingungen, hier seien die riesigen »Feedlots« in Nordamerika angeführt, so mutieren können, dass aus harmlosen Viren hoch pathogene Varianten entstehen können, die immensen wirtschaftlichen Schaden anrichten.

Neben Viren gibt es auch Bakterien, die immerwährend ein Risiko für das Zusammenleben von Menschen und Schweinen darstellen. Am bedeutendsten ist hier die Salmonellose. Zur Bekämpfung der Schweinesalmonellose gibt es in Deutschland sogar eine eigene Verordnung. Sie hat das Ziel, die Schweinebestände möglichst salmonellenfrei zu bekommen, um Übertragungen auf den Menschen zu verhindern. Offensichtlich zeigt diese Verordnung Wirkung, da die Fälle von nachgewiesenen Salmonellen-Erkrankungen in Deutschland seit 2007 von 55.408 Fällen auf 18.986 zurückgegangen sind. Salmonellen verursachen in erster Linie Durchfall. Gelangen sie in Wunden, können sie auch zu einer Blutvergiftung führen, die einen tödlichen Ausgang nehmen kann. In tropischen Ländern und armen Gesellschaften ist die Salmonellengefahr weiterhin sehr hoch. Besonders durch den unqualifizierten Umgang mit tiefgefrorenem Fleisch haben die moderne Technik, Handelsprodukte und Vermarktungsformen ganz neue Risiken mit sich gebracht. Für gesunde Menschen mit einem intakten Immunsystem ist das Risiko, an Salmonellen zu erkranken, gering. Für alte oder immungeschwächte Menschen, wie etwa schlecht Ernährte oder Menschen, die aufgrund von Armut unter schlechten Hygienebedingungen leben müssen, besteht dagegen ein hohes Risiko, insbesondere bei Kontakt beziehungsweise Verzehr von rohem Fleisch. Für das Schwein selbst stellt der Erreger der Salmonellose meist kein Problem dar.

Die wohl folgenreichste Beziehung zwischen Schwein und Mensch in der Geschichte der Menschheit stellt ein Fadenwurm dar – *Trichinella spiralis* –, der Erreger der sogenannten Trichinose. Der in der Muskulatur des Schweins für das Schwein selbst symptomlos liegende Fadenwurm löst beim Menschen eine schwerwiegende Erkrankung aus: Fieber, Muskelschmerzen, Sehstörungen, Gesichts- und Gliedmaßen-Ödeme in der akuten Phase. Das geht bis hin zu dramatischen Komplikationen, wie einer Encephalitis (Entzündung des Gehirns) einer Myokarditis (Herzmuskelentzündung) oder schweren Schädigungen der Muskulatur.

Der letzte große Ausbruch einer dieser Krankheiten in Deutschland war 1982 im Kreis Bitburg. Traditionell wird dort rohes Hackfleisch als sogenannte Mettwurst verzehrt. Nach Verzehr des infizierten Schweinefleisches bei einem Betriebsfest erkrankten 400 Personen. An den Folgeschäden, zum Beispiel dauerhafte Schädigung des Herzens beziehungsweise der Muskulatur, leiden viele noch heute. Aus diesem Grund gibt es in Deutschland seit vielen Jahrzehnten eine intensive Kontrolle des Schweinefleisches auf das Vorkommen von Trichinen. Jedes Hausschwein, das zur Schlachtung kommt, und auch jedes von einem Jäger erlegte Wildschwein, muss einer Trichinenuntersuchung durch ein staatlich zertifiziertes Labor unterzogen werden.

Zwischen 2003 und 2013 wurden in Deutschland 489 Millionen Schweine einer Trichinenuntersuchung unterzogen. Lediglich in acht Fällen davon wurde *Trichinella spiralis* nachgewiesen. Die betroffenen Schweine stammten alle aus privaten Haushalten und hatten sich vermutlich über Wildtiere, wie Wildschweine oder Füchse, infiziert. Die USA verzichten gänzlich auf eine Trichinenuntersuchung für Schweine, deren Fleisch im Inland vermarktet wird. Antikörperbestimmungen haben aber gezeigt, dass der Kontakt mit Trichinellen in der amerikanischen Bevölkerung nicht unerheblich ist, insbesondere bei Menschen aus sozial benachteiligten Schichten. Die wohlhabenden US-Bürger*innen essen Rindersteaks, kaum Schweinefleisch und sind deshalb weniger gefährdet.

Die weltweit häufigste tödlich verlaufende Infektionskrankheit beim Menschen ist die Tuberkulose. Auch Schweine können den Tuberkulose-Erreger in sich tragen. Hier finden sich jedoch kaum Nachweise, dass es hier zu Übertragungen von Schweinen auf Menschen kommt.

Für den Menschen nicht gefährlich, aber für seinen besten Freund aus dem Tierreich, den Hund, ist eine Virusinfektion meist tödlich – die Aujeszky-Krankheit. Viele europäische Länder gelten als Aujeszky-frei, was die Hausschweinebestände betrifft, jedoch nicht die Wildschweinpopulation. Für Hunde, die zur Wildschweinjagd eingesetzt werden, ist dies eine reale Gefahr.

Bis in die 1980er-Jahre war man sich über die weltweite Ausbreitung von Erregern und ihre Ausbreitungsgeschwindigkeit nicht im heutigen Maße bewusst. So bedurfte es langer Überzeugungsarbeit eines praktizierenden Tierarztes aus Bayern, bis anerkannt wurde, dass die in den USA schon lange bekannte bakterielle Erkrankung Eperythrozoonose auch Krankheiten in bayerischen Schweinebeständen verursacht hatte. Die Überträger, blutsaugende Läuse, so meinte man, gäbe es in Deutschland nicht.

Ein anderes Beispiel, dass Krankheiten, von denen man glaubte, dass sie nördlich der Alpen nicht auftreten können, ist die Blauzungenerkrankung bei Wiederkäuern, das Beispiel sei mir auch im Schweinekontext erlaubt. Zur Vermehrung dieses Virus in einem Insekt braucht es einen längeren Zeitraum von über 25 Grad Celsius und die entsprechenden Insekten. Durch den Klimawandel sind nun Verhältnisse eingetreten, die eine Ausbreitung der Blauzungenerkrankung im Süden Deutschlands nur durch umfangreiche Restriktionen und Impfkampagnen verhindern. Es braucht nicht viel Fantasie, um sich auszumalen, dass ähnliche Entwicklungen auch bei Schweinen vorstellbar sind.

Biosicherheit ist für Anlagen ein ganz wichtiges Thema in der globalen Schweinewirtschaft. Für die großen Schweinebestände weltweit ist das Eindringen von pathogenen Erregern ein hohes, existenzielles Risiko. Insbesondere der Kontakt der Tiere mit Menschen ist problematisch, etwa mit Dienstleistern wie den Tierärzt*innen. Um ein Eindringen von Erregern zu verhindern, werden Konzepte erstellt, um die Biosicherheit dieser Betriebe zu gewährleisten. Der englische Begriff »Disease Control and Prevention« trifft es allerdings besser. Denn es geht darum, die industriellen Schweinebestände vor infektiösen Mikroorganismen zu schützen, damit die traditionellen Seuchenbekämpfungsmethoden des »Stamping out« (alle möglicherweise infizierten Tiere werden dabei getötet und entsorgt) vermieden werden.

In einer artentsprechenden Haltung hat ein Schwein vielfältigste Kontakte mit allen möglichen Erregern. Mit den allermeisten hat das Immunsystem des Schweins keine Probleme. Gelangen aber infektiöse Mikroorganismen in geschlossene Bestände, in denen die Tiere sonst keinen Kontakt mit der Umwelt haben, dann können auch weitgehend harmlose Erreger für die Tiere, die in Isolation aufgewachsen sind und leben, große gesundheitliche Probleme darstellen.

Als Beispiel sei hier das Porzine Reproduktive und Respiratorische Syndrom (PRRS) genannt. In kleinen Beständen mit Auslauf und regional angepassten Rassen spielt das – zur Familie der *Arteriviridae* zählende PRRS-Virus – keine Rolle. In den industriellen Haltungsformen sind allerdings aufwendige Impfprogramme notwendig, um die wirtschaftlichen Schäden durch diese Viren zu verhindern. Es müssen umfangreiche Vorsichtsmaßnahmen getroffen werden, beispielsweise werden Desinfektionsschleusen in die Stallungen eingebaut oder es muss ein Überdruck in den Stallungen aufrechterhalten werden, um das Eindringen von Erregern aus der Umwelt zu verhindern. Die Frischluft, die durch die Tür in die Stallungen gelangt, muss durch Filter gereinigt werden. Außerdem ist es heute notwendig, dass Menschen, die einen industriellen Maststall betreten, ihre gesamte Kleidung ablegen, duschen und spezielle Stallkleidung anziehen müssen. Dies gilt insbesondere für Tierärzt*innen und sonstige Dienstleister, die am selben Tag auch andere Betriebe betreten haben. All diese Maßnahmen sind für kleine Schweinehaltungen und Subsistenzwirtschaften nicht nötig.

Die Isolation der Schweine in industriellen Haltungsformen (Crowding) ermöglicht es, dass sich harmlose Erreger so verändern, dass sie schwere Krankheitsbilder hervorrufen. Gelangen diese hochpathogenen Erreger auch in kleinere Bestände, können sie auch dort schwere Krankheiten auslösen und damit die Existenzgrundlagen dieser Schweinehalter*innen zerstören. Da Halter kleinerer Schweinebestände sich die teuren Biosicherheitsmaßnahmen meist nicht leisten können, stellen die Großanlagen in der gleichen Region eine Gefährdung für sie da. Impfstoffe, die teuer sind und deren Distribution und Lagerung ein Problem darstellen, sind keine Lösung. Trotz der Isolation und der aufwändigen Hygieneregeln sind heute in den industriellen Beständen umfangreiche Impfprogramme notwendig, um Krankheiten und damit wirtschaftliche

Verluste für die industrielle Schweineproduktion zu verhindern. Da sich die Erreger ständig verändern, müssen sich die Impfstoffhersteller ständig an die neue Lage anpassen, indem sie ihre Impfstoffe mit den veränderten Erregern regelmäßig abstimmen.

Die kleinen Betriebe könnten die Gesundheit ihrer Schweinebestände ebenfalls durch eine Impfung vor Erkrankungen durch Erreger aus der industriellen Haltung schützen. Doch nur allzu häufig sind die Impfstoffe nur in Abpackungen für viele Hundert oder Tausend Schweine zu bekommen, sodass ihre Anwendung für kleine Bestände finanziell nicht tragbar ist. Auch gibt es hier Vakzine, die bei sehr tiefen Temperaturen gelagert werden müssen und deshalb für kleine Bestände und für Länder des globalen Südens kaum infrage kommen.

Waren Schweine und Hühner selbst in der nördlichen Hemisphäre bis in die 1960er-Jahre hinein auch Verwerter von Speiseabfällen, ist dies heute aufgrund der Sicherheitsstandards technisch kaum mehr zu bewerkstelligen und rentabel.[2] Um die Verbreitung von Krankheitserregern zu verhindern, dürfen beispielsweise Speiseabfälle aus Gaststätten nur verfüttert werden, wenn sie vor der Verfütterung einer Hitzebehandlung unterzogen wurden. Der Aufwand an Energie und der damit verbundene Arbeitsaufwand macht diese an sich so sinnvolle Verwertung von Speiseabfällen im globalen Norden unrentabel. Gerade durch die fortgesetzte Ausbreitung der Afrikanischen Schweinepest und ihrer möglichen Beschleunigung durch die Verfütterung von Speiseabfällen kann darüber nicht mehr diskutiert werden.

Das Potenzial zur epidemischen oder gar pandemischen Verbreitung von Krankheiten, die von Schweinen auf Menschen übertragen werden, haben allem Anschein nach derzeit nur Influenza Viren. Wann ein Influenza Virus so mutiert, dass er besonders für den Menschen gefährlich ist, kann niemand vorhersagen. Dass sich ein neues, frisch mutiertes, hochpathogenes Virus schnell weltweit verbreiten kann, ist aufgrund der Globalisierung, der engen Vernetzung von Zucht und Verarbeitung, der Bestandkonzentration und Massentierhaltung auf der Welt wohl nicht zu verhindern.

Die Zucht immunstabiler Rassen in artgerechten Haltungsformen kann in hohem Maße dazu beitragen, dass weniger Mutationen auftreten und dadurch Epidemien und Pandemien ausbleiben. Im Falle des Falles können auch Impfstoffe zur Lösung beitragen. Diese sollten dann auch für kleine Bestände in kleinen Portionen verfügbar sein.

Kapitel 11

Das alternative Schwein
Wird eine Vision Realität?

(Hugo Gödde)

»Das Auge des Bauern mästet das Vieh«
Westfälische Bauernweisheit

In Deutschland tut sich was. Der lange Kampf um die Produktdifferenzierung von Fleisch mithilfe von Tierwohlkriterien erzielt Resultate: Eine Marktnische rückt in die Nähe des Mainstreams. Ein neues System ist dabei sich herauszubilden, jenseits des lokalen, globalen oder modernen bäuerlichen Schweins: das »alternative Schwein«. Die Treiber kommen ganz unerwartet aus den Konzernetagen der Supermarktketten, nachdem Bio und Neuland – Initiativen der Zivilgesellschaft – es mit ihren Modellen vorgemacht haben.

Was ist das Alternative am alternativen Schwein? Was unterscheidet es beispielsweise vom bäuerlichen Schwein? Zunächst könnte man denken, es ist das Schwein in der »alternativen« Landwirtschaft, was häufig als Synonym für die biologische Tierhaltung beziehungsweise die Tierhaltung im biologischen Landbau, gebraucht wird. Ganz verkehrt ist diese Überlegung nicht, das alternative Schwein geht aber noch darüber hinaus.

Was ist also das typisch Alternative? Ist es die Rasse, die Züchtung, die Haltung, die Fütterung, die Schlachtung, der Tiertransport, die Vermarktung? Oder die Struktur, die Erzeuger- und/oder Vermarktungsgemeinschaft oder die Arbeitsteilung in der Wertschöpfungskette? Welche Bedeutung hat die Verkaufsstelle, die Direktvermarktung, der handwerkliche Absatz, die regionale oder die Großvermarktung über den Lebensmitteleinzelhandel beziehungsweise den Discounter? Oder ist es gar das alternative Bezahlungssystem?

Deutlich wird, dass – wie bei den anderen bereits vorgestellten Systemen der Schweinewirtschaft (lokal, bäuerlich, global) – dahinter ein neues System steht. Das jeweilige System ist in sich schlüssig und recht umfassend. Aber es gibt natürlich vielfältige Übergänge und Schnittstellen zu den anderen Systemen – etwa vom lokalen zum bäuerlichen oder vom bäuerlichen zum globalen Schwein. Nicht alle Elemente der Wertschöpfungskette sind gleich strukturiert und organisiert. Ein*e Handwerksfleischer*in kann zum Beispiel nicht das globale Schwein nach China liefern, aber ein Fleischkonzern kann durchaus eine »bäuerliche« Genetik oder ein Bioschwein global vermarkten, er kann dies allerdings nur unter Weltmarktbedingungen (Logistik, Quantität, Biosicherheit, Preis) durchführen.

Alternativen zum jeweils vorherrschenden Schweinesystem hat es zu allen Zeiten gegeben. Immer wieder haben Bäuerinnen und Bauern – aber auch andere aus der Lieferkette – versucht, mit Besonderheiten, heute sagt man Alleinstellungsmerkmalen, den vorherrschenden Bedingungen und Herrschaftsbeziehungen zu entgehen. Vielfältig sind diese Fluchtbewegungen, aber in der Regel hat man nur einzelne Parameter verändert beziehungsweise neu definiert, daraus ein Programm entwickelt und so sein Glück auf dem Markt gesucht.

So gibt es Ansätze mit neuen Zuchtlinien oder alten Rassen – vom Bentheimer Landschwein bis zum Schwäbisch-Hällischen oder Iberico-Schwein. Andere haben auf besondere Futtermittel gesetzt oder auf Antibiotika- oder Gentechnikfreiheit. Wieder andere orientierten sich an der Haltungsform (Strohhaltung oder Teilspaltenböden, wie beim holländischen »beter leven«-Programm). Natürlich gibt es auch in großem Umfang die verschiedenen Vermarktungswege, vom Hofladen über die Fleischer*innen bis zur Fleischindustrie und globalem Discounter.

Auffällig in den letzten Jahren ist die besondere Bedeutung der Erzeugerseite, der eigentlich bei zunehmender Internationalisierung als reiner Rohstofflieferant eine immer geringere Bedeutung zugewiesen wird. Aber heute wirbt Westfleisch mit »direkt vom Bauern« (woher sonst?), und Tönnies erklärt, dass 80 Prozent seiner Schweine regional aus einem Umkreis von 200 Kilometern kommen. Viele Fleischer*innen behaupten, dass sie »ihre« Bauern und Bäuerinnen kennen, obwohl sie die Teilstücke – und die machen den größeren Teil des Einkaufs aus – vom Großschlachthof oder Zwischenhändler beziehen.

Es zeigt sich immer mehr, dass Alternativen zum Standardschwein (mit Standardgenetik erzeugt, auf Vollspaltenböden gehalten, über Schlachtkonzerne vermarktet) durchaus eine reelle kleine Marktchance mindestens in Deutschland, aber allmählich auch in Europa (vor allem Niederlande, Dänemark, Schweden) haben. Die Kritik an der Massentierhaltung, an Tier- und Fleischskandalen wurde seit den 1990er-Jahren immer lauter und der gesellschaftliche Ruf nach Veränderung immer drängender. Spätestens seit dem Gutachten des Wissenschaftlichen Beirats beim BMEL von 2015 steht die Tierhaltung endgültig auf dem öffentlichen Prüfstand. Dort wird analysiert, dass die Nutztierhaltung in Deutschland sich zwar zu einem wirtschaftlich sehr erfolgreichen Sektor entwickelt hat, aber zugleich erhebliche Defizite vor allem im Tierschutz und Umweltschutz habe, die »zu einer verringerten gesellschaftlichen Akzeptanz der Nutztierhaltung« führe. Der Beirat »hält die derzeitigen Haltungsbedingungen eines Großteils der Nutztiere für nicht zukunftsfähig«.[1]

Damit kam ein Prozess ins Rollen, der nach und nach – zunächst mit erheblichen Widerständen[2] – schließlich auch in der Politik ankam. Mit den Empfehlungen des »Kompetenzwerkes Nutztierhaltung«, das auf Beschluss der Bundesregierung vom ehemaligen Agrarminister Jochen Borchert seit 2019 geleitet wird, gelang nach jahrelangen Grabenkämpfen ein Spagat zwischen Tierschutz- und Umweltschutzinteressen einerseits, und den Vorstellungen der klassischen Agrarlobby andererseits. Diese Empfehlungen fußen letztlich auf der inzwischen 30-jährigen Diskussion um Alternativen zur herkömmlichen Schweinehaltung in Deutschland. Sie suchen einen Ausweg und eine Perspektive aus der weit verbreiteten Kritik an der bisherigen Entwicklung.

Besonders habe sich »der Diskurs um das Tierschutzniveau in den intensiven Haltungsverfahren« verschärft und »sei zu einem grundsätzlichen Akzeptanzproblem für den Sektor geworden«.[3]

Kritisiert werden in der Schweinehaltung (ähnlich auch bei Rindern und Geflügel) besonders (siehe dazu auch Kapitel 9):

- die wenig abwechslungsreichen, reizarmen und räumlich sehr begrenzten Haltungsbedingungen (enges Platzangebot),
- die Anpassung der Tiere an die leidvolle Haltungsumgebung statt umgekehrt. Teilweise sind diese Maßnahmen inzwischen verboten (Amputationen wie Schwanzkupieren, betäubungslose Kastration, Anpassung der Tiere an die Ställe statt umgekehrt).
- das hohe Leistungsniveau (30 und mehr Ferkel pro Sau, hohe Tageszunahmen in der Mast) und einseitige Produktionsziele mit entsprechenden gesundheitlichen Folgen für das Lebensalter der Tiere,
- Transportdauer und Transportbedingungen,
- unzureichende Erhebung von Indikatoren zur Tiergesundheit, die die Hebung des Tierwohlniveaus zum Ziel haben (dieses dann aber nicht erreichen).

Zwar hat Tierschutz seit 2002 Verfassungsrang und die Vermeidung von »vermeidbaren Leiden« ist im Tierschutzgesetz festgelegt, aber es fehlten lange differenzierte Vorgaben in der Tierschutz-Nutztierhaltungsverordnung und das Ordnungsrecht wurde nicht hinreichend weiterentwickelt. In der Folge haben Gerichtsurteile die Politik zu erheblichem Anpassungsdruck getrieben (etwa das Magdeburger Urteil zum Kastenstand von Sauen oder die Normenkontrollklage durch das Land Berlin).[4]

Als Lösung wird parteiübergreifend und branchenweit eine differenzierte Haltungskennzeichnung vom gesetzlichen Standard über Stallhaltung plus (Stufe 1 mit mehr Platz) und Außenklimaställen (Stufe 2) bis zur Auslaufhaltung (Stufe 3, konventionell und bio) gefordert, deren jeweiligen Mehraufwand durch eine Tierwohlprämie oder erhöhte Mehrwertsteuer (von 7 auf 19 Prozent) abgegolten werden soll. Die Folge wird ein nach Tierwohlstufen differenzierter Markt mit entsprechenden Preisunterschieden sein.

Auf die Empfehlungen der Borchert-Kommission haben sich nach hartem Ringen alle relevanten Gruppierungen und Verbände des Sektors geeinigt. Selbst ein Hardliner wie der Deutsche Bauernverband, der lange Zeit und in Teilen noch heute eigentlich ein »weiter so« der Schweinemarktentwicklung der letzten Jahrzehnte propagierte, fügt sich dem gesellschaftlichen Druck. Auch Teile der organisierten Schweinehalter*innen, wie die Interessengemeinschaft Schweinehalter Norddeutschland (ISN), befürwortet das Konzept eines klaren Leitbildes und einer darauf fußenden Perspektive, wenn der Mehraufwand bezahlt wird. Mit Differenzierungen und unter Vorbehalt haben sich auch der Handel und die Schlacht- beziehungsweise Verarbeitungsindustrie zum Borchert-Konzept bekannt.

Ist damit der Umbau der Tierhaltung und das Ende des Schweinesystems, wie wir es kennen, eingeleitet? Bewegen wir uns auf ein Zeitalter eines alternativen Systems der Schweinehaltung in Deutschland zu, vielleicht sogar irgendwann in der EU?

Es ist große Vorsicht angebracht, schließlich stecken – wie hinreichend dargestellt – in dieser Branche weltweite Konzerninteressen, kapitalkräftige globale Player und internationale Marktmächte. Trotzdem: Es scheinen sich Alternativen zum globalen Trend und zur Industrialisierung in der Schweinehaltung in relevanten Teilmärkten zu eröffnen. Wie aber hat sich dieser Diskussionsprozess in Deutschland (im Unterschied zu den meisten anderen europäischen Ländern) überhaupt entwickelt? Wie und unter welchen Umständen haben sich die Alternativen gebildet? Wer waren die Protagonist*innen und Pionier*innen?

Zu Veränderungen kommt es nur, wenn bestehende Verhältnisse zerrüttet sind, also wenn die Zeit für einen Wandel reif ist. Aber »die Morgenröte einer neuen Zeit kommt nicht nach durchschlafener Nacht«, wie es Wolf Biermann einmal ausdrückte. Es geht um die subjektive Seite der Veränderungen.

Erste Ansätze von »alternativen Schweinesystemen«

Ende der 1980er-Jahre kamen erstmals aus ganz unterschiedlichen Richtungen Fragen an die Entwicklung der Schweinehaltung auf (siehe Kapitel 6). Einerseits wuchsen die Erfolge im Schweinestall, die Leistungsdaten stiegen enorm an, die Produktionsmenge entwickelte sich Richtung vollständiger nationaler Eigenversorgung und die Zahl der Sauen und Mastschweine pro Betrieb schien grenzenlos. Mit den neuen Stallformen (Vollspaltenböden) waren Betriebe mit tausend Schweinen zwar irgendwie atemberaubend, aber möglich – und nicht nur unter den industriellen Bedingungen der sozialistischen LPG- Tierproduktion der DDR.[5] Zugleich wurde der Slogan »Wachsen oder Weichen« propagiert, die permanente Rationalisierung innerhalb und außerhalb des Schweinestalls. Das Hamsterrad des agrarindustriellen Komplexes war angeworfen. Aber viele ältere wie jüngere Bäuerinnen und Bauern ahnten, dass damit das Ende ihrer Schweinehaltung (»das Bauernwohl«) angekündigt war, aber auch das Tierwohl drastisch verarmen würde. Die intelligenten, neugierigen, sozialen und immer aktiven Schweine wurden in Kästen oder in öde Ställe gesperrt, bis sie als Fleischmasse am Schlachthaken hingen.

Zugleich wurde die Kritik aus der Verbraucherschaft öffentlich. Das fettarme, trockene, zähe Fleisch verbunden mit der PSE-Konsistenz (siehe Kapitel 4) rief den zunehmenden Widerspruch von bewussten Käufer*innen hervor. Als dann noch Skandale wie Hormonfleisch bei Kälbern, Clenbuterol oder Cortisonpräparate und andere halblegale wachstumsfördernde Antibiotika bei Geflügel und Schweinen sowie BSE bei Rindern auftraten, wurde der Ruf nach Alternativen auch in der Schweinehaltung immer vernehmlicher.[6]

Eine aktuelle Umfrage von YouGov unter 12.000 Personen vom Juni 2021 ergab, dass 74 Prozent der Befragten angaben, dass es ihnen wichtig sei, die Fleischherkunft zu kennen und 80 Prozent sprachen sich für den Erhalt inhabergeführter Metzgereien aus;

aber gleichzeitig tätigt die Mehrheit (60 Prozent) ihren Fleischeinkauf mittlerweile im Supermarkt.[7]

Einzelne Marktteilnehmer haben sich sehr bemüht, auf die äußerliche Krise des Schweinemarktes zu reagieren. Einige Schlachthöfe entwickelten in den 1980er-Jahren zusammen mit Erzeugergemeinschaften sogenannte Markenfleischprogramme, die sich aber nur in vereinzelten Merkmalen vom Standardfleisch unterschieden, zum Beispiel bei Mastfütterung oder Zuchtprogrammen. Obwohl erfahrene Berater*innen von Landwirtschaftskammern prognostizierten, dass in Zukunft nur noch solche »Qualitätsmarken« überleben würden, spielten diese nur kurz eine größere Marktrolle. Deutlich wurde, dass solche isolierten, alternativen Teilaspekte keine breite Wirkung in der Gesellschaft zeigten; Bemühungen verpuffen, wenn nur einzelne Parameter korrigiert werden, aber parallel dazu die gesamte Schweinebranche die Intensivierung vorantreibt und alles auf Kostenführerschaft ausgerichtet ist.[8]

An den zwei bedeutendsten Beispielen umfassend-alternativer Systeme von »Bio« und »Neuland« soll dargestellt werden, wodurch sie sich auszeichnen und welche Schwierigkeiten sie überwinden mussten.[9]

Bio – ein eigenständiger Weg

Ausgehend von einzelnen Pionier*innen entwickelte sich in den 1970/1980er-Jahren ein alternatives System der Lebensmittelerzeugung mit einfachsten Mitteln. Es basierte auf Erkenntnissen zum Pflanzenbau, unter anderem auf der Kreislaufwirtschaft, den Verzicht auf Pflanzenschutzmitteln und chemisch-synthetischen Düngemitteln. Nicht die Wissenschaft oder die Politik, nicht die Industrie oder die Landwirtschaftsberatung standen Pate bei der Entwicklung einer »biologischen Landwirtschaft«, wie sie sich nannte, mit dem Anspruch eine Alternative zur sogenannten »konventionellen Bewirtschaftung« darzustellen. Es waren im Wesentlichen Bäuerinnen und Bauern, die mit eigenen, ungewöhnlichen und völlig gegen den Mainstream gerichteten Methoden neue Wege ausprobierten – nach dem Prinzip von »trial and error«.

Dass diese Versuche erst nicht ernst genommen wurden, die Pionier*innen gar als Spinner und verrückte Dummköpfe diffamiert wurden, war an der Tagesordnung. Aber die Pionier*innen des Biolandbaus ließen sich nicht beirren und fanden in Teilen der Umwelt- und Anti-Atomkraft-Bewegung sowie im städtischen Naturkostbereich Mitstreiter*innen.[10] In den 1990er-Jahren gewann diese »Öko-Szene« im Zuge der Kritik an der Umweltzerstörung durch die Landwirtschaft (Trinkwasser, Chemie im Gemüse, Antibiotika, BSE usw.) mehr Aufmerksamkeit, vor allem im Ackerbau und in der Grünland-Milchwirtschaft. Die Schweinemast – besonders die Fütterung von Schweinen – galt als Nahrungskonkurrenz zur menschlichen Ernährung und war eher verpönt.

Erst allmählich entstand ein Biofleischmarkt. Nach den verschiedenen Phasen des BSE-Skandals in vielen europäischen Ländern entschloss die EU sich im Jahr 2000, (9 Jahre nach der Biopflanzenverordnung) eine verbindliche Verordnung für Biotierhaltung zu verabschieden. Damit waren endlich rechtliche Grundlagen für eine artgerechte Tierhaltung nach den Grundprinzipien des Bioanbaus gelegt. Sie orientierten sich an den Grundgedanken der biologischen Landwirtschaft und den Erfahrungen von Tierschutzprojekten, unter anderem in Großbritannien (animal welfare), Dänemark und Deutschland (Neuland).

Aber die Erzeugung und Vermarktung von Bioschweinefleisch kam nur sehr langsam in Gang. Viele Vorbehalte (Fleisch sei generell ungesund, Biofleisch sei zu teuer) vor allem bei klassischen Biokonsument*innen herrschten vor. 2005 waren im schweinereichen Nordrhein-Westfalen mit gerade einmal 10.000 Bioschweinen weniger als ein Promille aller Schweine Bioschweine. Wer sie erzeugte, musste sich seine Vermarktung selbst suchen. 2004 wurden 40 Prozent des Biofleisches über eigene Hofläden, 40 Prozent über einige wenige Metzgereien und 20 Prozent über andere Wege verkauft.[11] Der Lebensmitteleinzelhandel war desinteressiert, und dem klassischen Partner, den Bioläden, fehlte das Know-how zu

Fleisch. Die Bauern und Bäuerinnen erwirtschafteten mit 2,35 Euro pro Kilogramm Anfang der 2000er-Jahre gerade mal die auflagenbedingten höheren Kosten und mussten sich aufwendig um den Absatz kümmern.

Erst allmählich entwickelte sich im Schlepptau des großen Erfolgs der anderen Bioprodukte (Obst, Gemüse, Eier, Milch) auch der Schweinefleischumsatz. Er liegt aber auch heute immer nur noch bei unter 1 Prozent des Marktanteils. Aber kein Großschlachter oder Einzelhandelskonzern kann es sich erlauben, nicht wenigstens einige Biofleischprodukte anzubieten. Aldi preist sich mittlerweile dafür, Deutschlands größter Biofleischverkäufer zu sein, und der größte Fleischindustrielle Tönnies brüstet sich als größter Bioschweineschlachter. Dass sich der Markt nicht schneller entwickelte, lag nach Einschätzung aller Marktakteure allein am mangelnden »Rohstoff«: Die strengen Biorichtlinien-Anforderungen beim Biofutter und bei der Haltung (keine Vollspaltenböden, freies Abferkeln, dreifacher Platzbedarf der Tiere, Auslauf), wirken sich besonders bei der fachlich schwierigen Ferkelerzeugung aus.

Zugleich ist es den Biobäuerinnen und -bauern gelungen, nicht nur einen eigenen, vom Standard abgekoppelten Markt zu organisieren, sondern auch wirklich Erzeugerpreise zu realisieren, die kostendeckend und existenzsichernd sind.

> »Durch den grenzübergreifenden Austausch können wir eine Transparenz und Dynamik erzeugen und so einem Marktungleichgewicht entgegenwirken. In Deutschland sind wir im Vergleich schon sehr weit, da die Landwirte bei uns gut organisiert sind und über Verbände eine Marktpolitik in den Wertschöpfungsketten umsetzen, die mehr Fairness und gleiche Augenhöhe gewährleistet. Das spiegelt sich auch in deutlich höheren Erzeugerpreisen wider.«[12]

So konnte der Bioerzeugerpreis von 2,40 Euro pro Kilogramm im Jahre 2005 auf 3,85 Euro pro Kilogramm im Sommer 2021 angehoben werden.[13] Wenn es noch weiterhin gelingt, die Produktionsmenge an die Absatzmöglichkeiten angepasst zu halten, kann dieser Teilmarkt eine wirkliche Alternative nicht nur in der Nische werden.

Ausgehend von wenigen Pionier*innen, Erzeugern und Bioläden, hat sich neben dem und gegen den riesigen, kapitalintensiven und globalisierten Fleischmarkt also ein kleiner alternativer Bruder herausgebildet, der stetig wächst, nicht mehr aus dem Marktgeschehen wegzudenken ist und tatsächlich eine (kleine) und wachsende Alternative für Erzeuger*innen und Verbraucher*innen sein kann.

Neuland – die neue Fleischqualität

Ein gänzlich anderer, ebenfalls alternativer Weg entwickelte sich parallel. Er wurde ebenfalls nicht aus der Agrar- oder Fleischbranche heraus beschritten. Das konnte er wohl auch nicht, da die konventionelle Fleischwirtschaft zu eng an den herrschenden Marktvorstellungen hing. Auch hier mussten die Impulse von außen kommen.

Aus der Kritik an der Agrarpolitik hatten sich 1987 verschiedene zivilgesellschaftliche Organisationen zu einer gemeinsamen Position (»Aachener Erklärung«) zusammengefunden. Zusammen mit dem Deutschen Tierschutzbund erarbeiteten der BUND (Bund Umwelt- und Naturschutz Deutschland), die Verbraucherinitiative, der Bundeskongress entwicklungspolitischer Aktionsgruppen und die Arbeitsgemeinschaft bäuerliche Landwirtschaft (AbL) ein Programm für tiergerechte und umweltschonende Nutztierhaltung für bäuerliche Betriebe. Logischerweise brachten alle Interessengruppen ihre Vorstellungen in den mühevollen, ein ganzes Jahr dauernden Einigungsprozess ein, sodass ein ausführliches, detailliertes Richtlinienwerk entstand.[14] Es etablierte sich unter dem Namen »Neuland«.

Das Besondere an Neuland war das Leitbild einer tiergerechten Haltung, die sich am natürlichen Verhalten des Tieres orientierte. Es ging nicht um Kostengesichtspunkte, nicht um Marktgängigkeit, um eine leichte Realisierbarkeit für »Wortführer«-Betriebe oder um eine vordergründige Befriedigung des Massenkonsums. Ein neuer, umfassender, alternativer Qualitätsbegriff wurde geboren, der vorrangig ethische Werte von Tierschutz, Umweltschutz, Verbraucherschutz wie sozialen Folgen auch für die Dritte Welt hervorhob, statt sich nach markttechnischen Kriterien (wie Fleischfülle oder Gewicht) oder den billigen Preis zu richten. Der Markterfolg interessierte die Projektbeteiligten nur zweitrangig. Natürlich mussten die Erzeugnisse verkauft werden, die Bauern und Bäuerinnen mussten schließlich davon leben. Aber ob 500 oder 5.000 Schweine pro Woche unter dem Programm vermarktet wurden, war nicht entscheidend. Es sollte bewiesen werden, dass ein solch umfangreiches Programm in die Realität umzusetzen ist, eine solche Tierhaltung keine Spinnerei ist, sondern funktioniert. Und »Verbraucherinnen und Verbraucher sollten durch den Kauf dieser ›teureren‹ Produkte beweisen, dass diese Kriterien für sie wertbestimmend sind.«[15]

Der Name »Neuland« war zugleich Programm. Irgendwie war alles neu. Für alle Seiten war es ein spannender und lehrreicher Prozess. Die Tierschützer*innen begriffen, dass Bauern und Bäuerinnen keine Tierquäler*innen sind, und die beteiligten Bauern und Bäuerinnen lernten, dass Tierschützer*innen nicht ihre Feind*innen sind und sie eine Menge von ihnen lernen konnten, was ihnen ihre landwirtschaftlichen Schulen nicht vermittelt hatten. Es war ihnen neu, dass sich Schweine von selbst nach verschiedenen Funktionsbereichen in ihren Buchten einrichten, also automatisch die Plätze in den Buchten nach Liege-, Fress-, Kot- und Aktivitätsbereich trennen, wenn sie dazu die Möglichkeit haben. Schweine sind sehr aktive Tiere, die permanent auf Futtersuche unterwegs sind. Sie halten ihren Liegebereich sauber (sind also »keine dreckige Sauen«) und sind ausgesprochen lernfähig. Eine solche Sichtweise der Orientierung am Wohlbefinden der Tiere war für viele ungewöhnlich. Das Tier gab die Bedingungen vor, nicht die Landwirt*innen und nicht der Markt oder der Schlachtkonzern. »Die Ställe müssen sich nach den Tieren richten und nicht umgekehrt«, wurde zum geflügelten Wort. Damit wurde die Denkweise der Landwirtschaft auf den Kopf gestellt, oder besser vom Kopf wieder auf die Füße gestellt.

Das System war ausdrücklich nicht als System des biologischen Landbaus konzipiert. Von der Biohaltung unterscheidet es sich primär durch das Futter, das bei Neuland keine Bioqualität haben muss. Von daher ist es auch keine »Tierergänzung« zum Biolandbau, sondern gedacht als Alternative für die konventionelle Landwirtschaft. Als wesentliche Kriterien wurden für Schweine (für Rinder und Geflügel analog) herausgearbeitet:

- doppelt so viel Platz wie gesetzlich verlangt,
- Strohhaltung/Festmistwirtschaft und keine Spaltenböden beziehungsweise Güllewirtschaft,
- keine Anbindung und eng begrenzte Fixierung (Kastenstand) der Sauen beim Abferkeln und im Deckzentrum,
- Auslaufhaltung für Mastschweine und tragende Sauen,
- einheimische Futtermittel, keine Soja aus der Dritten Welt (später keine Gentechnik),
- keine Amputation von Schwänzen bei Schweinen (oder Schnäbelkürzen bei Hähnchen/Puten),
- keine prophylaktische Medikamentierung,
- Flächenbegrenzung pro Tier (2 Großvieheinheiten) und pro Betrieb,
- Bestandsobergrenzen für Sauen und Mastschweine, um die bäuerliche Betreuungsqualität hervorzuheben. (Das Auge der Bauern und Bäuerinnen mästet das Vieh.)

Dazu kamen Empfehlungen für Rassenauswahl, Stallhygiene, Transport und Schlachtung. Damit war ein gesamtes alternatives System zusammengestellt. Als Abnehmer wurde ganz natürlich das Handwerk gesehen. Mit den Metzger*innen vor Ort konnte man auf Augenhöhe verhandeln, denn – so die Vorstellung –. das Fleischerhandwerk ist genauso getrieben von der Fleischindustrie und von den Konzernen des Einzelhandels wie die »tierfreundliche« Landwirtschaft.

Das Interesse der Öffentlichkeit war enorm. In den ersten Jahren kamen mehr Berichte in den Medien als Fleisch vermarktet wurde. Die Umstellungsbereitschaft bei Bäuerinnen und Bauern war durchwachsen, viele kleine und mittlere bäuerliche Betriebe, auf die das Programm zugeschnitten war, zeigten Interesse, blieben aber misstrauisch, ob der Mehraufwand auch nachhaltig bezahlt würde. Es beteiligte sich vor allem, wer zunächst nicht viel im Stall ändern musste. Erst mit dem Wachsen des Programms investierten Bauern und Bäuerinnen in Neubauten. Der Bauernverband und die Agrarberatung lehnten Neuland grundsätzlich und mit scharfen Angriffen ab. Das Programm schade der Landwirtschaft, diffamiere die »normalen« Bäuerinnen und Bauern, stütze die unberechtigten medialen Angriffe auf den Berufsstand. Die »Neuländer« wurden als Nestbeschmutzer*innen beschimpft.

Außerdem hatten die Macher*innen von Neuland nach Aussagen der Agrarfachberater*innen keine Sachkenntnis, was unter anderem dadurch begründet wurde:

- Mastschweine könne man im Winter nicht nach draußen lassen, sie erfrieren.
- Ferkel könnten nicht ohne antibiotisches Starterfutter überleben.
- Ohne Kastenstände für die Muttersau würden die säugenden Ferkel erdrückt werden.
- Ohne das proteinreiche Soja könnten die Hochleistungstiere nicht ausreichend gefüttert werden, sie müssten hungern.

Diese Anschuldigungen waren gänzlich unbegründet. Aber erst einmal waren Ausgrenzungen, Diffamierung oder Nichtbeachtung die Regel. Ein Dialog mit den Vertreter*innen des globalen Schweins fand nicht statt.

Neuland konnte in seinem kleinen, alternativen Markt in viele Richtungen experimentieren. Ein eigenständiges Kontrollsystem wurde errichtet und von erfahrenen Tierärzten des Tierschutzbundes streng durchgeführt, um die Glaubwürdigkeit zu gewährleisten. Besonders wichtig: Ein fester Erzeugerpreis wurde gesetzt, der sich an den Kosten der Erzeuger*innen orientierte und nicht nach Wettbewerbsfähigkeit; die Kund*innen mussten den fairen Preis zahlen oder ein Geschäft kam nicht zustande. Hilfe bei der Vermarktung durch Schlachthöfe, Viehhandel oder Wurstverarbeitern wurde gesucht, aber damals leider ohne Erfolg. Auf das Risiko von Neuland wollte sich niemand einlassen, weder die Wissenschaft noch die Politik, Erzeugerverbände nicht und auch die Fleischbranche und der Fleischhandel nicht. Dafür war die Zeit noch nicht reif. Auf sich allein gestellt, musste Neuland Schlachtung, Zerlegung, Verarbeitung und Vertrieb selbst organisieren, obwohl die Initiative sich ursprünglich nur für die tiergerechte Erzeugung zuständig fühlte. Bei der Fleischvermarktung konnte sie auf keine Erfahrungen zurückgreifen.

Ohne Eigenkapital, aber mit viel Engagement und Kreativität wurde in den folgenden Jahrzehnten die Pionierarbeit fortgesetzt, ohne aber einen durchdringenden Markterfolg zu erzielen. Das Handwerk blieb dem Konzept gegenüber weitgehend verschlossen und wenig innovationsbereit. Solange der Einzelhandel als Hauptabsatzweg für Fleisch kein Interesse erkennen ließ, verblieb Neuland in einer engen Nische. Eine breitere Verbraucherschaft lobte das Ansinnen, kaufte aber nicht die Produkte in ausreichender Menge. Das Fehlen des Markt-Know-hows und die hohen ethischen Ansprüche und Preise behinderten eine Markterweiterung. Tiefgehende Vorbehalte der Neuland-Trägerverbände gegen den Lebensmitteleinzelhandel, insbesondere gegen die Discounter und die Fleischindustrie als die eigentlichen »Verursacher des Billigfleischsystems«, sowohl in Deutschland als auch auf den Weltmärkten, führten zu einer selbstgemachten Begrenzung auf regionale und spezielle Nischen.[16] Trotzdem war das Neuland-Programm ein Stachel im Fleisch des konventionellen Schweinemarktes, denn es allein stand lange als einziges Label für eine tiergerechte Haltung.

Die Autoren Achim Spiller und Anke Zühlsdorf stellten 2018 in einem Gutachten fest: »Seit mindestens 30 Jahren (Gründung von Neuland 1988) wird in Deutschland über die Einführung einer Tierschutzkennzeichnung diskutiert, lange Jahre ohne jeden erkennbaren Fortschritt.«[17] Ihrer Meinung nach beginnen die Meilensteine der Diskussion um ein Tierschutzlabel für Fleischprodukte in Deutschland mit der Einführung des Neuland-Labels. Erst

2013 entstand ein weiteres Label, nämlich das des Deutschen Tierschutzbundes (ein Träger von Neuland): »Für mehr Tierschutz«; das erfolgte 25 Jahre nach der Neuland-Gründung.[18] Die Premiumstufe dieses zweigleisigen Labels fußt weitgehend auf den Neuland- Kriterien.

Wirtschaftlich eher eine Randerscheinung, hat das alternative Schwein politisch und gesellschaftlich in den letzten 5 Jahren einen rasanten Auftrieb erlebt. Alle wichtigen Perspektivdiskussionen der Schweineerzeugung in Deutschland, ob in der Änderung der Nutztierhaltungsverordnungen, in der Frage der nationalen und EU-Förderung, der zu ändernden Gesetzgebung (Baurecht, Immissionsschutzrecht, Genehmigungsverfahren), der EU-Tierkennzeichnung und der Marktdifferenzierung drehen sich um die Frage, wie anders als heute könnte die Schweinehaltung und -vermarktung in 10 oder 20 Jahren aussehen. Dass ein Umbau der Tierhaltung – einschließlich eines Abbaus von Tierbeständen – nicht mehr aufzuhalten, sondern allenfalls durch die Agrar- und Fleischlobby zu verzögern ist, wird sich bereits in der nächsten Legislaturperiode zeigen; die notwendigen Anpassungen der Schweinewirtschaft an überfällige Klimaschutzgesetze macht die Diskussion noch dringlicher.

Jetzt macht auch noch der Handel Politik

Endgültig zum Durchbruch kam die Diskussion um das Tierwohl bei der Fleischerzeugung durch die Ankündigung des Discount-Branchenführers Aldi im Juni 2021. Darin versprach Aldi bis 2025 kein Frischfleisch mehr zu verkaufen, das nur dem niedrigen, gegenwärtig gesetzlichen Tierwohlstandard (Stufe 1) entspricht. Aldi will weit darüber hinausgehen. Ab 2026 soll ein Drittel und ab 2030 das gesamte von Aldi verkaufte Frischfleisch von Tieren aus Außenstall- beziehungsweise Auslaufhaltung oder Biozertifizierung (Stufe 3 oder 4) stammen. Bei verarbeiteter Wurstware gab es kein so ausschließliches »Tierwohlversprechen«, aber auch hier die Ankündigung eines ernsthaften Bemühens zur Umstellung.

Weil sofort alle wichtigen Wettbewerber wie Lidl, Kaufland, in Teilen auch Rewe und Edeka, mit ähnlichen Ankündigungen nachzogen, wird sich die gesamte Fleischbranche auf geänderte Spielregeln im Inland einrichten müssen. Die Schweine- und Fleischlobby wurden von der Discounter-Abkehr vom Billigfleisch überrascht. Auch die erstaunte damalige Agrarministerin Julia Klöckner warnte Aldi vor einem Werbegag. Ausgerechnet der Marktführer im Discountersegment, mit seinen Preisaktionen und -kämpfen jahrzehntelang der Inbegriff des billigen Fleisches, spricht sich nun offen und mit klaren Zeitzielen für differenzierte Marktsegmente und alternative Tierhaltungsformen aus. Marktbeobachter*innen sprechen von einer Sensation oder vom »Hammer« (Lebensmittelzeitung). Aber allen ist klar, dass damit eine klare (und nicht rückholbare) Botschaft für ein Nebeneinander verschiedenartiger Tierhaltungsformen gesetzt ist.

Infolge erarbeitete das Thünen-Institut (ehemalige Bundesforschungsanstalt für Landwirtschaft) für das Bundesministerium für Ernährung und Landwirtschaft eine »Einschätzung zu den Aktivitäten des LEH (Lebensmitteleinzelhandel) beim Fleischsortiment«.[19] Neben der Frage nach der Lieferfähigkeit der Landwirt*innen und den Auswirkungen auf die Agrarstrukturen untersuchten sie vor allem die Auswirkungen auf die Ausfuhren beziehungsweise die internationale Wettbewerbsfähigkeit der deutschen Schweineproduktion, die besonders exportgetrieben ist und globale Kostenführerschaft anstrebt. Während die »edlen Teilstücke« wie Koteletts oder Filets noch importiert werden, die mittelwertigen Teile wie Schultern, Nacken, Rippen und magere Bäuche zu Wurst verarbeitet werden, muss etwa ein Drittel des Schweins, besonders die speckhaltigen Teilstücke und die Nebenprodukte, exportiert werden, um sie entsprechend In-Wert zu setzen (siehe Kapitel 4). Die Wissenschaftler*innen kamen zu dem Ergebnis, dass die Exportfleischteile des »Tierschutzfleisches« in China/Ostasien, dem wichtigsten Drittlandsmarkt der EU, ein Potenzial von »(fast) gleich null« haben. Dort sei das Konsument*inneninteresse für Tierwohlbelange unterentwickelt. Auch für Polen und Italien als Beispiele des EU-Binnenmarktes seien »erhebliche Hürden zu erwarten, deutsches Tierwohlfleisch zu etablieren.«[20] Die zu erwartenden Exportausfälle müssten preislich ausgeglichen werden, ohne dabei den heimischen Konsummarkt zu überfordern.

Es spricht daher viel dafür, dass sich in den nächsten Jahren der Schweinemarkt spalten wird und mehrere Systeme und Label-Stufen nebeneinander existieren werden. Dann wird sich auch zeigen, welche Bedeutung die Pionier*innen des bisherigen alternativen Schweins im Umbau der gesamten Tierhaltung gewinnen werden. Inwieweit dieses »tierwohlorientierte Schweinesystem« tatsächlich – und in welchem Ausmaß – eine Alternative und/oder eine Ergänzung zum »globalen Schwein« sein wird, werden die nächsten Jahre zeigen.[21] Der Export als immanenter Treiber der Entwicklung mit seinem Credo der weltweiten Kostenführerschaft wird durch das Tierwohlsystem mit den differenzierten Erzeugungs- und Vermarktungsmerkmalen eine Konkurrenz bekommen. Es ist keine Prophetie vorherzusehen, dass sich mindestens in Deutschland die Konsumnachfrage und die Tierhaltung stark verändern werden. Das ehemals kleine alternative Schweinesystem wird aus der Nische heraustreten und eine wirkliche gesellschaftliche und ökonomische Alternative neben dem globalen Schwein bilden können.

Eine große Anzahl von kleinen, engagierten Initiativen versucht in dem vermachteten System der deutschen und internationalen Schweinewirtschaft zu überleben. Sie suchen und haben auch tatsächlich vereinzelt ihre Marktnischen gefunden, indem sie irgendetwas »anders« machen, anstatt dem globalen Schwein hinterherzulaufen. Die Tierhaltung unter den Bedingungen der biologischen Landwirtschaft und Neuland sind aber mehr als singuläre Korrekturen an der einen oder anderen Stelle: Sie bieten eine Alternative zur ganzen Wertschöpfungskette. Bisher allerdings nur mit bescheidenen kommerziellen Erfolgen. Doch ihr Einfluss auf das gesellschaftliche Bewusstsein und die politische Debatte weist weit über ihre ökonomische Bedeutung hinaus. Das Tier als Geschöpf und nicht nur als möglichst billiger Fleischlieferant kommt wieder in den Blick. Das alternative Schwein bekommt Auftrieb aus gänzlich unerwarteter Ecke: dem Lebensmitteleinzelhandel.

Kapitel 12

Das kulinarische Schwein
Wie man es wieder essen kann

(Heiko Brath)

»Sein Leben mag's im Dreck vertrödeln,
Man liebt das Schwein mit Kraut und Knödeln
Und Schinken etwa in Burgunder
Verehren wir als wahres Wunder.«[1]
Eugen Roth

»Schweinefleisch mag ich nicht!«
»Schwein in einem Sternerestaurant? Das geht gar nicht!«
»Schwein? Esse ich schon lange nicht mehr!«

Solche und ähnliche Sprüche sind nicht selten. Oftmals zurecht, da die Haltungsbedingungen und die daraus resultierenden Qualitäten des Borstenviehfleisches in den letzten Jahrzehnten auch viel zu wünschen übrigließen. Doch es geht auch anders. Davon berichtet Metzgermeister Heiko Brath.

Oft ist Schweinefleisch von minderer Qualität. Das Fleisch ist beispielsweise häufig »nass, weich und wässrig«, oder – wie es auf fachchinesisch heißt – »PSE« (für pale – soft – exudative). Diese Eigenschaften einer schlechten Fleischqualität sind die wahrnehmbaren Eigenschaften des Fleisches, das meist durch Kombination aus Stress und Überzüchtung entstanden ist. Oft kommt auch das Fett eher wabbelig daher, anstatt kernig zu sein. Das Magerfleisch ist zudem entweder weitestgehend geschmacklos oder schmeckt tatsächlich sogar nach »Stall« und besitzt insgesamt eine Textur, die dem Schwein als Genussmittel nicht unbedingt zuträglich ist.

Doch muss das so sein? Nein! Gutes Fleisch sollte eine kernige Haptik (Greifbarkeit) mit zartem Biss besitzen, und der Speck sollte auch nicht weich und wabbelig sein, sondern kernig und geschmackvoll. Gott sei Dank gibt es diese sehr schlechten Qualitäten nur noch selten. Jedoch haben sich die Vorurteile gegen das Schweinefleisch in den Köpfen vieler Gäste und Verbraucher*innen über Jahrzehnte so eingebrannt. Um das zu verändern ist es wichtig, über die Qualität des Fleisches, die Haltungsbedingungen der Tiere und über die Vielfalt der Zubereitungsmöglichkeiten aufzuklären und darüber zu kommunizieren.

Haben wir aber Fleisch von Schweinen, die nicht zu der Gattung der »Turbo-Stress-Massen-Schweine« gehören[2], kann es eine außerordentliche Delikatesse sein, sofern es richtig zubereitet wird. Dazu gehört natürlich zuvor auch die entsprechende Auswahl des Fleisches und seine gute Reifung durch die Metzger*innen. Die Teilstücke müssen ihrer jeweiligen Verwendung entsprechend zugeordnet werden, und ihnen muss dementsprechend die passende Reifezeit zuteil kommen.

Die Reifung – auch Abhängen genannt – ist bei vielen Zubereitungsformen entscheidend. Fleisch wird bald nach der Schlachtung zäh und hat dann wenig Geschmack. Erst durch eine fachgerechte Lagerung und Reifung wird es zart, aromatisch und bekömmlich. Hinreichend lang gereiftes Fleisch hat eine größere Wasserbindungsfähigkeit, es gart schneller und bleibt saftig. Je edler die Zubereitungsform, umso länger sollte die Reifezeit sein. Fleisch, das zum Beispiel zum Kochen als Kesselfleisch verwendet werden soll, kann unmittelbar nach der Schlachtung in den Kessel, während Steakfleisch aus dem Nacken gerne auch eine ganze Woche reifen darf.

In diesem Zusammenhang sind wir als engagierte Metzger*innen echte Vorreiter*innen einer ganzen Branche. Als Mitglied des JRE-Genussnetzes (siehe Infokasten auf S. 293) bin ich mit meiner Metzgerei schon vor einigen Jahren auf die Idee gekommen, Schweinefleisch nicht nur frisch zu verkaufen, sondern auch dem Vorbild des amerikanischen »Dry Aged Trends« zu folgen. In den USA begann man ganze Rinderrücken für Wochen ohne Vakuumverpackung einfach im Kühlhaus so lange reifen zu lassen, bis das Fleisch von außen trocken, dunkel, ja manchmal auch schimmelig war. So »reifte« das Fleisch zu einem bislang nicht bekannten Zartheitsgrad mit hervorragendem Aroma heran.

Die Mühen und den Aufwand der Reifung machen sich die großen Schlachthofkonzerne nicht. Hier geht es um einen möglichst schnellen Umtrieb, um Kostensenkung und Bedienung von Massenmärkten mit möglichst billigen Massenprodukten. Die hohen Kosten durch das Abtrocknen und Lagern sind in einer Fleischwirtschaft, der es wichtig erscheint, Hackfleisch im Supermarkt für 1,99 Euro pro Kilogramm verkaufen zu können, nicht tragbar. Das Metzgerhandwerk, das sich demgegenüber um die althergebrachte und gute – heute besondere – Qualität kümmern kann, gibt es streckenweise nicht mehr. Es schrumpft.

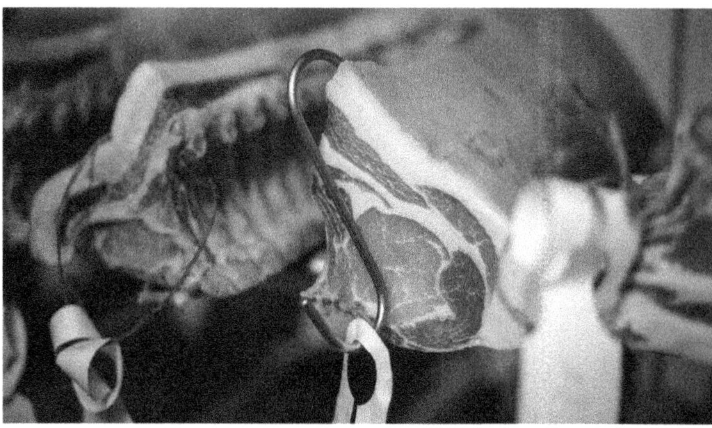

©Heiko Brath

Abb. 26: Der Schwäbisch-Hällische Schweinerücken liegt samt den Knochen und der Schwarte bei uns im Reiferaum und wartet darauf (etwa dreieinhalb bis fünf Wochen), bis er die sensorische Prüfung bestanden hat, sodass wir ihn als Dry Aged Schwein verkaufen können.

Erst nach einer Trockenreifung von etwa vier Wochen verkaufen wir unser Schweinefleisch als Dry Aged Schwein unter dem geschützten Namen »Alte Wutz®«. Dazu werden Schweinerücken mit Knochen und einer circa 2 bis 3 Zentimeter dicken Speckschicht beziehungsweise Schwarte für rund einen Monat in einem speziellen »Reiferaum« aufgehängt und gereift. Der Reiferaum ist ein Kühlhaus, das mithilfe von Salzblöcken die Feuchtigkeit des Fleisches reduziert. Das Ergebnis ist ein extrem angenehmes, aromatisches, nussig schmeckendes Fleisch mit kernigem Speck und – bei richtiger Zubereitung – mit einer überragenden Saftigkeit. Ideal ist die Zubereitung bei 52 bis 58 Grad Celsius Kerntemperatur, dann erhält man am Schluss ein schönes Röstaroma.

Trotz der langen Reifezeit ist das Fleisch in puncto Keimgehalt dem des ganz frischen Fleisches gleichzustellen! Genau dieses Fleisch hat es dann doch auch wieder als Schweinefleisch in die Küchen vieler Sterneköche und in die Pfannen herausragender Küchenchefs geschafft. Denn es ist Schweinefleisch, das plötzlich so ganz anders schmeckt. Vielleicht ein bisschen wie früher. Mit Geschmack, mit Biss, mit zartem Schmelz. Für viele kommt es sehr überraschend, dass Schweinefleisch überhaupt in diesen Dimensionen an Geschmack gewinnen kann.

Der Name »Alte Wutz« ist übrigens vom Kosenamen des Borstentiers, der Wutz, und der langen Reifezeit (»altes« Fleisch) abgeleitet worden. Der Name ist patentrechtlich durch uns geschützt. Natürlich hat dieses Fleisch auch seinen Preis, hat es doch während seiner Reifezeit rund 30 Prozent an Gewicht verloren, aber auch gleichzeitig 100 Prozent an Geschmack gewonnen. Das Credo sollte heißen: »Lieber weniger und seltener, dafür immer ›was Gscheit's‹«.

Für die Alte Wutz benutzen wir ausschließlich Qualitätsfleisch des Schwäbisch-Hällischen Landschweins der Bäuerlichen Erzeugergemeinschaft Schwäbisch Hall (BESH). Die Schweine werden dort ohne Medikamente aufgezogen und wachsen ohne Hormone oder Leistungsförderer heran. Das Futter ist gentechnikfrei und aus Europa (von der Firma Donausoja). Mit möglichst kurzen Wegen werden die Tiere zur eigenen Schlachtstätte transportiert und dort sorgsam und möglichst angstfrei geschlachtet. Es sind Tiere, die mehr Zeit zum Wachsen und mehr Platz hatten. Dank der besonderen Haltung können wir auch unsere besondere Fleischqualität erreichen.

Netzwerke des »guten Geschmacks«, die auch das leckere Schwein zu schätzen wissen

JRE-Genussnetz (Jeunes Restaurateurs)

JRE ist eine Vereinigung junger Restaurantbetreiber, die ihr Talent und ihre Leidenschaft mit ähnlich denkenden Leuten teilen möchten. Das sind über 350 Restaurants und 160 Hotels, verteilt auf 15 Länder. Die JRE-Chefs kombinieren höchstes Kochtalent mit ihrer Leidenschaft für europäische Küche sowie lokale Produkte und Traditionen. Ihre Leitsprüche sind:

WIR BEMÜHEN UNS MEHR

- um die Zutaten und ihre Herkunft,
- um Nachhaltigkeit,
- um den Erhalt der biologischen Vielfalt.

WIR BLEIBEN UNS SELBST TREU

- Wir pflegen durch moderne Zubereitung unser kulturelles Erbe.
- Wir respektieren und fördern die kulinarischen Identitäten und Traditionen der ganzen Welt.
- Wir bewahren das »Terroir«.

Nose to Tail – The Whole Beast

Die Idee geht auf ein Buch von Fergus Henderson aus dem Jahr 2012 zurück, in dem es darum geht, jedes Teil eines geschlachteten Tieres – von der Nase bis zum Schwanz – in der Küche zu verwerten.[3] Die verlorengegangenen Fertigkeiten sollen wiederbelebt werden. Es handelt sich mehr um einen Trend als um ein festes Netzwerk, propagiert etwa von der Verbraucherzentrale NRW, dem NABU oder Slow Food.[4]

Slow Food

Slow Food ist eine weltweite Bewegung, die sich für ein sozial und ökologisch verantwortungsvolles Lebensmittelsystem einsetzt, welches die biokulturelle Vielfalt und das Tierwohl schützt. International ist der Verein in 170 Ländern mit diversen Projekten, Kampagnen und Veranstaltungen aktiv. Mit praxisorientierter Bildungsarbeit stellt Slow Food die Ernährungskompetenz in Deutschland auf sichere Beine. Slow Food Deutschland zählt über 85 lokale Gruppen. Der Verein engagiert sich weltweit für eine Kultur des Essens, die auf Wertschätzung, Verantwortung und Genuss basiert. In diesem Netzwerk setzen sich Menschen für ein zukunftsfähiges Lebensmittelsystem ein. Die biokulturelle und geschmackliche Vielfalt zu bewahren und unseren Lebensmitteln den Stellenwert beizumessen, der ihnen als »Mittel zum Leben« gebührt, sind dafür Grundvoraussetzungen.

Chef Alliance

Chef Alliance ist ein Netzwerk von Köchen und Köchinnen, die sich Slow Food zuordnen, und um »Echtes Essen« bemüht sind, also solches, das uns mit anderen Menschen verbindet. Was die Chef Alliance mit »echt« meint, ist ganz einfach: Dass man selbst kocht. Mit dem, was wächst, mit dem, was auch bezahlbar ist, und mit Produkten von hier, die auch unsere Urgroßmutter als Lebensmittel erkannt hätte. Jeden Tag neu. Das ist gut, sauber und fair.

Einhergehend mit vielen guten regionalen landwirtschaftlichen Konzepten schwappte der Hype um das wohlklingende Iberico-Schwein aus Spanien in den letzten beiden Jahrzenten nach Deutschland über. Motiviert durch den Erfolg des spanischen Fleisches begannen viele Bauern und Bäuerinnen sich auch in Deutschland wieder mehr auf die ursprünglichen Haltungsmethoden und Rassen zu konzentrieren, die durchaus wieder etwas mehr Fett generieren und dadurch nach der Schlachtung schmackhafter sind. Heute gibt es kaum noch einen Feinkostladen oder Gourmettempel, der kein Presa (leckeres Nackenstück) oder Secreto (Muskelstück zwischen Rückenspeck und Schweinenacken) vom iberischen Vierbeiner anbietet. Ich muss gestehen, dass echtes Iberico-Fleisch mit seiner typischen Marmorierung, seinem saftigen Fleisch und seinem kernigen Speck schon eine absolute Delikatesse ist. Da ich selbst aber ein großer Fan der Regionalität bin, habe ich meine Leidenschaft dem Schwäbisch-Hällischen Schwein gewidmet (siehe Kapitel 9).

Nicht nur, dass wir ausschließlich das Schweinefleisch der Schwäbisch-Hällischen Erzeugergemeinschaft verkaufen, sondern auch die Verarbeitung und die Zubereitung des *kompletten* Tieres begeistern mich. Dazu muss nicht an jedem Tag und zu jeder Mahlzeit Fleisch auf den Tisch – aber wenn, dann von Tieren, die nicht gequält wurden und die aus Respekt vor dem Tier auch möglichst komplett verwertet werden.

Das sogenannte fünfte Viertel kommt da ins Spiel, in Italien liebevoll »il quinto quarto« genannt. Es handelt es sich um die Schlachtnebenprodukte. Das sind die Teile des Tieres, die hierzulande nicht oder nur selten an den Theken der Metzgereien und Feinkostläden zu haben sind, wie Füßchen, Ohren, Herz, Niere, Knochen, Leber, und so weiter. Doch wieso eigentlich werden sie hierzulande nicht mehr verwertet? Alle Fleischliebhaber*innen, die einmal eine richtig gute Sauce aus Schweineknochen, Füßchen und Schwänzchen zubereitet bekommen oder eine sogenannte Tonkotsu-Ramen Suppe beim Asiaten gegessen haben, werden wissen, welch unglaublich toller Geschmack aus gerade diesen Teilen herauszuholen ist. Leber Berliner Art, Saure Nierchen und gewoktes Schweineherz sind nur einige sehr leckere Ideen, die man aus den Nebenprodukten zaubern kann.

Leider werden die meisten dieser Nebenprodukte ins Ausland, insbesondere nach Asien, exportiert, da es bei uns kaum noch Abnehmer dafür gibt. Es wäre schön, wenn wir wieder den Kreislauf der kompletten Verwertung regional herstellen könnten. Doch dazu müssten wir auch wieder bereit sein, genau diese Produkte zu kochen, zu verarbeiten und zu genießen. Simon Tress, bekannter Koch des Biohotels »Zur Rose« von der Schwäbischen Alb in Haygingen, sagt dazu:

> »Ganzheitliches Kochen setzt mehr Wissen, Erfahrung und Fingerspitzengefühl voraus, als es braucht, um ein Schnitzel zuzubereiten. Je ›unedler‹ ein Stück ist, desto größer sind Aufwand und Zeit, die es kostet, daraus eine genussvolle Mahlzeit zu bereiten. Weiß man beispielsweise um die richtige Garme-

thode für Schweinsbäckchen, die vor Bindegewebe nur so strotzen, wird daraus eine Delikatesse mit zartem Schmelz und unvergleichbarem Aroma – weiß man es nicht, ist es nur ein fades Stück Schuhsohle.«

Im Übrigen ist es gar nicht so schwer, Innereien zuzubereiten. Gerade in alten Kochbüchern finden sich dazu jede Menge Rezepte, die dann meist auch mit sehr wenigen Zutaten auskommen. Leberknödel, Leberspätzle, Leberwurst, Leberkäse – es gibt so viel Schmackhaftes, was man daraus machen kann, wenn man nur möchte und man es auch wieder »en vogue« hinbekäme. Es wäre ein wichtiger Schritt, um wieder Tiere im Ganzen, also von »nose to tail« zu verwerten. In Berlin entstand das Restaurant »Herz und Niere«, das sich genau und ausschließlich um dieses Thema kümmert. Leider sind noch sehr wenige Restaurants und deren Küchenchefs so mutig, wieder Innereien und andere Nebenprodukte als Selbstverständlichkeit auf die Karte zu nehmen.

Da fragt es sich, wie Otto-Normal-Verbraucher*in an entsprechendes Fleisch und entsprechende Tierteile herankommen kann, denn Schweineherzen oder Schweinekopf mit Bäckchen, die in den folgenden beiden Rezepten verarbeitet werden, sind nicht im Supermarkt erhältlich. Man muss schon eine*n Metzger*in des Vertrauens aufsuchen, der/die selbst schlachtet oder einen direkten Bezug zu einer Schlachtquelle hat. Leider haben heute viele kleine Metzger*innen in der Stadt keine eigenen Schlachtmöglichkeiten mehr. Eine mögliche Bezugsquelle wäre immer noch das Internet, zum Beispiel beim Onlinevertrieb der BESH (https://www.shop.besh.de/).

Um einen kleinen Beitrag zum regionalen Erhalt des fünften Viertels zu leisten, gebe ich noch zwei meiner Rezepte dazu preis. Nichts Gewöhnliches, dafür aber etwas außergewöhnlich Gutes!

Geschmortes Schweineherz

Zutaten:

- 1 Schweineherz, gut gewaschen
- 50 g rote Zwiebeln, gehackt
- 1 cm Ingwer, geschnitten
- etwas Chili, gehackt
- Rapsöl und Sesamöl zum Anbraten
- 1 EL Teriyakisauce
- 3 EL Hühnerbrühe
- 1 EL Sushiessig
- 1 EL Mirin
- Salz
- Pfeffer
- 50 g Radieschen, gehackt
- 50 g Frühlingszwiebeln, geschnitten

Zubereitung:

Das Schweineherz gut wässern und die Blutgefäße gut durchspülen. In einen Topf legen und mit Brühe übergießen. 3 Stunden sanft köcheln lassen. Danach Brühe abkühlen lassen und Schweineherz in kaltem Wasser auskühlen lassen. Das Herz aus dem Wasser nehmen, die dicken Venen und Arterien an der Oberseite und eventuelle Blutreste entfernen und Herz in dünne Streifen schneiden.

Sesamöl und Rapsöl erhitzen und die Herzstreifen und Zwiebeln darin anbraten. Ingwer und Chili dazugeben.

Mit Teriyakisauce, Hühnerbrühe, Sushiessig und Mirin ablöschen und ein wenig bei milder Hitze einreduzieren lassen.

Mit Salz und Pfeffer abschmecken und die Frühlingszwiebeln und Radieschen noch circa 1 Minute mitköcheln lassen

Schweinskopfscarpaccio

Zutaten:

- 1 Schweinekopf mit Bäckchen
- 1 Schweinehaxe mit Schwarte und Knochen
- 90 g Pökelsalz
- Olivenöl
- Barriquebalsam
- Schwarzer Pfeffer
- Kresse, nach Belieben
- Feldsalat, nach Belieben
- Zwiebeln, nach Belieben

Zubereitung:

Aus Pökelsalz und 910 ml Wasser eine Pökellake herstellen. Den Schweinekopf und die Haxe darin etwa 8 bis 10 Tage bei maximal 7 °C im Kühlschrank pökeln. Dabei darauf achten, dass das Fleisch abgedeckt ist.

Aus dem Kühlschrank nehmen und bei ca. 90 °C, also knapp unter dem Siedepunkt, etwa 2 Stunden mit Wasser bedeckt köcheln lassen.

Wenn sich die Schwarte einfach eindrücken lässt und sich der Knochen leicht vom Fleisch löst, Fleisch aus dem Wasser nehmen.

Knochen, Augen, blutige Stellen und Knorpel entfernen und alles zusammen entweder in eine Form pressen oder in Cellophanfolie einschlagen, in ein Tuch einschlagen und mit einem Bindfaden stramm umwickeln. Mindestens 1 Tag im Kühlschrank durchkühlen lassen.

Fleisch aus dem Kühlschrank nehmen, hauchdünn aufschneiden und mit Olivenöl, Barriquebalsam und schwarzem Pfeffer würzen. Nach Belieben Kresse, Feldsalat, Zwiebeln oder Ähnliches beigeben.

Die industrialisierte Massentierhaltung, die globale Fleischwirtschaft, die Preisdrückerei der Supermarktkonzerne mit den billigen Lockangeboten bei Fleisch und der schlechte Geschmack der Verbraucher*innen mit ihrer Tendenz zur Schnäppchenjagd haben unsere Schweine-Esskultur verkommen lassen. Diese Kettenglieder, die ineinandergreifen, sind nur durch eine ganz neue Kette zu ersetzen. Dabei spielt der Rückgriff auf altes Wissen, lokale Strukturen, handwerkliches Können und Elemente des lokalen Schweins auf allen Ebenen eine Rolle: bei der Zucht, der Haltung, der Schlachtung, den Metzger*innen, der Zubereitung und den Rezepten. Es wird für jeden Beteiligten komplizierter, aber auch befriedigender.

Nachwort

Nun sind wir durch alle unterschiedlichen Systeme der Nutzung des Schweins gegangen. Wir haben gesehen, dass die Welt der Schweinewirtschaft vielseitig ist: Sie ist nicht nur die des »Pig Business«, also die einer globalisierten, industriellen Haltung des Tieres und der Verarbeitung seines Fleisches in fabrikmäßigen Schlachtereien und Fleischfabriken durch Konzerne. Es gibt auch immer noch Hausschweine, zum Beispiel in so manchen Ländern Asiens, des pazifischen Raums, Brasilien und der Karibik, mancherorts ist diese Haltungsform sogar dominierend. Das »lokale Schwein« ist zwar auf dem Rückzug, weil es in einer ihm feindlich gesinnten ökonomischen Umwelt um das Überleben kämpft, aber es ist kaum kleinzukriegen.

Der Unterschied zwischen dem lokalen Schwein und dem globalen Schwein ist weit mehr als nur eine Frage nach der Größenordnung der Betriebe, der Modernität der Technologien oder des räumlichen Wirkungsgebietes. Es handelt sich um zwei unterschiedliche Systeme, die in ihrer ganzen Ausrichtung von vorne herein einem anderen Zweck dienen, hinter denen eine andere Gesinnung steckt und andere gesellschaftliche Bedingungen. Das lokale Schwein ist keineswegs begrenzt auf vorkapitalistische Gesellschaften und indigene Kulturen; solange es Armut und Ausgrenzung auf dem Lande gibt, solange leben Menschen mit ihrem Hausschwein in enger Verbindung. Es ist die Domäne der Frauen, verhilft ihnen zu einer unabhängigen Lebensgrundlage, versorgt das Land und die Nachbarschaften mit tierischen Produkten und begründet reziproke Beziehungen.

Zwischen dem lokalen und dem globalen Schwein hat sich ein modernisierter Sektor etabliert, eine Übergangsstufe, den wir »das bäuerliche Schwein« nennen. Auch dieses kämpft verzweifelt ums Überleben, aber in einer anderen Liga, auf einer hochkommerzialisierten Stufe. Das bäuerliche Schwein ist in große Abhängigkeit geraten vom globalen Schwein und nähert sich in seinen Merkmalen immer mehr den konzernbetriebenen Großbetrieben an.

Die Konzerne des globalen Schweins sind riesig, werden immer mächtiger, haben auf nationaler Ebene oft vorherrschenden Einfluss, aber nicht allein, sondern meist als Oligopol; sie agieren international, es gibt gewisse Anfänge von internationalen Konzernverschachtelungen, aber noch kann man nicht von einer weltmarktbeherrschenden Konzentration durch ein Schweineimperium sprechen. Die Konzerne der Schwellenländer, vor allem Chinas, Brasiliens und Thailands drängen zunehmend in die Führerschaft. Das globale Schwein als »Pig Business« übernimmt. Sein Lebenselixier ist Konzentration: die Ausschöpfung der Betriebsgrößenvorteile bei allen Gliedern der Wertschöpfungskette. Die USA machen es vor, aber die größte Schweinewirtschaft der Welt ist die chinesische: China geht jetzt voran und bestimmt die globale Schweinezukunft.

Das System der weltmarktgetriebenen Konkurrenz hat die Ausbeutung des lebendigen Schweinekörpers stark vorangetrieben. Folge davon sind die Qualen, die die Tiere in den Ställen erleiden, und die fehlende Rücksichtnahme auf ihr Wohl. Die globalen Futtermittelmärkte, Haltungstechnologien und Schlachtmethoden haben dazu geführt, dass das, was dem globalen Schwein passiert, überall geschieht: ausgeräumte Landschaften, ausgedehnte Monokulturen an Getreide und Ölsaaten, internationale Futterbeschaffung, eingeschlossene leidende Tiere, ausgemergelte Arbeitskräfte, Güllelagunen, verschmutztes Grundwasser, Gefährdung des Weltklimas und leidvolle lange Tiertransporte.

Doch es regt sich Widerstand, zumindest in unseren Breiten: Die Verbraucher*innen schrecken vor Billigfleisch zurück. Alternative Ansätze der Schweinewirtschaft keimen auf und machen vor, dass es auch anders geht. Zuerst noch sehr singulär mit Reformen an gewissen Einzelmerkmalen, also noch Marktnischen, aber zunehmend tonangebend in der öffentlichen Debatte über die Zukunft der Schweinewirtschaft. Der Trend wird verbal von der Politik aufgegriffen, kommt im Koalitionsvertrag der neuen Bundesregierung in Form einer verbindlichen Tierhaltungskennzeichnung auf, die auch finanziell gefördert werden soll, und folgt damit den Vorgaben, die die großen Supermarktketten – angeführt von einer Initiative von Aldi – überraschenderweise im Sommer 2021 herausgegeben haben.

Das globale System kennt keine Gewinner: Die Kleinbauern und -bäuerinnen und Metzger*innen werden herausgedrängt und verschwinden, die Schlachthäuser bekämpfen sich bis aufs Messer und wirtschaften an ihrer Grenze, die Verbraucher*innen akzeptieren das Schweinesystem immer weniger und der internationale Wettbewerb erlaubt keinen politischen Spielraum. Die Krisen zeigen, dass billige Nahrungsmittel in Wirklichkeit unheimlich teuer sind. Schließlich kommt ein überzogenes System der Globalisierung tierischer Geschöpfe ins Straucheln.

Mit unserer Analyse stehen wir nicht allein da. Auch die handwerklichen Metzger*innen haben sich ähnlich geäußert:

Der Fleischerverband hat im Vorfeld der Bundestagswahlen 2021 die Sachlage auf den Piunkt gebracht

»Seit Jahrzehnten zeigt sich in der Wirtschaft eine fortschreitende Entwicklung der Konzentration und Internationalisierung. Insbesondere der weltweite Handel bringt durchaus Vorteile, ein guter Teil des Wohlstandes gründet darauf. Die letzten Monate haben aber drastisch vor Augen geführt, dass hier auch gewaltige Gefahren liegen. Es entstehen viele unkalkulierbare Abhängigkeiten: Störungen des Welthandels gefährden die Versorgung mit wichtigen Gütern, wenn man auf Lieferungen aus dem Ausland angewiesen ist. Umgekehrt gerät der nationale Markt aus dem Gleichgewicht, wenn der Erfolg vorwiegend im Export gesucht wurde.

Solche Entwicklungen zeigen sich auch im Bereich Fleischerzeugung und -vermarktung. Viel zu einseitig wurde in den letzten

Jahren eine Exportorientierung forciert, die mit einer rasanten Industrialisierung in der Land- und Ernährungswirtschaft einherging. Gestützt wurde diese Entwicklung durch eine fehlgeleitete staatliche Förderung.

Das Fleischerhandwerk fordert deshalb ein Umdenken in der Politik, was die Einflussnahme auf Land- und Ernährungswirtschaft angeht. Sowohl in der Förderung als auch in konkreten Gesetzgebungsverfahren muss weniger industriell und global gedacht und gehandelt werden, sondern viel mehr kleinstrukturiert und regional. Es darf nicht beim Bekenntnis zu Handwerk und Region bleiben, die Politik muss sich an diesen Erfordernissen ausrichten.«[1]

Wenigstens in Deutschland ist Land in Sicht. Viele Verbraucher*innen, die sich vom Billigfleisch abgekehrt haben, suchen Schweinefleisch, das man mit gutem Gewissen und Geschmack wieder essen kann. Das Tierwohl fängt an marktrelevant zu werden. Was viele kleine Initiativen von Bauern und Bäuerinnen sowie Metzger*innen in Solidarität mit der Zivilgesellschaft vorgemacht haben, zeigt den großen Playern den Weg.

Nun wünschen wir Ihnen guten Appetit beim Verzehr des »kulinarischen Schweins«.

Anmerkungen

VORWORT

1 O. V.: 96 Prozent aller Schweine stehen auf Spaltenboden.

KAPITEL 1

1 Benn, Gottfried, zitiert nach: Macho: Arme Schweine.

2 Benecke: Der Mensch und seine Haustiere.

3 Weber: Die älteste figürliche Darstellung der Welt zeigt ein Schwein.

4 Benecke: Der Mensch und seine Haustiere.

5 Tausende von Jahren später, als die Europäer nach China kamen, fanden sie heraus, dass das chinesische Schwein dem europäischen weit überlegen war: Die Sau gab mehr Ferkel und der Fleischansatz ging schneller. Sie haben es in die eigenen Schweine eingekreuzt. Jetzt ist es Bestandteil aller modernen Schweinerassen. In den jetzigen modernen Schweinerassen lässt sich die Spur zum chinesischen Erbgut heute noch zurückverfolgen (siehe unter anderem Lander/Schneider/Brunson: A History of Pigs in China).

6 Das Gehirn sei um ein Drittel geschrumpft. Lander/Schneider/Brunson: A History of Pigs in China.

7 Darunter versteht man vor allem das Selektieren und Absondern einer Auswahl der Wildpopulation über viele Generationen hinweg, und ihre Anpassung an Haltungsbedingungen, Fütterung und gelenkte Vermehrung durch den Menschen. Die Menschen wählten gezielt nur solche Spezies aus, die ihren Vorstellungen entsprachen, und pflanzten sie fort.

8 Das *Sus scrofa* ist eine unter fünf weiteren Wildschweinspezies. Die fünf weiteren wurden allerdings nicht weiter zur Domestizierung verfolgt. Siehe Payne: An Introduction to Animal Husbandry in the Tropics.

9 Wuketit: Schwein und Mensch.

10 Harris: Wohlgeschmack und Widerwillen.

11 Albarella et al.: Pigs and Humans.

12 Dannenberg: Schwein haben.

13 Macho: Schweine.

14 Albrecht/IAASTD: Weltagrarbericht.

15 Harris: Wohlgeschmack und Widerwillen.

16 Dinter: Schweine in Papua.

17 Die Bibel nach der Übersetzung Martin Luthers, Stuttgart 1985, Lev 11, 3–8.

18 Lutherbibel, Mt 7, 6.

19 Lutherbibel, Mt 8, 32.

20 EKD: Nutztier und Mitgeschöpf; siehe auch Harari: Homo Deus.
21 Harris: Wohlgeschmack und Widerwillen.
22 Albrecht/IAASTD: Weltagrarbericht.
23 Solhdju: Wie verhext!
24 Payne: An Introduction to Animal Husbandry in the Tropics.
25 Precht: Tiere denken.
26 Macho: Arme Schweine.
27 Macho: Schweine.
28 Beyer: Die Sau rausgelassen.
29 Orwell: Farm der Tiere.
30 Busch: Der heilige Antonius von Padua.
31 Montgomery: Das herzensgute Schwein.
32 Nissenson/Jonas: Das allgegenwärtige Schwein.
33 Beyer: Die Sau rausgelassen.
34 Soboth: 2019 – Jahr des Schweins.
35 EKD: Nutztier und Mitgeschöpf.
36 Einige moderne Schweinerassen sind auch begrenzt behaart und haben andere Färbungen. Das Trio der erfolgreichsten modernen Rassen Duroc, Landrasse und Yorckshire (DLY) hat jedenfalls nur wenige Borsten.
37 Bundesanstalt für Landwirtschaft und Ernährung: So leben Schweine.
38 Macho: Schweine.
39 Pollan: Das Omnivoren-Dilemma.
40 Humane Society of the US: About Pigs.
41 Das erklärt, warum es im Fall der Schließung des Schlachthofes von Tönnies zu einem sogenannten »Schweinestau« kam. Die Bauern und Bäuerinnen mussten die Schweine weiter im Stall behalten und füttern, obwohl das Futter teurer wurde als der Wertzuwachs.
42 Bayerische Landesanstalt für Landwirtschaft: Schweinemast und Ferkelerzeugung.
43 Dannenberg: Schwein haben.
44 Kromka: Die Mensch-Nutztier-Beziehung.
45 Sonst entsteht beim Eber ein geschlechtsbedingter Geruch, der vom Verbraucher abgelehnt wird. Erst in den letzten Jahren hat man aus Tierschutzgründen begonnen »intakte« Eber zu mästen. Diese müssen jedoch besonders gehalten, gefüttert und beim Schlachten auf »Ebergeruch« hin untersucht werden.
46 Payne: An Introduction to Animal Husbandry in the Tropics.
47 Fitschen/Moje: Hausschlachten.
48 Hausschlachtungen sind in Deutschland noch nicht verschwunden. Beispielsweise wurden noch 2001 allein im Landkreis Stade 716 Hausschlachtungen angemeldet mit 500 geschlachteten Schweinen. Fitschen/Moje: Hausschlachten.

49 Sillitoe: Pigs in the New Guinea Highlands.
50 Linnemann: Brüder, Bestien, Automaten.
51 Schneider: Reforming the Humble Pig.
52 Macho 2015: Schweine.
53 Meldung der Süddeutschen Zeitung: Chirurgen verbinden Schweineniere mit Mensch.
54 Langer: Forscher sprengen lebende Schweine in die Luft.
55 Carstens: Hunderte Tiere sterben jedes Jahr für Waffen-Experimente und OP-Trainings.
56 Ärzte gegen Tierversuche e.V.: Tierversuchsstatistik.
57 Deutscher Tierschutzbund: Statistiken zu Tierversuchen.

KAPITEL 2

1 In China hat sich die Einteilung etwas nach oben verschoben: »traditionell« werden hier Bestände von 2 bis 50 Schweinen genannt. Schneider: Reforming the Humble Pigs.
2 Das Grundschema entspricht der Version von Pigali/Feder: Agriculture and Rural Development in a Globalizing World. Siehe auch Rivero-Ferre/López-i-Gelats: The Role of Small-Scale Livestock Farming in Climate Change and Food Security.
3 Huynh: Pig Production in Cambodia, Laos, Philippines and Vietnam.
4 Costales: Pig Systems, Livelihood and Poverty.
5 Fleischman: Communist Pigs.
6 Fleischmann: Communist Pigs.
7 Schneider: Reforming the Humble Pig.
8 Sillitoe: Pigs in the New Guinea Highlands.
9 Watt/Michell: Pigs and Poultry in the South Pacific.
10 Albrecht/IAASTD: Weltagrarbericht– Bericht Afrika südlich der Sahara.
11 Rimkus: Welternährung, Nutztierschutz und Lebensmittelsicherheit.
12 OIE: Implementing the OIE standards – addressing regional expectations.
13 Lam/Fry/Nachman: Applying an Environmental Public Health Lens to the Industrialization of Food Animal Production in Low- and Middle-Income Countries. Die Daten beziehen sich auf alle angesprochenen Länder.
14 Hierbei handelt es sich weniger um eine als »traditionell« bezeichnete Schweinehaltung, als um eine kleinbäuerliche mit unter 100 Tieren im Betrieb. Yan: Pork remains the favourite in the Philippines.
15 Die Zahlen sind mit Vorsicht zu betrachten, denn verlässliche Statistiken über die kleinbäuerlichen Haustierbestände gibt es nicht und die Zählweise ist sehr heterogen: mal werden Kleinbauern erfasst, mal Subsistenzbauern, mal unterscheidet sich die Bestandobergrenze. Mal wird nach traditionellen

Rassen definiert, mal zählt man die Fleischmengen, mal die Tieranzahl, mal nur die Mastschweine (ohne Zuchtsauen und Ferkel).

16 Rabo-Bank, zitiert bei Schneider: Reforming the Humble Pig.

17 Wegen des intensiven Ackerbaus und der Bevölkerungsdichte in China gab es dort wohl nie eine Freilandhaltung, nur Stallhaltung.

18 Schneider: Wasting the Rural.

19 Deka et al.: Assam's Pig Subsector.

20 OECD: Agriculture, Trade and the Environment.

21 FAO: The State of World's Animal Genetic Resources for Food and Agriculture, Commission of Genetic Resources for Food and Agriculture.

22 Yang et al.: Genetic Variation and Relationships of Eighteen Chinese Indigenous Pig Breeds.

23 Payne: An Introduction to Animal Husbandry in the Tropics.

24 Albrecht/IAASTD: Weltagrarbericht.

25 Auf Englisch ASF (African Swine Fever). Wir bedienen uns der deutschen Abkürzung.

26 FAO: The State of World's Animal Genetic Resources for Food and Agriculture.

27 Lam/Fry/Nachman: Applying an Environmental Public Health Lens to the Industrialization of Food Animal Production in Low- and Middle-Income Countries; Fluit/ter Beek: ASF Accelerating a lot in Vietnam's Pig Industry.

28 Yan: Pork remains the favourite in the Philippines.

29 Seite »Kreolisches Schwein«, in: Wikipedia – Die freie Enzyklopädie. Bearbeitungsstand: 15.08.2021, 05:29 UTC [https://de.wikipedia.org/w/index.php?title=Kreolisches_Schwein&oldid=214772137].

30 Seite »Kreolisches Schwein«, in: Wikipedia – Die freie Enzyklopädie.

31 Gaertner: Whether Pigs have Wings.

32 Silva et al.: Comparative Study of Indigenous Pig Production in Vietnam and Sri Lanka; zum »Hybridschwein« siehe Kapitel 4.

33 Tiongco et al.: Contract Farming of Swine in southeast Asia.

34 Easterly: Wir retten die Welt zu Tode.

35 In Deutschland nehmen die großen Schlachthöfe nur noch volle »Züge« an, das heißt, eine Mindestanlieferung von 160 Mastschweinen.

36 Huynh: Pig Production in Cambodia, Laos, Philippines and Vietnam.

37 Delgado/Narrod/Tiongco: Implications of the Scaling-up Livestock Production in a Group of Fast-growing Developing Countries.

38 Buntzel: Gutes Essen vs. arme Erzeuger, Kapitel 21.

39 Lam/Fry/Nachman: Applying an Environmental Public Health Lens to the Industrialization of Food Animal Production in Low- and Middle-Income Countries.

40 Easterly: The Tyranny of Experts.

41 Dietze: Pigs for Prosperity; Herrero et al.: The Roles of Livestock in Developing Countries.
42 Siehe dazu zum Beispiel Tiongco et al.: Contract Farming of Swine in Southeast Asia.
43 Schneider: Reforming the Humble Pig.
44 Bauer/Gaskell: Social Representations Theory; das Konzept liegt der gesamten Modernisierungstheorie zugrunde und wird von der FAO stark propagiert.
45 Albrecht/IASSTD: Weltagrarbericht – Bericht zu Afrika südlich der Sahara.
46 Lam/Fry/Nachman: Applying an Environmental Public Health Lens to the Industrialization of Food Animal Production in Low- and Middle-Income Countries.
47 IAASTD: Agriculture at a Crowssroad.
48 Djoni/Pollung: Pig Production in Indonesia.

KAPITEL 3

1 Nissenson/Jonas (1997): Das allgegenwärtige Schwein.
2 Harris: Wohlgeschmack und Widerwillen.
3 Mies: Das Dorf und die Welt.
4 Fel/Hofer: Bäuerliche Denkweise in Wirtschaft und Haushalt.
5 Verdier: Drei Frauen.
6 Albers: Zwischen Hof, Haushalt und Familie; Meyer-Renschhausen: Hausfrauisierung der Bäuerinnen; Meyer-Renschhausen: Kleinstlandwirtschaft in der Regionalpolitik.
7 Swain: Traditionen der häuslichen Kleinlandwirtschaft in Osteuropa; Swain: Hier steht jeder auf zwei Beinen.
8 Meyer-Renschhausen/Holl: Die Wiederkehr der Gärten; Meyer-Renschhausen: Frauenbiographien in Kietz; Meyer-Renschhausen: Kleinlandwirtschaft in der Regionalpolitik.
9 Scholze-Irrlitz: Paradigma »Ländliche Gesellschaft«.

KAPITEL 4

1 Johnson: Der Selbstmord der amerikanischen Demokratie. Chalmers Johnson war US-Professor für Ökonomie und als Asienexperte CIA-Berater. Er verstarb 2010.
2 Nitzsche: Deutsches Schweinemuseum.
3 Wuketits: Schwein und Mensch.
4 Dannenberg: Schwein haben.
5 Fiedler: … und herrschet über das Vieh.
6 *Entnommen einer Schautafel des Dt. Schweinemuseums Ruhlsdorf.*
7 Keith: Kleines Thüringer Bratwurstbuch.

8 Hofmann: Landwirtschaft in Bild und Zahl

9 Dieses Verbot steht momentan wieder zur Diskussion, zumindest für die Verfütterung an Geflügel und Schweine. Die Wiederzulassung von Tiermehl zur Verfütterung wäre ein riesiger Gewinn für die Schlachthöfe und würde für die Halter bedeuten, dass sie wieder eine andere Eiweißoption zu Soja haben.

10 EG Verordnung Nr. 1069/2009 des EU-Parlaments und des Rates vom 21.10.2009.

11 BMEL: Kategorisierung von tierischen Nebenprodukten.

12 Siehe die Website der VION Food Group: https://www.vionfoodgroup.com/.

13 Sutor: Vermarktung von Schlachtnebenprodukten.

14 TopAgrar: Erholung der Schweinefleischexporte nach China.

15 Sutor: Vermarktung von Schlachtnebenprodukten.

16 Heinz: Armes Schwein – fettes Geschäft.

17 Macho: Schweine.

18 O. V.: Päpstlicher als der Papst, in: fleischwirtschaft, 13.07.2004.

19 Genesus: Global Market Report 2021.

20 BMEL-Statistik: [https://www.bmel-statistik.de/aussenhandel/tabellen-kapitel-f-und-hvi-des-statistischen-jahrbuchs/] Tab. SJT-6031300.

21 Rimkus: Welternährung, Nutztierschutz und Lebensmittelsicherheit.

22 Devendra et al.: Improvement of Livestock Production in Crop-Animal System in Rainfed Agro-ecological Zones of South-East Asia.

23 Lam/Fry/Nachman: Applying an Environmental Public-Health Lens to the Industrialization of Food Animal Production in Low- and Middle-Income Countries.

24 Rege et al.: Pro-Poor Animal Improvement and Breeding.

25 Haberer: Ethical Dilemma.

26 Hypor: About us. [https://www.hypor.com/en/about-us/]

27 Humane Society of the US: The Welfare of Animals in the Pig Industry.

28 Macho: Schweine – Ein Portrait; außerdem: Seite »Bentheimer Landschwein«, in: Wikipedia – Die freie Enzyklopädie. Bearbeitungsstand: 18.08.2021, 10:53 UTC [https://de.wikipedia.org/w/index.php?title=Bentheimer_Landschwein&oldid=214858361].

29 Schweinesperma ist nicht tiefkühlfähig, beziehungsweise nur mit unverhältnismäßigem Aufwand und deutlich reduzierter Fruchtbarkeit. Die modernen biotechnischen Methoden spielen eher für den wissenschaftlichen Austausch eine Rolle, aber nicht für die kommerzielle Schweineproduktion.

30 Karl: Leicoma, Ossi mit Schlappohren; siehe auch: Dannenberg: Schwein haben; Fleischman: Communist Pigs.

31 FAO: The State of World's Animal Genetic Resources for Food and Agriculture.

32 FAO: The State of World's Animal Genetic Resources for Food and Agriculture.

33 Der Heterosis-Effekt bezeichnet in der Tierzucht die besonders ausgeprägte Leistungsfähigkeit von Hybriden (Mischlingen), beispielsweise von Nachkommen zweier verschiedener Tierrassen, wenn die beobachtete Leistung der ersten Generation höher ist als die durchschnittliche Leistung bei den Ausgangszuchtrassen.

34 Berkhout: Traditional pork taste that has stood the test of time.

35 Die Homogenität einer Herde bedeutet eine gewisse Einheitlichkeit aller Tiere, die genetisch bedingt und stabil ist, so dass phänotypische Merkmale, die von der Herdennorm abweichen, vermieden werden. Tiere, deren Eigenschaften »ausreißen«, werden ausselektiert. Dadurch können gewisse Arbeitsgänge rationalisiert werden.

36 Lam/Fry/Nachman: Applying an Environmental Public Health Lens to the Industrialization of Food Animal Production in Low- and Middle-Income Countries.

37 IAASTD: Agriculture at a Crossroad.

38 Payne: An Introduction to Animal Husbandry in the Tropics, S. 57.

39 Siehe Vedmedica: https://www.schweinekrankheiten.de/impfkonzepte

40 Brown: Who will feed China?

41 Faostat: https://www.fao.org/faostat/en/#data/TCL

42 Im Vergleich zu China: Deutschland importierte 2019 3,6 Millionen Tonnen Soja.

43 Faostat: https://www.fao.org/faostat/en/#data/TCL

44 Amaral: Mato Grosso tem 4 dos 5 maiores Produtores do Brasil.

45 O. V.: Wie deutsche Importe die Tropenwälder zerstören.

46 Vergleiche Infobox von Paulo A. Schönardie auf S. 179.

47 O. V.: Corporations replace Peasants as the »Vanguard« of China's new Food Security Agenda.

48 Chiba u. a. (2021): Chinese companies corralling land around the world.

49 Siehe Infobox »Farmlandgrab« auf S. 137.

50 Die Schweinefleischexporte Brasiliens haben 2020 erstmals die Eine-Million-Tonnen-Grenze überschritten, was gegenüber 2019 einen Zuwachs von 37 Prozent ausmacht. Vgl. Azevedo: Brazil's pigmeat exports to top 1 Million tonnes in 2020.

51 Russland bezog viel Schweinefleisch aus Deutschland. Aber es fiel unter den Exportboykott wegen der Kriminvasion. Jetzt ist Russland selbst zum Exporteur avanciert.

52 Windhorst: Dynamic Growth Documented.

53 Amtlich angeordnetes Töten von Tieren zur Verhinderung der weiteren Ausbreitung einer Seuche.

54 FAO: Meat Market Report.

55 Verband der Fleischwirtschaft: Trotz stabilem Verzehr angespannte Lage.

56 Basierend auf Berechnung von International Trade Center IPC: https://www.trademap.org/Index.aspx.
57 FAO: http://www.fao.org/faostat/en/#data/TM
58 Buntzel/Cegbe/Nimely: To Produce or to Import?
59 Bai u. a.: China's Livestock Transition.
60 Buntzel: Die Weiße Revolution in Indien.
61 FAO: Livestock's long shadow – Environmental issues and options.
62 Herrero et al.: Livestock and greenhouse gas emission.
63 Lam et al.: Applying an Enviromental Public Health Lens.
64 Herrrero et al.: The Roles of Livestock in Developing Countries.

KAPITEL 5

1 Chamberlain: Die Grundlagen des 19. Jahrhunderts.
2 Easterly: The Tyranny of Experts.
3 Dietze: Pigs for Prosperity.
4 Dietze: Pigs for Prosperity.
5 Verband der Fleischwirtschaft: Trotz stabilem Verzehr angespannte Lage.
6 Der Special Safeguard Mechanismus ist eine Klausel im WTO-Agrarvertrag, die in handelspolitischen Notfällen in Kraft gesetzt werden kann und regelt sogenannte »Importfluten«.
7 European Federation of Food, Agriculture and Tourism Trade Unions: Fleisch auf die Rippen bringen.
8 Zum Freihandelsabkommen mit Vietnam siehe: Europäische Kommission: Vorschlag für einen Beschluss des Rates; Fleischwirtschaft: Vertrag mit Vietnam tritt in Kraft.
9 Hartmann/Fritz: Handel um jeden Preis. Der fertige Freihandelsvertrag ist politisch eingefroren.
10 Schneider: Dragon Head Enterprise and the State of Agribusiness in China.
11 OECD: Agricultural Policy Monitoring and Evaluation 2020.
12 Die PSE bei den Importstaaten Korea, Japan und Philippinen allerdings sind erheblich positiv: 117 Prozent, 103 Prozent und 34 Prozent. Grund ist primär der Schutz ihrer Reisbäuer*innen, was indirekt einer negativen Unterstützung ihrer Schweinebäuer*innen entspricht, weil die Getreidefutterpreise dadurch hochgetrieben werden.
13 OECD: Agricultural Policy Monitoring and Evaluation 2020.
14 World Trade Organization: Private Sector Standards discussed, as SPS Committee adopts two Reports.

KAPITEL 6

1 Selbst abgeleitet von dem Spruch: Eine Kuh macht muh, viele Kühe machen Mühe.

2 Lam/Fry/Nachman: Applying an Environmental Public Health Lens to the Industrialization of Food Animal Production in Low- and Middle-Income Countries.

3 Tschajanov: Die Lehre von der bäuerlichen Wirtschaft. (auch im Englischen als Chayanov: Peasant Economics)

4 Die Kosten für die Gülleverwertung sind hoch und unterscheiden sich erheblich schon allein in den EU-Mitgliedsländer. Beispielsweise kostet sie pro Kilogramm Schlachtgewicht in den Niederlanden 10 Cent, in Deutschland 4 Cent und in Spanien 2 Cent.

5 O. V.: So vermeiden Sie die gewerbliche Tierhaltung.

6 Destatis: Strukturwandel in der Landwirtschaft hält an.

7 BMEL: Statistisches Jahrbuch über Ernährung, Landwirtschaft und Forsten der Bundesrepublik Deutschland 2019. Kap. C/X.

8 Bericht von Landwirtschaftsreferendar W. Nagel über den Hof H. in der Gemeinde B.

9 Ivanov: Die künstliche Besamung der Haustiere.

10 Wiedmann: Mit mittleren Herdengrößen im 5-Wochenrhythmus größere Ferkelpartien und höhere Leistungen erzielen.

11 Die Tierseuchenkasse ist eine Anstalt des öffentlichen Rechts mit zur Hälfte staatlicher und zur anderen Hälfte privater Finanzierung durch Mitgliedsbeiträge; eine Mitgliedschaft ist Pflicht für jeden Schweinehalter.

12 Siehe die Homepage: https://www.rind-schwein.de

13 Siehe die Homepage: https://www.hszv.de

14 Das ist nach dem Wettbewerbsgesetz eigentlich verboten, aber die VEZG gilt als einzige Organisation nach dem Agrarmarktstrukturgesetz als Ausnahme.

15 Siehe die Homepage: https://www.susonline.de

16 Horn: Schweinezyklus. Wissenschaftlich auch Cobweb-Theorem genannt.

17 Die Gesprächspartner*innen werden im Folgenden anonym gehalten.

18 Wegen vielen Coronafällen im Schlachthof von Tönnies in Rheda-Wiedenbrück 2019 musste der Betrieb einige Wochen stillgelegt werden. Es kam landesweit zu einem »Schweinestau«.

19 Bundesinformationszentrum Landwirtschaft: Viel Vieh, (zu) viel Gülle.

20 Schneider: Reforming the Humble Pig.

21 Naranjo: Life Cycle Assessment of the Chinese Commercial Pig.

22 OECD: Agriculture, Trade and the Environment.

23 Die Fragen von Tierwohl und -schutz behandeln wir in Kapitel 9.

24 Hammer et al.: Schweinehaltung in Deutschland.

25 Eder: USA – Krebs durch zu viel Nitrat im Trinkwasser.

26 EFFAT: Fleisch auf die Rippen bringen.

27 OECD: Agriculture, Trade and the Environment.

28 Düngung ist nur erlaubt, wenn die zu düngende Kultur einen Bedarf aufweist! Neben dem Düngezeitpunkt ist auch die Düngermenge so zu wählen, dass die auszubringenden Nährstoffe möglichst vollständig und zeitnah von den Pflanzen aufgenommen werden können.

29 Bayerische Landesanstalt LfL: Leitfaden für Düngung von Acker- und Grünland.

30 Greenpeace: Keime auf Abwegen.

KAPITEL 7

1 Der Begriff »Pig Business« geht auf eine investigative Dokumentation aus dem Jahr 2009 der Umweltaktivistin und ehemaligen Schauspielerin Tracy Worcester zurück. Der Film fasst eine vierjährige Recherche zusammen über die versteckten Kosten der industriellen Schweinehaltung. Er nimmt die Sicht von Kleinbauern ein und diskutiert Themen wie Tierwohl, Umweltverschmutzung, Konzernverantwortung und Ernährungssouveränität.

2 Clerc: Wie hoch waren die Produktionskosten in Schweinebetrieben im Jahr 2019?

3 Das IBGE (Brasilianisches Institut für Geographie und Statistik) veröffentlichte im März 2021 neuere Zahlen zum Schweinefleischverbrauch Brasiliens. Danach nahm der jährliche Pro-Kopf-Verbrauch von 2015 an in 6 Jahren um 16,5 Prozent zu, von 14,47 Kilogramm auf 16,86 Kilogramm. Insgesamt wurden 4,3 Millionen Tonnen Schweinefleisch produziert, Brasilien hat eine Exportquote von fast 50 Prozent.

4 Schon der Transport mit LKWs über Land vom Hauptanbaugebiet in Mato Grosso zum Hafen von Paranaguá beträgt mindestens 2.000 Kilometer. Statt die voluminösen Sojabohnen um die halbe Erde zu verschiffen, wollen die Sojabarone in Zukunft mehr in Fleisch verwandeltes Soja exportieren, das in »veredelter Form« geringere Frachtkosten verursacht.

5 Hartmann/Fritz: Handel um jeden Preis.

6 EFFAT: Fleisch auf die Rippen bringen.

7 EFFAT: Fleisch auf die Rippen bringen.

8 FAO: Meat Market Report.

9 Gödde: Der Handel macht Agrarpolitik.

10 Die Shuangui änderte kurz darauf ihren Namen in WH-Group. Der Sitz ist Luohe/Henan. Einzelheiten zu der Fleischwirtschaft in China siehe Kapitel 8.

11 Seite »Smithfield Foods«, in: Wikipedia – Die freie Enzyklopädie. Bearbeitungsstand: 02.11.2021, 13:00 UTC. [https://en.wikipedia.org/w/index.php?title=Smithfield_Foods&oldid=1053189185]

12 O. V.: Schlachten bleibt bei Tönnies Familiensache.

13 Agrarministerin Julia Klöckner verkündete im April 2021, dass jetzt regionale Schlachthäuser mittlerer Größe neu gefördert werden können. Ziel sei eine Reduzierung von Lebendtransporten, um den Trend zu regionalen Fleisch-

produkten zu unterstützen. Die Vorgabe kam ausgerechnet von der EU-Kommission, die zuvor viel dazu beitrug, dass gerade kleine Schlachthäuser nicht mehr mithalten konnten.

14 Fleischwirtschaft: Die Großen werden immer mächtiger.

15 Rimkus: Welternährung, Nutztierschutz und Lebensmittelsicherheit.

16 Schiffeler: Die Top 10 Fleischwerke des Handel; Schiffeler: Top 10 Wursthersteller.

17 O.V.: Schwein. Die zehn größten Schlachthöfe weltweit.

18 Jasper et al.: Umbau der Nutztierhaltung.

19 EFFAT: Fleisch auf die Rippen bringen.

20 EFFAT: Fleisch auf die Rippen bringen.

21 Campofrio ist der größte original spanische Anbieter für spanische Schinken- und Wurstspezialitäten in Deutschland. Zwischendurch waren erst Smithfield Foods und dann Shandhui an Campofrio beteiligt.

22 Seite »Charoen Pokphand Food«, in: Wikipedia – Die freie Enzyklopädie. Bearbeitungsstand: 09.09.2021, 01:50 UTC [https://en.wikipedia.org/w/index.php?title=Charoen_Pokphand_Foods&oldid=1043232637].

23 Seite »JBS S.A.«, in: Wikipedia – Die freie Enzyklopädie. Bearbeitung: 20.10.2021, 09:24 UTC [https://de.wikipedia.org/w/index.php?title=JBS_S._A.&oldid=216526653].

24 O.V.: JBS kauft Veggie-Produzenten Vivera.

25 Tyson: Tyson Foods Reports First Quarter Fiscal 2021 Results [https://www.tysonfoods.com/news/news-releases/2021/2/tyson-foods-reports-first-quarter-fiscal-2021-results].

26 EFFAT: Fleisch auf die Rippen bringen.

27 Fluit/ter Beek: ASF Accelerated a lot in Vietnam's Pig Industry.

28 Lam/Fry/Nachman: Applying an Environmental Public Health Lens to the Industrialization of Food Animal Production in Low- and Middle-Income Countries.

29 O.V.: Russland verdoppelt Exporte.

KAPITEL 8

1 Yang: More Pigs means more fertilizer and more grain production.

2 FAO: The State of World's Animal Genetic Resources for Food and Agriculture.

3 Dank an chineseposters.net für die Erlaubnis, das Bild des Posters zu nutzen, das im Besitz einer Privatsammlung ist.

4 Ab 1957 begann die vollständige Kollektivierung der chinesischen Landwirtschaft, das heißt, alles Ackerland wurde in großen Einheiten bewirtschaftet, und die Ernte kam unter Abgabenzwang. Diese Phase hielt an bis nach Maos Tod 1976. Sein Nachfolger, Deng Xiaoping, gab den Maoismus auf und führte die Privatwirtschaft ein.

5 Schneider: Reforming the Humble Pig.

6 Bai et al.: China's Livestock Transition.

7 Day/Schneider: The End of Alternatives?

8 Rimkus: Welternährung, Nutztierschutz und Lebensmittelsicherheit.

9 Noth: Drachenköpfe und Schweineschwänze.

10 Schneider: Reforming the Humble Pig.

11 Naranjo: 169 Life Cycle Assessment of the Chinese Commercial Pig.

12 Lander/Schneider/Brunson: A History of Pigs in China.

13 Bai et al.: China's Livestock Transition.

14 China Pollution Source Census 2010, zitiert bei Schneider: Reforming the Humble Pig.

15 Deblitz et al.: Veredelung.

16 Noth/Ostasiatischer Verein e. V.: Chinas industrialisierte Landwirtschaft braucht Training.

17 Schneider: Dragon Head Enterprise and the State of Agribusiness in China.

18 Schneider: Dragon Head Enterprise and the State of Agribusiness in China.

19 Schneider: Dragon Head Enterprise and the State of Agribusiness in China.

20 Bei Geflügel gibt es ebenfalls zwei Engagements von Auslandsfirmen: Tyson Foods und CP Thai.

21 Schneider: Reforming the Humble Pig.

22 Krampert: Megafabrik in China; Zinke: China hälft fast wieder so viele Schweine wie vor der ASP.

23 Dooren: Pigs around the World.

24 Lam/Fry/Nachman: Applying an Environmental Public Health Lens to the Industrialization of Food Animal Production in Low- and Middle-Income Countries.

25 Der Boss von Shuanghui, Wan Long, den die Chines*innen »Metzger Nummer eins« nennen und der für die Übernahme von Smithfield zuständig war, entschuldigte sich öffentlich, nachdem Rückstände von Clenbuterol in ihren Produkten gefunden worden waren. Siehe Buchter: Das große Schlachten.

26 Awater-Esper: China will den Fleischkonsum seiner Bevölkerung halbieren.

KAPITEL 9

1 Gilbert: There's No Right Way to Do the Wrong Thing.

2 Während der letzten zwei Jahrzehnte lag der weltweite Schweinebestand bei knapp 800 Millionen. Durch die Afrikanische Schweinepest nahm der Bestand in den letzten Jahren kontinuierlich ab und befindet sich derzeit bei unter 700 Millionen, nimmt aber wieder zu. Statista: Schweinebestand weltweit in den Jahren 1990 bis 2021.

3 Eurek Alert!: Pigs Turn to Humans as Dogs Do, unless They Have a Problem to solve.

4 Broom et al.: Pigs Learn what a Mirror Image Represents and Use it to Obtain Information.

5 Bodderas: Zu schlau für die Wurst.

6 Schweizer Tierschutz STS: In jedem Hausschwein steckt noch eine Wildsau.

7 Bodderas: Zu schlau für die Wurst.

8 Menke/Christmann/Hörning (2016): Weidehaltung von Schweinen.

9 Oberländer (2015): Untersuchungen zum Vorkommen von akzessorischen Bursen bei Mastschweinen.

10 Guy et al.: Health conditions of two genotypes of growing-fishing pig in three different housing systems.

11 Guy et al.: Health conditions of two genotypes of growing-fishing pig in three different housing systems.

12 EFSA: Scientific report on the risks associated with tail biting in pigs and possible means to reduce the need for tail docking considering the different housing and husbandry systems; zitiert bei: Moinard et al.: Investigations into risk factors for tail-biting in pigs on commercial farms in England, UK; Taylor et al.: Prevalence of risk factors for tail biting on commercial farms and intervention strategies; Taylor et al.: Management tool for predicting tail biting.

13 Europäische Kommission: Auszug aus dem Bericht der GD Gesundheit und Lebensmittelsicherheit über ein Audit in Dänemark 09.–13. Oktober.

14 Siehe https://eur-lex.europa.eu/legal-content/DE/LSU/?uri=celex:32008L0120

15 So hat sich zum Beispiel das Schlachtunternehmen Tönnies zwar bereit erklärt, mehr Eber zu schlachten. Gleichzeitig wurde eine Maskenänderung angekündigt, bei der der Auszahlungspreis für Eber reduziert wurde. ISN: Tönnies. Mehr Eber, aber mit schlechterer Maske.

16 Matthes et al.: Aktuelle Ergebnisse zur Ebermast.

17 FLI: Impfung gegen Ebergeruch – tierschutzfachlich der beste Weg.

18 Bülte: Zur Verfassungswidrigkeit der fortgesetzten betäubungslosen Ferkelkastration.

19 Landwirtschaftskammer Schleswig-Holstein: Schweinereport 2016.

20 Kramper: Megafabrik in China.

21 Verband der Fleischwirtschaft: China entdeckt Tierwohl.

22 Humane Society of the United States: A HSUS Report.

23 Food & Water Europe: Spain, towards a pig factory farm nation?

24 Die Grünen: Die Zukunft baut auf Tierwohl.

25 OECD: OECD-Studie zur Agrarpolitik: Schweiz 2015.

KAPITEL 10

1 Baumbach: Mein Frühjahr – Gesammelte Gedichte.

2 Bundesgesetzblatt (2004): Verordnung über die Verfütterung von Speiseabfällen zur Verfütterung an Schweine vom 5. November 2004.

KAPITEL 11

1 Wissenschaftlicher Beirat zur Agrarpolitik beim Bundesministerium für Ernährung und Landwirtschaft: Wege zu einer gesellschaftlich akzeptierten Nutztierhaltung.

2 Der damalige Agrarminister Schmidt verweigerte die öffentliche Annahme des Gutachtens. Der Generalsekretär des DBV, Bernhard Krüsken, sprach von »unverantwortlicher Leichtfertigkeit« und rügte die Wissenschaftler*innen, ihre Aussagen »nicht auf lautstarken Zurufen oder einer allgemeinen Beschreibung von Befindlichkeiten« zu bauen.

3 Borchert-Kommission: Empfehlungen des Kompetenznetzwerks Nutztierhaltung.

4 Borchert-Kommission: Empfehlungen des Kompetenznetzwerks Nutztierhaltung.

5 Der Durchschnitt lag 1990 in der BRD immer noch bei etwa 124 Mastschweinen pro Betrieb; heute liegt er bei 1230. Siehe: DBV: Situationsbericht des DBV.

6 Das brachte den Lebensmittelskandalen dieser Zeit ein Kapitel in der Ausstellung im Haus der Geschichte in Bonn ein, die unter dem Titel »Skandale in Deutschland nach 1945« von 2007 bis 2008 gezeigt wurde.

7 Fleischwirtschaft: Gutes erhalten.

8 Im August 1988 titelte der »Stern«: Was müssen wir noch alles schlucken? Wie eine Hormon-Mafia die Bauern im Griff hat«.

9 Daneben hat noch das System des Schwäbisch-Hällischen Schweins beziehungsweise der bäuerlichen Erzeugergemeinschaft (BESH) aus Schwäbisch Hall vor allem in Süddeutschland eine besondere Rolle gespielt (siehe Kapitel 9).

10 Noch heute ist das Wendland, die Region um Gorleben, ein »Hotspot« der Biobewegung in Niedersachsen. In Süddeutschland ist es die Region am Kaiserstuhl, die von der Auseinandersetzung mit dem geplanten Kernkraftwerk in Wyhl aufgerüttelt wurde.

11 Dazu eine Aussage der Landesregierung Nordrhein-Westfalen: »Der Markt für Schweinefleisch hat sich erst in der zweiten Hälfte der neunziger Jahre entwickelt. Die BSE-Krise sorgte im Jahr 2001 für starke Impulse auf der Erzeugerseite. Das Marktsegment wuchs in einem Jahr um mehr als 50 Prozent. Dem Höhenflug folgte allerdings ein massiver Mengen- und Preiseinbruch, von dem sich der Markt bis zum Jahr 2004 nur langsam erholte« (siehe Ministerium für Umwelt und Naturschutz: Landwirtschaft und Verbraucherschutz des Landes Nordrhein-Westfalen). Der Markt wuchs mehrere Jahre wellenförmig in Anlehnung an Skandale. Mit jedem Skandal steigerte sich der Absatz, um nachher wieder leicht zu sinken, aber dann auf höherem Niveau wieder weiterzumachen. »Biofleisch NRW«, die nach dem Jahr 2000 größte Erzeugergemeinschaft für Biofleisch in NRW, mühte sich vom Vermarktungsvolumen einer Fleischerei ausgehend um Ausweitung ihrer Marktanteile – aber immer mit der Maßgabe des kostendeckenden, fairen Preises

für die Erzeuger*innen. Das Wachstum war relativ erfreulich, die Absatzmengen aber anfangs nur sehr gering.

12 Bioland-Präsident Jan Plagge in einem Interview mit der Zeitschrift »Biohandel«; Pierro: Druck in der Wertschöpfungskette wird nach unten weitergegeben.

13 Siehe die laufenden Erhebungen: AMI Agrarmarkt Informations-Gesellschaft: Markt Woche – Öko-Landwirtschaft, Schlachttiere.

14 Siehe www. Neuland-fleisch.de.

15 Dettmer: Das Neuland-Programm.

16 Der Deutsche Tierschutzbund, obwohl Miteigentümer der Marke »Neuland«, hatte diese Berührungsängste mit dem Lebensmitteleinzelhandel nicht. Der Erfolg gibt dem Tierschutzbund Recht: Die Verbreitung übertraf in kurzer Zeit die Absatzzahlen des Pioniers Neuland. Aber auch sein Label bewegt sich ebenfalls nur weit unter 1 Prozent Marktanteil.

17 Spiller/Zühlsdorf: Haltungskennzeichnung und Tierschutzlabel in Deutschland.

18 Spiller/Zühlsdorf: Haltungskennzeichnung und Tierschutzlabel in Deutschland.

19 Deblitz et al.: Einschätzung zu den Aktivitäten des LEH beim Fleischsortiment.

20 Deblitz et al.: Einschätzung zu den Aktivitäten des LEH beim Fleischsortiment.

21 »Wir sind nicht diejenigen, die Preisführer sein werden. Wir müssen andere Ziele nach vorn stellen. Das fällt mir persönlich zuzugeben auch etwas schwer. In meiner aktiven Zeit dachte ich, wir seien Weltmeister in der Produktion, und wenn die Vermarktungsstrukturen stimmen seien wir unschlagbar. Das sehe ich heute etwas anders. Wir müssen andere Ziele so lange diskutieren, bis sie ausgereift sind, und dann auch durchziehen.« Franz Josef Möllers, 1997 bis 2012 Präsident des westfälisch-lippischen Landwirtschaftsverbandes (WLV), 2006 bis 2012 Vizepräsident des DBV in einem Interview des »Wochenblatt für Landwirtschaft und Landleben«, Münster Nr. 25/2021, S. 17.

KAPITEL 12

1 Roth, Eugen, zitiert bei Wuketits: Schwein und Mensch.

2 Eigene Terminologie des Autors.

3 Henderson: The Complete Nose to Tail.

4 Mehr Infos zu regionalem Fleisch und dem Nose-to-Tail-Konzept unter: https://mylocalmeat.de/

NACHWORT

1 O. V.: Weniger industriell und global.

Literatur

Albarella, Umberto et al. (2007): Pigs and Humans. 10.000 Years of Interaction, Oxford, S. 1–12.

Albers, Helene (2001): Zwischen Hof, Haushalt und Familie. Bäuerinnen in Westfalen-Lippe (1920–1960). Paderborn, München, Wien, Zürich.

Albrecht, Stephan/IAASTD (2012): Weltagrarbericht. Bericht zu Afrika südlich der Sahara, Hamburg [https://hup.sub.uni-hamburg.de/volltexte/2012/124/pdf/HamburgUP_IAASTD_SSA.pdf].

Albrecht, Stephan/Engel, Albert (Hrsg.) (2011): Weltagrarbericht – Synthesebericht, IAASTD Hamburg 2011.

Amaral, Thalyta (2020): Mato Grosso tem 4 dos 5 maiores Produtores do Brasil, in: gazetadigital, 07.12.2020 [https://www.gazetadigital.com.br/editorias/economia/mato-grosso-tem-4-dos-5-maiores-produtores-do-brasil/637902].

AMI Agrarmarkt Informations-Gesellschaft (2021): Markt Woche – Öko-Landwirtschaft, Schlachttiere, Ausgabe 28 vom 15.07.

Ärzte gegen Tierversuche e. V. (2020): Tierversuchsstatistik [https://www.aerzte-gegen-tierversuche.de/de/tierversuche/statistiken/22-tierversuchsstatistik].

Awater-Esper, Stefanie (2016): China will den Fleischkonsum seiner Bevölkerung halbieren, in: topagrar, 29.06.2016.

Azevedo, Daniel (2020): Brazil's pigmeat exports to top 1 million tonnes in 2020, in: Pig Progress, 17.12.2020 [https://www.pigprogress.net/World-of-Pigs1/Articles/2020/12/Brazils-pigmeat-exports-to-top-1-million-tonnes-in-2020-687059E/].

Bai, Zjaohai et al. (2020): China's Livestock Transition: Driving Forces, Impacts, and Consequences, Science Advances.

Bauer, Martin W./Gaskell, Georg (2008): Social Representations Theory: A Progressiv Research Programme for Social Psychology, in: Journal for the theory of Social Behavior 38 (4).

Baumbach, Rudolf (1892): Mein Frühjahr – Gesammelte Gedichte, Leipzig.

Bayerische Landesanstalt für Landwirtschaft LfL (2018): Leitfaden für Düngung von Acker- und Grünland, Gelbes Heft.

Bayerische Landesanstalt für Landwirtschaft LfL (2019): Schweinemast und Ferkelerzeugung. Ringbetriebe kontrollieren ihre Futterkosten und den Nährstoffkreislauf [http://www.lfl.bayern.de/cms07/ite/schwein/101086/index.php].

Benecke, Norbert (1994): Der Mensch und seine Haustiere. Die Geschichte einer Jahrtausendalten Beziehung, Stuttgart.

Berkhout, Natalie (2021): Traditional pork taste that has stood the test of time, in: Pig Progress, 10.02.2021 [https://www.pigprogress.net/World-of-Pigs1/Articles/2021/2/Traditional-pork-taste-that-has-stood-the-test-of-time-701690E/].

Beyer, Günter (2014): Die Sau rausgelassen. Oder: Das Schwein ist auch bloß ein Mensch, Feature vom 06.07.2014, Deutschlandfunk.

BMEL (2019): Statistisches Jahrbuch über Ernährung, Landwirtschaft und Forsten der Bundesrepublik Deutschland 2019. Kap. C/X [https://www.bmel-statistik.de/fileadmin/SITE_MASTER/content/Jahrbuch/Agrarstatistisches-Jahrbuch-2019.pdf].

BMEL (2019): Kategorisierung von tierischen Nebenprodukten [https://www.bmel.de/DE/themen/tiere/tiergesundheit/tierische-nebenprodukte/tierische-nebenprodukte-kategorie.html;jsessionid=C1DDC0ECC58E9310B-C0AB002AF477F95.internet2851#doc4022728bodyText1].

Bodderas, Elke (2012): Zu schlau für die Wurst, in: Welt, 15.01.2012 [https://www.welt.de/print/wams/lifestyle/article13815880/Zu-schlau-fuer-die-Wurst.html].

Borchert-Kommission (2019): Empfehlungen des Kompetenznetzwerks Nutztierhaltung, Berlin.

Broom, Donald M./Sena, Hilana/Moynihan, Kiera L. (2009): Pigs Learn what a Mirror Image Represents and Use it to Obtain Information, in: Animal Behaviour 78 (5), S. 1037–1041.

Brown, Lester R. (1995): Who will feed China? Wake-up Call for a small Planet, New York.

Buchter, Heike (2013): Das große Schlachten in: Zeit Online, 07.11.2013 [https://www.zeit.de/2013/46/schweinemast-fleischindustrie-smithfield-shuanghui].

Bülte, Jens (2019): Zur Verfassungswidrigkeit der fortgesetzten betäubungslosen Ferkelkastration, in: Deutsches Tierärztеblatt [https://www.deutsches-tieraerzteblatt.de/fileadmin/resources/Bilder/DTBL_01_2019/PDFs/DTBL_01_2019_Ferkelkastration.pdf].

Bundesanstalt für Landwirtschaft und Ernährung BLE (2020): Gesamtbetriebliches Haltungskonzept Schwein – Mastschweine, Bonn.

Bundesgesetzblatt (2004): Verordnung über die Verfütterung von Speiseabfällen zur Verfütterung an Schweine vom 5. November 2004 [https://www.bgbl.de/xaver/bgbl/start.xav?start=%2F%2F*%5B%40attr_id%3D%27bgbl104s2785.pdf%27 %5D#__bgbl__%2F%2F*%5B%40attr_id%3D%27bgbl104s2785.pdf%27 %5D__1638278027351].

Bundesinformationszentrum Landwirtschaft (2020): Viel Vieh, (zu) viel Gülle [https://www.landwirtschaft.de/diskussion-und-dialog/umwelt/viel-vieh-zu-viel-guelle].

Bundesanstalt für Landwirtschaft und Ernährung (BLE) (2008): So leben Schweine. Informationsbroschüre, Bonn.

Buntzel, Rudolf/Cegbe, Leroy/Nimely, Edwin (2013): To Produce or to Import? Meat Market Chain Analysis Liberia, University of Liberia.

Buntzel, Rudolf/Mari, Francisco (2016): Gutes Essen vs. arme Erzeuger. Wie die Agrarwirtschaft mit Standards die Nahrungsmärkte beherrscht, München.

Buntzel, Rudolf (1984): Die Weiße Revolution in Indien, in: Wechselwirkungen, Band 6, Berlin.

Busch, Wilhelm (1871): Der heilige Antonius von Padua, in: Rolf Hochhuth (Hrsg.) (1959): Wilhelm Busch: Sämtliche Werke und eine Auswahl der Skizzen und Gemälde in zwei Bänden, 2. Auflage, Gütersloh.

Carstens, Peter (2021): Hunderte Tiere sterben jedes Jahr für Waffen-Experimente und OP-Trainings, in: GEO, 09.03.2021 [https://www.geo.de/natur/tierwelt/24145-rtkl-tierversuche-bei-der-bundeswehr-hunderte-tiere-sterben-jedes-jahr-fuer].

Chamberlain, Houston Steward (1899): Die Grundlagen des 19. Jahrhunderts.

Charisius, Hanno (2021): Chirurgen verbinden Schweineniere mit Menschen, in: Süddeutsche Zeitung, 20.10.21 [https://www.sueddeutsche.de/gesundheit/schwein-niere-mensch-transplantation-1.5445068].

Chiba, Daischi/Watanabe, Shin/Nitta, Yuichi (2021): Chinese companies corralling land around the world, in: Nikkei, 13.7.20231 [https://www.farmlandgrab.org/post/view/30407].

Clerc, Lisa Le (2021): Wie hoch waren die Produktionskosten in Schweinebetrieben im Jahr 2019? [https://www.3drei3.de/artikel/wie-hoch-waren-die-kosten-in-schweinebetrieben-im-jahr-2019_2986/].

Costales, A. (2006): Pig Systems, Livelihood and Poverty. Current Status, Emerging Issues, and Ways Forward, FAO, Research Report No. 06–10.

Dannenberg, Hans-Dieter (1990): Schwein haben. Historisches und Histörchen vom Schwein, Jena.

Day, Alexander F./Schneider, Mindi (2017): The End of Alternatives? Capitalist Transformation, Rural Activism and Politics of Possibility in China, The Journal of Peasant Studies.

DBV (2021): Situationsbericht des DBV 2020/2021, in: Agra-Europe, Nr. 51/20.

Deblitz, Claus et al. (2020): Veredlung. Der Gigant China kommt zurück, in: Top agrar, 13.12.2020.

Deblitz, Claus et al. (2021): Einschätzung zu den Aktivitäten des LEH beim Fleischsortiment, Braunschweig.

Deka, R. et al. (2007): Assam's Pig Subsector: Current Status, Constraints and Opportunities, ILRI, New Delhi.

Delgado, Christopher L./Narrod, Care A./Tiongco, Marites M. (2003): Implications of the Scaling-up Livestock Production in a Group of Fast-growing Developing Countries, FAO/IFPRI, LEAD-Project, Rom.

Destatis (2021): Strukturwandel in der Landwirtschaft hält an. Pressemitteilung Nr. 028 vom 21.01.2021.

Dettmer, Jochen (1990): Das Neuland-Programm, eine Zwischenbilanz, in: Arbeitsgemeinschaft für ländliche Entwicklung: Arbeitsergebnisse, Nr. 14, Kassel, Dezember.

Deutscher Fleischerverband DFV (2021): Weniger industriell und global, in: Fleischwirtschaft, 20.08. [https://www.fleischwirtschaft.de/politik/nachrichten/bundestagswahl-2021-weniger-industriell-und-global-51245].

Devendra, C. et al. (2000): Improvement of Livestock Production in Crop-Animal System in Rainfed Agro-ecological Zones of South-East Asia, International Livestock Research Institute ILRI, Nairobi.

Die Grünen (2018): Die Zukunft baut auf Tierwohl. Nr. 11 [https://www.qualitaetsstrategie.ch/images/Veranstaltungen/2018/Presseartikel/Die_Gr%C3%BCne_Tierwohl.pdf].

Dietze, Klaas (2011): Pigs for Prosperity. FAO Diversification Booklet, 15, Rom.

Dinter, Angela (2020): Schweine in Papua. Kostbarer als Bargeld, in: Pro Vieh, 2 [https://provieh.de/schweine-papua-kostbarer-als-bargeld].

Djoni, Liano/Siagian, Pollung H. (2002): Pig Production in Indonesia, ACIAR Working Paper, 53.

Dooren, Kees van (2020): Planes full of Breeding Pigs head to China, in: Pig Progress, 06.04.2020 [https://www.pigprogress.net/Health/Articles/2020/5/Planes-full-of-breeding-pigs-head-to-China-578533E/?intcmp=related-content].

Easterly, William (2006): Wir retten die Welt zu Tode. Für ein Professionelleres Management im Kampf gegen die Armut, Frankfurt.

Easterly, William (2013): The Tyranny of Experts. Economists, Dictators, and the Forgotten Rights of the Poor, New York.

Eder, Karin (2019): USA – Krebs durch zu viel Nitrat im Trinkwasser, in: Pflege Professionell, 11.06.2019 [https://pflege-professionell.at/usa-krebs-durch-zu-viel-nitrat-im-trinkwasser].

EFFAT (European Federation of Food, Agriculture and Tourism Trade Unions) (2011): Fleisch auf die Rippen bringen. Ein Bericht über die Struktur & Dynamik der europäischen Fleischindustrie, EU Projekt VS/2011//0457, Brüssel.

EKD (2018): Nutztier und Mitgeschöpf – Tierwohl, Ernährungsethik und Nachhaltigkeit aus evangelischer Sicht, EKD-Texte 133, Hannover.

EurekAlert! (2020): Pigs turn to humans as dogs do, unless they have a problem to solve. [https://www.eurekalert.org/pub_releases/2020-07/eelu-ptt071620.php].

Europäische Kommission (2019): Vorschlag für einen BESCHLUSS DES RATES über den Abschluss des Freihandelsabkommens zwischen der Europäischen Union und der Sozialistischen Republik Vietnam. [https://eur-lex.europa.eu/legacontent/DE/TXT/?qid=1638202926394&uri=CELEX:52018PC069].

Europäische Kommission (2017): Auszug aus dem Bericht der GD Gesundheit und Lebensmittelsicherheit über ein Audit in Dänemark 09.–13. Oktober 2017. [https://www.ringelschwanz.info/services/files/aktionsplan-kupierverzicht/2017%20EU-Audit%20Report%20D%C3%A4nemark%20%28DE%29.pdf].

FAO (2006): Livestock's Long Shadow. Environmental Issues and Options, Rom.

FAO (2007): The State of World's Animal Genetic Resources for Food and Agriculture, Commission of Genetic Resources for Food and Agriculture, Final Version, Rom, 11.–15. Juni.

FAO (2020): Meat Market Report – Emerging Trends and Outlook, Rom. [http://www.fao.org/economic/est/est-commodities/meat/meat-and-meat-products-update/en/].

Fel, Edit/Hofer, Tamas (1972): Bäuerliche Denkweise in Wirtschaft und Haushalt – Eine ethnographische Untersuchung über das ungarische Dorf Atany, Göttingen.

Fiedler, Hans-Heinrich (2014): … und herrschet über das Vieh … Schwein, Pute und Huhn – Sache oder Mitgeschöpf? Oldenburg.

Fitschen, Hans-Peter/Moje, Claus (2002): Hausschlachten. Schlachtfeste in vergangenen Tagen oder die Kunst des Überlebens, Stade.

Fleischman, Thomas (2020): Communist Pigs – An Animal History of East German's Rise and Fall, Seattle.

Fleischwirtschaft (2019): Großes Interesse am wachsenden Markt in Vietnam, Heft 9, S. 53.

Fleischwirtschaft (2020): Vertrag mit Vietnam tritt in Kraft, 04.04.2020 [https://www.fleischwirtschaft.de/politik/nachrichten/Handelsabkommen-Vertrag-mit-Vietnam-tritt-in-Kraft-42560].

Fleischwirtschaft (2021): Die Großen werden immer mächtiger, 28.04.2021 [https://www.fleischwirtschaft.de/wirtschaft/nachrichten/isn-schlachthof-ranking-die-grossen-werden-maechtiger-50430?crefresh=1].

Fleischwirtschaft (2021): Gutes erhalten [https://www.fleischwirtschaft.de/wirtschaft/nachrichten/fleischerhandwerk-gutes-erhalten-51117].

FLI (2018): Impfung gegen Ebergeruch – tierschutzfachlich der beste Weg. [https://www.openagrar.de/servlets/MCRFileNodeServlet/openagrar_derivate_00016429/FLI-Empfehlungen_Impfung-gegen-Ebergeruch_20180921.pdf].

Fluit, Gabor/Beek, Vincent ter (2020): ASF Accelerated a lot in Vietnam's Pig Industry, in: News.de, 24.04.2020.

Food & Water Europe (2017): Spain, towards a pig factory farm nation? [https://www.foodandwatereurope.org/wp-content/uploads/2017/03/FoodandWaterEuropeFactoryFarmPorkIndustryReportMarch2017English.pdf].

Gaertner, Philipp (1990): Whether Pigs have Wings. African Swine Fever Eradication and Pig Repopulation in Haiti, in: Stretch.

Genesus (2021): Global Market Report 2021.

Gilbert, Christopher (2018): There's No Right Way to Do The Wrong Thing, Seattle.

Gödde, Hugo (2018): Der Handel macht Agrarpolitik. Die Schweinebranche im Umbruch, in: Agrarbündnis, Der kritische Agrarbericht 2018, Konstanz/Hamm, S. 56–59.

Gottwald, Franz-Theo (2019): Tierwohl. Zwischen Selbstverpflichtung und staatlicher Normung, in: Zeitschrift für das gesamte Lebensmittelrecht, 5.

Greenpeace (2020): Keime auf Abwegen. Wie Gülletransporte antibiotikaresistente Keime und Antibiotikarückstände verbreiten [https://www.greenpeace.de/presse/publikationen/keime-auf-abwegen].

Guy, J.H. et al. (2002): Health conditions of two genotypes of growing-finishing pig in three different housing systems: implications for welfare. Livestock Production Science 75 (3), S. 233–243.

Haberer, Jenny (2009): Ethical Dilemma. Newshan Choice Genetics – Patenting a new Invention – The Pig, Anglia University.

Hammer, Nora et al. (2019): Schweinehaltung in Deutschland. Fakten und Zahlen, in: DLG kompakt, 1 [https://www.dlg.org/fileadmin/downloads/landwirtschaft/themen/publikationen/kompakt/DLGKompakt_01_19-Schweinehaltung_in_Deutschland.pdf].

Harari, Yuval Noah (2020): Homo Deus. Eine Geschichte von Morgen, München.

Harris, Marvin (2005): Wohlgeschmack und Widerwillen, Stuttgart.

Hartmann, Alessa/Fritz, Thomas (2018): Handel um jeden Preis? Report über die Freihandelsabkommen der EU mit Mercosur, Japan, Mexiko, Vietnam und Indonesien. Foodwatch/Power Shift, Berlin.

Hauser-Schäublin, Brigitta (1977): Frauen in Kararau, Basel.

Heinz, Silke (Redaktion) (2020): Armes Schwein – fettes Geschäft, Film von Jens Niehuss/Laura Zirkel/Hannah Bieneck, MDR/Arte.

Henderson, Fergus (2012): The Complete Nose to Tail. A Kind of British Cooking, London/Oxford/New York.

Herrero, M. et al. (2011): Livestock and greenhouse gas emissions. The importance of getting the numbers right, in: Animal Feed Science and Technology, S. 166–167.

Herrero, M. et al. (2012): The Roles of Livestock in Developing Countries, International Livestock Research Institute, in: The Animal Consortium, S. 3–18.

Hofmann, Fritz (1960): Landwirtschaft in Bild und Zahl, Bauernverlag Berlin.

Horn, Gustav (2018): Schweinezyklus, in: Wirschaftslexikon [https://wirtschaftslexikon.gabler.de/definition/schweinezyklus-44171/version-267488].

Humane Society of the US (HSUS) (2010): The Welfare of Animals in the Pig Industry, A HSUS-Report. [https://www.humanesociety.org/sites/default/files/docs/hsus-report-pig-industry-welfare.pdf].

Humaine Society of the US (HSUS) (2015): About Pigs, Washington D.C. [https://www.humanesociety.org/sites/default/files/docs/about-pigs.pdf].

Huynh, T. T. T. (2006): Pig Production in Cambodia, Laos, Philippines and Vietnam. A Review, in: Asian Journal of Agriculture and Development, 3 (1&2).

IAASTD (2009): Agriculture at a Crossroad. Global Report, Washington D. C. Interessengemeinschaft der Schweinehalter Deutschlands (ISN): EU-Schweinefleischexport gerät ins Stocken. Spanien hängt Deutschland ab, SD-Mitteilung vom 11.7.2017.

ISN (Interessengemeinschaft der Schweinehalter Deutschlands) (2018): Tönnies. Mehr Eber, aber mit schlechterer Maske [https://www.schweine.net/news/toennies-eber-schlechtere-maske-vierter-weg.html].

Ivanov, E.I. (1912): Die künstliche Befruchtung der Haustiere, Wien.

Jasper, Ulrich et al. (2018): Umbau der Nutztierhaltung, in: Agrarbündnis, Der kritische Agrarbericht 2018, Konstanz/Hamm.

Johnson, Chalmers: Der Selbstmord der amerikanischen Demokratie, München.

Karl, Bettina (2019): Leicoma, Ossi mit Schlappohren, in: Bauernzeitung, 10.11.2019 [https://www.bauernzeitung.de/agrarpraxis/tierhaltung/leicoma-ossi-mit-schlappohren/].

Keith, Uwe (2014): Kleines Thüringer Bratwurstbuch, Ilmenau.

Krampert, Gernot (2020): Megafabrik in China – Die größte Schweinefarm der Welt wird zwei Millionen Tiere pro Jahr aufziehen, in: Stern, 17.12.2020.

Kromka, Franz (2009): Die Mensch-Nutztier-Beziehung. Dimensionen, Einflussfaktoren und Auswirkungen am Beispiel der Schweinehaltung in Hohenlohe, Institut für Sozialwissenschaften, Stuttgart.

Kwakman, Rebecca (2020): Rabobank Q4. As China rebuilds, where will pork exports go?, in: Pig Progress, 30.10.2020 [https://www.pigprogress.net/World-of-Pigs1/Articles/2020/10/Rabobank-Q4-As-China-rebuilds-where-will-pork-exports-go-662867E/?intcmp=related-content&intcmp=related-content].

Lam, Yukyan/Fry, Jillian/Nachman, Keeve (2019): Applying an Environmental Public Health Lens to the Industrialization of Food Animal Production in Low- and Middle-Income Countries, in: Lam et al. (2919): Globalization and Health, Baltimore.

Lander, Brian/Schneider, Mindi/Brunson, Katherine (2020): A History of Pigs in China: From Curious Omnivores to Industrial Pork, The Journal of Asian Studies, S. 1–25.

Landwirtschaftskammer Schleswig-Holstein (2016): Schweinereport 2016. Ergebnisse der Betriebszweige Ferkelerzeugung und Schweinemast [https://www.ssbsh.de/wp-content/uploads/2017/04/Schweinereport-2016.pdf].

Langer, Annette (2010): Forscher sprengen lebende Schweine in die Luft, in: Spiegel Online, 25.01.2010. [https://www.spiegel.de/panorama/terror-tierversuch-forscher-sprengen-lebende-schweine-in-die-luft-a-673871.html].

Linnemann, Manuela (Hrsg.) (2000): Brüder, Bestien, Automaten. Das Tier im abendländischen Denken, Erlangen.

Macho, Thomas (2015): Schweine. Ein Portrait, Naturkunden, 17, Berlin.

Macho, Thomas/Stiftung Neuhardenberg (Hrsg.) (2006): Arme Schweine. Eine Kulturgeschichte, Berlin.

McCullough, Chris (2020): Spain is Europe's top big meat exporter to China, in: Pig Progress, 25.03.2020 [https://www.pigprogress.net/World-of-Pigs1/Articles/2021/2/Spain-is-Europes-top-pig-meat-exporter-to-China-709334E/].

Marquart, Maria (2021): 96 Prozent aller Schweine stehen auf Spaltenboden, in: Spiegel online, 04.08.2021 [https://www.spiegel.de/wirtschaft/service/nutztierhaltung-mehr-auslauf-fuer-rinder-aber-kaum-verbesserung-fuer-schweine-a-538e6720-480c-4515-abf8-b95cd0844bf1].

Matthes, Winfried et al. (2013): Aktuelle Ergebnisse zur Ebermast [https://web.archive.org/web/20160612161424/http://www.landwirtschaft-mv.de/cms2/LFA_prod/LFA/content/de/Fachinformationen/Tierproduktion/Schweineproduktion/Schweinetag_2013/5_Matthes.pdf].

Menke, Christoph/Christmann, Kristin/Hörning, Bernhard (2016): Weidehaltung von Schweinen [https://orgprints.org/id/eprint/31506/1/GOET%20Schweineweide%20final.pdf].

Meyer-Renschhausen, Elisabeth/Holl, Anne (Hrsg.) (2000): Die Wiederkehr der Gärten. Kleinlandwirtschaft im Zeitalter der Globalisierung, Innsbruck.

Meyer-Renschhausen, Elisabeth/Müller, Renate (Hrsg.) (2004): Frauenbiographien in Kietz. (Über-)Leben am östlichen Rand der Republik, Freie Universität Berlin.

Meyer-Renschhausen, Elisabeth (2005): Kleinlandwirtschaft in der Regionalpolitik, Deutschlandarchiv 4, S. 607–661.

Meyer-Renschhausen, Elisabeth (2001): Hausfrauisierung der Bäuerinnen am Beispiel Westfalen-Lippe zwischen 1920–1960.

Mies, Maria (2008): Das Dorf und die Welt. Lebensgeschichten Zeitgeschichten, Köln.

Ministerium für Umwelt und Naturschutz (2016): Landwirtschaft und Verbraucherschutz des Landes Nordrhein-Westfalen. Verbraucherschutzbericht 2015/2016, Schwerpunktthemen in Nordrhein-Westfalen, Düsseldorf.

Moinard C./Mendl M./Nicol, C.J./Green, L.E. (2000): Investigations into risk factors for tail-biting in pigs on commercial farms in England, UK, Presentation at the International Symposia on Veterinary Epidemiology and Economics proceedings, ISVEE 9: Proceedings of the 9th Symposium, Breckenridge, Colorado, USA, Livestock: Swine production & diseases session [http://www.sciquest.org.nz/node/70933].

Montgomery, Sy (2020): Das herzensgute Schwein, Zürich.

Naranjo, A.M. (2018): 169 Life Cycle Assessment of the Chinese Commercial Pig, in: Journal of Animal Science, 96, 2. Auflage.

Nissenson, Marilyn/Jonas, Susan (1997): Das allgegenwärtige Schwein, Köln.

Nitzsche, Günther (2004): Deutsches Schweinemuseum Ruhlsdorf. Museumskatalog, Teltow-Ruhlsdorf.

Noth, Jochen (2020): Drachenköpfe und Schweineschwänze. Schweinezucht und -haltung in der VR China, Konsortium Tierwirt China/German Agribusiness Alliance.

Noth, Jochen/Ostasiatischer Verein e.V. (o.J.): Chinas industrialisierte Landwirtschaft braucht Training [https://www.oav.de/iap-42014/artikel-913.html].

Oberländer, Sabine (2015): Untersuchungen zum Vorkommen von akzessorischen Bursen bei Mastschweinen [https://edoc.ub.uni-muenchen.de/19321/1/Oberlaender_Sabine.pdf].

OECD (2003): Agriculture, Trade and the Environment. The Pig Sector, Paris.

OECD (2015): OECD-Studie zur Agrarpolitik Schweiz, Paris [https://www.oecd.org/berlin/publikationen/Review-of-Agricultural-Policies-Switzerland-2015_Zusammenfassung-Beurteilung-und-Empfehlungen.pdf].

OECD (2020): Agricultural Policy – Monitoring and Evaluation 2020, Paris [https://read.oecd-ilibrary.org/agriculture-and-food/agricultural-policy-monitoring-and-evaluation-2020_928181a8-en#page252].

OECD (2020): Agricultural Policy Monitoring and Evaluation 2020, Paris [https://read.oecd-ilibrary.org/agriculture-and-food/agricultural-policy-monitoring-and-evaluation-2020_928181a8-en#page252].

OIE (2012): Implementing the OIE standards – addressing regional expectations [ttps://www.oie.int/en/3rd-oie-global-conference-on-animal-welfare/].

Orwell, George (2011/1945): Farm der Tiere, Zürich.

O.V. (2004): Päpstlicher als der Papst, in: fleischwirtschaft.de, 13.07.2004 [https://www.fleischwirtschaft.de/wirtschaft/nachrichten/destatis-bilanz-mehr-fleisch-ohne-fleisch-5057].

O. V. (2010): Behörde zieht Schweine-Patent zurück, in: Zeit Online, 23.04.2010 [https://www.zeit.de/wissen/umwelt/2010-04/monsanto-schweine-patent].

O. V. (2014): Schwein. Die zehn größten Schlachthöfe weltweit. [https://www.agrarheute.com/tier/schwein/schwein-zehn-groessten-schlachthoefe-weltweit-450772].

O. V. (2015): Corporations replace Peasants as the »Vanguard« of China's new Food Security Agenda, in: farmlandgrab, 03.11.2015 [https://www.farmlandgrab.org/post/view/25459].

O. V. (2017): Schwein und Mensch kommen sich näher, in: Deutschlandfunk Nova [https://www.deutschlandfunknova.de/beitrag/genetik-schwein-und-mensch-kommen-sich-naeher].

O. V. (2021): Wie deutsche Importe die Tropenwälder zerstören, in: Süddeutsche Zeitung, 14.04.2021 [https://www.sueddeutsche.de/wissen/regenwald-abholzung-europa-1.5264029].

O. V. (2021): JBS kauft Veggie-Produzenten Vivera [https://www.fleischwirtschaft.de/wirtschaft/nachrichten/alternative-proteine-jbs-kauft-veggie-produzenten-vivera-50359?crefresh=].

O. V. (2021): Russland verdoppelt Exporte [https://www.fleischwirtschaft.de/wirtschaft/nachrichten/handel-mit-schweinefleisch-russland-verdoppelt-exporte-50252?crefresh=1&login].

O. V. (2021): Schlachten bei Tönnies bleibt Familiensache, in: Spiegel Online, 04.08.2021.

O. V. (2021): Weniger industriell und global, in: fleischwirtschaft.de, 20.08.2021. [https://www.fleischwirtschaft.de/politik/nachrichten/bundestagswahl-2021-weniger-industriell-und-global-51245].

O. V. (2021): 96 Prozent aller Schweine stehen auf Spaltenboden, in: Spiegel online, 04.08.2021. [https://www.spiegel.de/wirtschaft/service/nutztierhaltung-mehr-auslauf-fuer-rinder-aber-kaum-verbesserung-fuer-schweine-a-538e6720-480c-4515-abf8-b95cd0844bf1]

O. V. (o. J.): So vermeiden Sie die gewerbliche Tierhaltung, in: top Spezial 9/98 [https://www.mosercollegen.de/wp-content/uploads/2015/12/So-vermeiden_Sie_die_gewerbliche_Tierhaltung.pdf?x69156].

Payne, W. J. A. (1990): An Introduction to Animal Husbandry in the Tropics, 4. Auflage, Singapur.

Pigali, Prabhu/Feder, Gershon (Hrsg.) (2017): Agriculture and Rural Development in a Globalizing World. Challenges and Opportunities, Abingdon.

Pierro, Raphael (2021): Druck in der Wertschöpfungskette wird nach unten weitergegeben, in: Bio Handel, 10.08.2021 [https://biohandel.de/markt-branche/druck-in-der-wertschoepfungskette-wird-nach-unten-weitergegeben].

Pollan, Michael (2011): Das Omnivoren-Dilemma. Wie sich die Industrie der Lebensmittel bemächtigte und warum Essen so kompliziert wurde, München.

Precht, Richard David (2016): Tiere denken. Vom Recht der Tiere und den Grenzen des Menschen, München.

Quack, Dietlinde (2019): Gestaltung des Strukturwandels in der Schweinefleischproduktion. Zur Zukunft der Schweinezucht und Schweinehaltung in Deutschland, Öko-Institut/BMWF, Berlin [https://www.trafo-3-0.de/fileadmin/user_upload/Schweinefleisch_Governance_Empfehlungen.pdf].

Rege, J. E. O. et al. (2011): Pro-Poor Animal Improvement and Breeding – What can Science do?, in: Livestock Science, 136, S. 15–28.

Rimkus, Marco (2014): Welternährung, Nutztierschutz und Lebensmittelsicherheit. Eine monetäre Bewertung in Entwicklungs- und Schwellenländern, UA Ruhr Studies on Development and Global Governance, 66, Bochum.

Rivero-Ferre, M.G./López-i-Gelats, F. (2012): The Role of Small-Scale Livestock Farming in Climate Change and Food Security, CREDA-UPC–IRTA, Castelldefels/Spain.

Schiffeler, Jörg (2020): Die Top 10 Wursthersteller, in: fleischwirtschaft.de, 11.11.2020 [https://www.fleischwirtschaft.de/wirtschaft/nachrichten/Ranking-der-Fleischwirtschaft-2020-Die-Top-10-Wursthersteller-43297].

Schiffeler, Jörg (2020): Die Top 10 Fleischwerke des Handels, in: fleischwirtschaft.de, 04.12.2020 [https://www.fleischwirtschaft.de/wirtschaft/nachrichten/Ranking-der-Fleischwirtschaft-2020-Die-Top-10-Fleischwerke-des-Handels-43455].

Schneider, Mindi (2016): Dragon Head Enterprise and the State of Agribusiness in China, Journal of Agrarian Change.

Schneider, Mindi (2015): Wasting the Rural. Meat, Manure, and the Politics of Agro-Industrialization in contemporary China, Geoforum.

Schneider, Mindi (2019): Reforming the Humble Pig. Pigs, Pork and Contemporary China, 28.1.2019. [https://doi.org/10.1017/9781108551571.014].

Scholze-Irrlitz, Leonore (2019): Paradigma »Ländliche Gesellschaft«. Ethnografische Skizzen zur Wissenschaftsgeschichte bis ins 21. Jahrhundert. Münster.

Schweizer Tierschutz STS (2018): In jedem Hausschwein steckt noch eine Wildsau [http://www.tierschutz.com/publikationen/nutztiere/infothek/verhalten/mb_schweine.pdf].

Sieler, Sandra (2018): Neue Märkte öffnen, in: fleischwirtschaft.de, 26.04.2018 [https://www.fleischwirtschaft.de/wirtschaft/nachrichten/Fleischwirtschaft-Neue-Maerkte-oeffnen-36627].

Sillitoe, Paul (2007): Pigs in the New Guinea Highlands. An ethnographic example, in: Albarella, Umberto et al. (Hrsg.) (2007): Pigs and Humans. 10.000 Years of Interaction, Oxford, S. 330–358.

Silva, G. L. L. P. et al. (2016): Comparative Study of Indigenous Pig Production in Vietnam and Sri Lanka, in: International Journal of Livestock Production, 7 (10), S. 84–93 [https://academicjournals.org/journal/IJLP/article-full-text-pdf/3639E5760922].

Soboth, Alina (2019): 2019 – Jahr des Schweins. Bedeutung, in: Focus Online, 11.03.2019 [https://praxistipps.focus.de/2019-jahr-des-schweins-bedeutung_108799].

Solhdju, Katrin (2006): Wie verhext! Die Vieldeutigkeit des Schweins in den Religionen, in: Macho, Thomas: Arme Schweine. Eine Kulturgeschichte, Berlin, S. 32–42.

Spiller, Achim/Zühlsdorf, Anke (2018): Haltungskennzeichnung und Tierschutzlabel in Deutschland. Anforderungen und Entwicklungsperspektiven, Wissenschaftliches Gutachten im Auftrag von Greenpeace e. V., Göttingen.

Statista (2021): Schweinebestand weltweit in den Jahren 1990 bis 2021 [https://de.statista.com/statistik/daten/studie/28799/umfrage/schweinebestand-weltweit-seit-1990/#:~:text=In%20vielen%20 Teilen%20der%20Welt,der%20globale%20Schweinebestand%20rapide%20ein)].

Sutor, Peter (2018): Vermarktung von Schlachtnebenprodukten aus Sicht des Imports/Exports, Bayerische Landesanstalt für Landwirtschaft, 12. Marktforum, 09.10.2018 [https://www.lfl.bayern.de/mam/cms07/iem/dateien/2018_10_09_praesentation_sutor.pdf].

Swain, Nigel (2002): Traditionen der häuslichen Kleinlandwirtschaft in Osteuropa, in: Meyer-Renschhausen, Elisabeth/Müller, Renate/Becker, Petra (Hrsg.): Die Gärten der Frauen. Zur sozialen Bedeutung von Kleinlandwirtschaft in Stadt und Land weltweit, Herbolzheim.

Swain, Nigel (2000): Hier steht jeder auf zwei Beinen. Zur Kleinlandwirtschaft im postsozialistischen Mittel- und Osteuropa, in: Meyer-Renschhausen, Elisabeth/Holl, Anne (Hrsg.): Die Wiederkehr der Gärten. Kleinlandwirtschaft im Zeitalter der Globalisierung, Innsbruck.

Taylor, N.R. et al (2012): Prevalence of risk factors for tail biting on commercial farms and intervention strategies. The Veterinary Journal 194, S. 77–83.

Tiongco, Marites/Catelo, Maria Angeles/Lapar, Lucila (2008): Contract Farming of Swine in Southeast Asia as a Response to Changing Market Demand for Quality and Safety in Pork, IFPRI Paper No. 00779, Washington.

TopAgrar (2018): Erholung der Schweinefleischexporte nach China?, in: topagrar, 12.04.

Tschajanov, Alexander W. (1925): Die Lehre von der bäuerlichen Wirtschaft, Berlin.

Verband der Fleischwirtschaft (2017): China entdeckt Tierwohl [https://www.fleischwirtschaft.de/politik/nachrichten/Tierhaltung-China-entdeckt-Tierwohl-35644?crefresh=1].

Verband der Fleischwirtschaft (2019): Trotz stabilem Verzehr angespannte Lage. Die wirtschaftliche Entwicklung des deutschen Fleischsektors im Überblick, in: Fleischwirtschaft, Heft 6, S. 18–22.

Verdier, Yvonne (1982): Drei Frauen. Das Leben auf dem Dorf, Stuttgart.

Watt, Ian/Michell, Frank (1975): Pigs and Poultry in the South Pacific, Malvern.

Weber, Christian (2021): Die älteste figürliche Darstellung der Welt zeigt ein Schwein, in: Süddeutsche Zeitung, 14.01.2021 [https://www.sueddeutsche.de/wissen/archaeologie-hoehlenmalerei-indonesien-schwein-1.5174345].

Wiedmann, Rudolf (2008): Mit mittleren Herdengrößen im 5-Wochenrhythmus größere Ferkelpartien und höhere Leistungen erzielen. [https://lsz.landwirtschaft-bw.de/pb/site/pbs-bw-new/get/documents/MLR.LEL/PB5Documents/lsz/pdf/f/fünf-Wochenrhythmus.pdf?attachment=true].

Windhorst, Hans-Wilhelm (2019): Dynamic Growth Documented. Pattern of EU Pig Meat Production and Trade, in: Fleischwirtschaft, 1, S. 50.

Wissenschaftlicher Beirat zur Agrarpolitik beim Bundesministerium für Ernährung und Landwirtschaft (2015): Wege zu einer gesellschaftlich akzeptierten Nutztierhaltung, Berlin [https://www.bmel.de/SharedDocs/Downloads/DE/_Ministerium/Beiraete/agrarpolitik/GutachtenNutztierhaltung.pdf;jsessionid=C22B3CA53312C0E4A2AD25CC651D219C.live831?__blob=publicationFile&v=2].

Wochenblatt für Landwirtschaft und Landleben (2021): Interview mit Franz Josef Möllers, Nr. 25, S. 17, Münster.

World Trade Organization (2005): Private Sector Standards discussed as SPS Committee adopts two Reports [https//www.wto.org/english/news_e/news05_e/sps_june05_e.htm].

Wuketits, Franz M. (2014): Schwein und Mensch. Die Geschichte einer Beziehung, Magdeburg.

Yan, Gregg (2020): Pork remains the favourite in the Philippines, in: The Pig Site, 03.01.

Yang, Shu-Lin et al (2003): Genetic Variation and Relationships of Eighteen Chinese Indigenous Pig Breeds, in: Genetics Selection Evolution, 35.

Zinke, Olaf (2020): China hält fast wieder so viele Schweine wie vor der ASP, in: agrarheute, 16.12.

Glossar der verwendeten Fachausdrücke

Biosicherheit
Eindämmungsprinzipien, Technologien und Praktiken, die den Kontakt von Nutztieren mit Pathogenen und Giften sowie deren Freisetzung verhindern sollen.

brünstig
paarungsbereit.

CO_2-Äquivalent
In Kohlenstoffdioxid gemessene Treibhauswirkung, bezogen auf 100 Jahre.

Compliance
Nachweismethoden der Regeltreue bei Standards.

Elastizität der Nachfrage
Stärke und Schnelligkeit, wie Preise und Mengen aufeinander reagieren.

Eutrophierung
Übermäßige Anreicherung von Nährstoffen in einem Ökosystem.

Externalitäten
Kosten, die durch die Produktion eines Unternehmens anfallen, aber nicht von ihm getragen werden, sondern anderen aufgebürdet werden.

Exnovation
Angeblich innovative Neuerungen werden abgeschafft, weil sie nicht mehr wirksam oder zeitgemäß sind.

FAO
Welternährungsorganisation der UNO.

Formaler/informeller Markt
Märkte, die sich nach dem Grad der geregelten Abläufe und dem Standard der Marktinfrastruktur unterscheiden.

Fünftes Viertel
Schlachtnebenprodukte, die in Europa kaum einen Markt finden und deshalb bei der Abrechnung mit den Erzeuger*innen so gut wie nicht zählen.

Gesäugeanlage
Anzahl, Größe und Abstand der Zitzen einer Sau.

Grüne Revolution
Erhebliche Ertragssprünge bei Pflanzen durch neu gezüchtete Sorten.

HACCP
Ein international festgelegtes Verfahren zur Risikoermittlung bei Lebensmitteln.

Heterosiseffekt
Genetisch bedingte besondere Leistungsfähigkeit.

Hybrid
Erhebliche Verbesserungen durch neue (genetische) Kreuzungen.

In situ/ex situ/in vitro
Erhaltungsansätze tiergenetischer Ressourcen.

Kastenstand
In der Abferkelbucht soll der Kastenstand verhindern, dass Ferkel durch die Sau aus Versehen erdrückt werden.

Keulung
Töten von Nutztieren zur Verhinderung von weiterer Ansteckung.

Koben
Einfacher Verschlag oder Stall für Hausschweine.

Körung
Vatertiere werden ausgewählt und von einer fachkundigen Jury als geeignet für die Zucht erklärt.

Kostendegression
Sinkende Stückkosten bei steigenden Stückzahlen.

Kröse
Ein Gericht aus Hafergrütze, Schweinebrühe, Salz, Gewürzen und Schweineblut, das am Schlachttag gekocht wird.

Label
Zeichen einer Standardinitiative, das für ein bestimmtes Versprechen zu der Qualität oder Herstellungsweise einer Ware steht und verifiziert wird.

Läufer
Jungtiere von Schweinen.

Malignität
Medizinischer Begriff für Bösartigkeit.

Malus-Bonus
Spezieller Abzug oder Aufschlag bei der Bezahlung.

Maske
Preisrelation der verschiedenen Teilstücke eines Schlachtkörpers zueinander, nach der Landwirt*innen vom Schlachthof bezahlt werden.

Natursprung
Das männliche Tier besamt das weibliche Tier direkt.

Oligopol
Wettbewerbssituation auf einem Markt, wenn mehrere große Unternehmen miteinander konkurrieren.

Outgrower
Kleinbauern und -bäuerinnen werden von einem Großbetrieb organisatorisch und technisch betreut, beliefert und ihre Erzeugnisse werden abgenommen, mit oder ohne vertragliche Bindung.

Rausche
Tage, in denen die Sau trächtig werden kann.

Remontierung (Eigen-)
Die (eigene) Auffrischung des Bestandes durch Nachzucht.

Royalty
Lizenzgebühr für geistiges Eigentum.

Schweinezyklus
Periodische Schwankung der Angebotsmenge und des Marktpreises, weil die Reaktionsgeschwindigkeit der Schweineproduktion immer den Preisen hinterherhinkt.

Special Safeguard Mechanism (SSM)
Eine Klausel im WTO-Agrarvertrag, nach der ein Land im Fall einer »Importflut« mit drastischen Importrestriktionen reagieren kann.

Stamping out
Alle möglicherweise infizierten Tiere werden getötet und sicher beseitigt, damit sie keine Ansteckungsgefahr mehr darstellen.

Sus scrofa
Stammform des »Hausschweins«; biologischer Name.

Transaktionskosten
Kosten, die außerhalb der Hardware anfallen bei betrieblichen Umstellungen, etwa Verfügungsrechte, Informationskosten, Überwindung von nicht technischen Hürden, Rechtsklärung.

Trough-put
Durchlauf; hier: hohe Umsatzzahlen auf einer Produktionsstufe.

USAID
Offizielle Entwicklungshilfeorganisation der USA.

USDA
Agrarministerium der USA.

Wertschöpfungskette
Der Fluss eines Gutes durch alle Verarbeitungs- und Dienstleistungsstufen, gemessen an der Mehrwertschöpfung auf jeder Stufe.

Weiße Revolution
Erhebliche Ertragssprünge bei der Milchproduktion durch neue moderne Technikpakete.

Windfall-Profit
Zufallsgewinn; nicht durch Leistung erzielt, sondern durch plötzliche Veränderung der Marktlage.

Zollkontingent
Eine zollreduzierte Mengenquote wird ausländischen Exporteuren angeboten, aber außerhalb der Quote besteht ein hoher Zoll für Importe.

Zoonose
Eine gefährliche virale Erkrankung für den Menschen, deren Ursprung im tierischen Bereich zu finden ist.

Abkürzungsverzeichnis

AbL	Arbeitsgemeinschaft bäuerlicher Landwirtschaft
AMI	Agrarmarkt Informations-Gesellschaft
ASF/ASP	Asian Swine Fever (auf deutsch: Afrikanische Schweinepest = ASP)
BESH	Bäuerliche Erzeugergemeinschaft Schwäbisch Hall
BLE	Bundesanstalt für Landwirtschaft und Ernährung
BMEL	Bundesministerium für Ernährung und Landwirtschaft
BSE	Rinderwahnsinn
CAFO	Chinesisches Regierungsprogramm zur Intensivierung der Tierhaltung
COFCO	Chinesische multinationale Firma, die Futtermittelhändler ist
CURD	Chinesisches ländliches Entwicklungsprogramm: Coordinated Urban-Rural Development
DBV	Deutscher Bauernverband
DLG	Deutsche Landwirtschaftsgesellschaft
DLY	Die führenden drei Schweinerassen: Duroc, Landschwein und Yorkshire
DSP	Dispute Settlement Procedure der WTO (Schiedsgerichtsverfahren)
EPA	Europäisches Patentamt
FAO	Food and Agricultural Organization
GGP	»Grand-Grand-Parents«-Generation (bei der Schweinezüchtung)
GRAIN	NGO aus Barcelona, die Weltagrarfragen untersucht
HACCP	Hazard Analysis Critical Conflict Points (Gefahrenanalyse und kritische Kontrollpunkte: gesetzliches Verfahren zur Qualitätskontrolle)
HSZV	Hybrid Schweinezuchtverband
ILO	International Labor Organization
ILRI	International Livestock Research Institute, Nairobi
ISN	Interessengemeinschaft Schweinehalter Norddeutschland
ISO	International Standard Organization
JEFTA	Japan-EU Free Trade Agreement
KI	Künstliche Intelligenz

LDCs	Die am wenigsten entwickelten Länder (nach UNO-Definition)
LEH	Lebensmitteleinzelhandel
LPG	Landwirtschaftliche Produktionsgenossenschaft (der DDR)
LWK	Landwirtschaftskammer
L&F	Dachverband der dänischen Land- & Ernährungswirtschaft
MHS	Maligne Hyperthermie Syndrom
NGO	Nichtregierungsorganisation
OECD	Organization for Economic Cooperation and Development
OIE	Weltorganisation für Tiergesundheit
PSE	Producer Support Equivalent (der OECD)
PSE-Fleisch	Pale, soft, excudative
PSS	Porcine Stress Syndrome – Schweine-Stress-Syndrom
RFID	Identifizierung mithilfe elektromagnetischer Wellen für Sender-Empfänger Systeme
SED	Sozialistische Einheitspartei Deutschlands (der DDR)
SPS	Sanitäre und Pythosanitäre Maßnahmen (Vertrag der WTO)
SSM	Special Safeguard Mechanism (im Handelsrecht)
SUS	Fachmagazin für »Schweinezucht und Schweinemast«
THG	Treibhausgase (gemessen in CO_2-Äquivalent)
USAID	Staatliche US-amerikanische Entwicklungshilfeorganisation
USDA	United States of Agriculture (Landwirtschaftsministerium der Vereinten Nationen)
VEZG	Vereinigung der Erzeugergemeinschaften für Vieh und Fleisch e. V.
WTO	World Trade Organization
WTZ	Wissenschaftlich-technisches Zentrum (der DDR)

Über die Autor*innen

© Rudolf Buntzel

Rudolf Buntzel ist promovierter Ökonom und hat 35 Jahre im Entwicklungsdienst der Evangelischen Kirche gearbeitet. Seine Schwerpunkte lagen auf Themen wie Agrarhandel, Armutsbekämpfung und Agrarökologie im globalen Süden. Seit seinem Ruhestand unterrichtet er an verschiedenen Universitäten in Ost- und Westafrika und betreibt dort Feldforschung mit Studierenden.

© Schweisfurth Stiftung

Franz-Theo Gottwald (Dr. phil, Dipl.Theol.) ist Vorsitzender des Aufsichtsrat World Future Council, Vorstand der Renate-Benthlin Stiftung für Nutztierschutz und Vorsitzender des Vereins Kulinarisches Erbe Bayern e. V. Er ist Autor zahlreicher Fachpublikationen zu Fragen der Nachhaltigkeit von Innovationen und zur Agrarpolitik.

Jasmin Zöllmer promoviert an der Humboldt Universität zu Berlin im Fachgebiet Internationaler Agrarhandel. Jasmin Zöllmer arbeitete unter anderem als politische Leitung bei PROVIEH e. V. und begleitete Entwicklungsprojekte als Beraterin der Gesellschaft für Internationale Zusammenarbeit (GIZ) in Tunesien.

Rupert Ebner (Dr. vet.) arbeitet als Tierarzt in einer Praxis für Nutztiere in Ingolstadt. Er war lange Zeit Vizepräsident der Bayerischen Landestierärztekammer, Umwelt- und Gesundheitsreferent von Ingolstadt und im Vorstand von Slow Food Deutschland. Sein jüngstes Buch heißt *Pillen vor die Säue*, das den Antibiotikaeinsatz in der Massentierhaltung beschreibt.

Hugo Gödde war jahrzehntelang Geschäftsführer von Neuland GmbH und ist Gründer des Neuland Vereins. Außerdem gründete er die Bauerngenossenschaft »Biofleisch NRW«. 2020 wurde ihm das Bundesverdienstkreuz für sein lebenslanges Engagement zur tiergerechten und umweltschonenden Nutztierhaltung verliehen.

Elisabeth Meyer-Renschhausen ist freie Journalistin und Privatdozentin für Soziologie an der Freien Universität Berlin, sowie zeitweise Gastprofessorin an der Landwirtschaftlich-Gärtnerischen Fakultät der Humboldt-Universität Berlin. Ihre Forschungsschwerpunkte sind Frauenbewegung, Ernährungsfragen, Kleinstlandwirtschaft, Subsistenzwirtschaft und Urban Gardening.

Heiko Brath ist Metzger- und Grillmeister und in zweiter Generation Inhaber der Metzgerei Brath. Als Dozent unterrichtet er an der Fleischerschule in Augsburg. Seit vielen Jahren ist er Pionier zu den Themen Fleischreifung, neue Fleischzuschnitte und moderne Kommunikation für Metzgereien.

Silvio Meincke wurde 1942 in Brasilien als Nachkomme von deutschen Auswanderern in vierter Generation geboren. Seine Vorfahren waren als Kleinbauern tätig. Silvio ist evangelisch-lutherischer Pfarrer der südbrasilianischen Kirche und ist in den sozialen Bewegungen Brasiliens aktiv. Seit seinem Ruhestand lebt er mit seiner deutschen Frau, Pfarrerin Maike Ulrich, in Baden-Württemberg.

Paulo Alfredo Schönardie ist brasilianischer Staatsbürger und studierte Agrartechnik, Geschichte und Pädagogik in Brasilien. An der Universität Hamburg promovierte er im Fachbereich Sozialwissenschaften zum Dr. phil. Gegenwärtig ist er Leiter der Polo Universitário Federal (Bundesuniversitätszentrum) de Três de Maio/RS im Süden Brasilien.